周旋於官場、商場和洋場，

歷經商海沉浮，悟得一套獨特的經商奇學——

靈活變通官商之道，由此鑄就成無與倫比的輝煌商業，

被慈禧太后賜予「二品頂戴」，史稱「紅頂商人」。

午夜墨香　著

胡雪巖
致富密碼

前言 ▍

　　胡雪巖，字光墉，晚清時期「富比陶白」，名動天下的商界大亨，他是中國近代史上最大的官商與曾國藩為同期人物。「曾為官，胡從商」，二人猶如晚清末期的兩條巨龍，在官商兩道各自取得令人目眩的成就。清朝諺語：「做官要學曾國藩，經商要學胡雪巖。」可以說對此二人的功業偉績做了最好的注腳。

　　「古有先秦陶朱公，近有晚清胡雪巖。」說的是這二人乃是今昔商業領域的傑出典範。另外，這句評語還說出了胡雪巖在人們心目中的崇高地位。「陶朱公」，即戰國時期的越國大夫范蠡，曾經幫助越王勾踐興越滅吳。天下大定時卻激流勇退，攜愛侶西施隱居戰國時的陶朱之地，藉經商而成為富賽三侯的大商人，被後人尊為「財神爺」。

　　表面上看，將胡與陶相提並論，把胡雪巖抬到了很高的地位，但筆者認為，從胡雪巖一生的傳奇經歷和他所取得的輝煌成就來看，卻似乎又嫌不夠。因為他不僅具有陶朱公的致富技巧，更兼具白圭的經營之術和呂不韋的政商之道。因此，胡雪巖可以說是范蠡、白圭和呂不韋的綜合體。

　　白圭，與陶朱公並列，以擅長經商而名滿天下。他提出了一套經商致富的原則，即「治生之術」，主張採取「人棄我取，人取我與」的經營之術，認為經商必須掌握時機，運用智謀，猶如孫吳用兵、商鞅行法一樣，因而被後世商人尊為「商人祖師」，並設立神牌供奉。

　　呂不韋跨越政商兩道，將留於趙國的秦國公子，視為「奇貨可居」，而投資在他身上。以財買國，更被稱為難得

的政治商人。

胡雪巖集范、白、呂三種才華於一身。他白手起家，有陶朱公致富的本事，同樣懂得多種經營，累積了極為龐大的財富；他善用謀略，有白圭所具備的「權變之智」、「決斷之勇、取予之仁、有所守之強」的優異條件，發展出大規模的企業集團；他游刃官商之間，步步為營，節節上升：先藉官府紅人王有齡之力，開錢莊、運漕米、販生絲、辦藥店，興洋務；又以清末疆臣左宗棠為靠山，在江湖勢力遙相呼應下，周旋於官場、商場和洋場，左右逢源，層層托靠，終於鑄就輝煌之偉業，居然以商人的身分，獲慈禧太后詔見，被清廷賜予「二品頂戴，賞穿黃馬褂，准紫禁城騎馬」的殊榮，史稱「紅頂商人」，實猶如當年呂不韋的尊榮。

胡雪巖是一個商人，也是一個大冒險家。從他一生的經歷，可以同時領悟三位商界大師的精髓，實為今人最為便捷而有效的成功之道。

胡雪巖的成功絕非偶然。尋找出其中奧祕，最重要並不是他比人精、比別人狠、比別人快，而是他懂得人性的弱點，並善用別人的這種弱點。

縱觀胡雪巖商海沈浮，可圈可點之處，俯拾皆是。其以一小學徒出身，數十年而成為中國首富，緣由何在？對此，清代名臣左宗棠評價道：「胡雪巖暢遊官商兩道，終獲大成，令世人仰望。然世人只知其所成，而不知其何以能成，故而無法效仿。吾之愚見，胡氏能成，乃其靈活變通官商之道也！」

從左宗棠的評價，我們可以清楚地發現，胡雪巖一生成就大事的不傳之 ，就是其靈活變通官商之道。雖然時代變遷，今天的經營環境與清末胡雪巖所處的時代有很大的差異，然而就「道」的層次而言，仍然一模一樣。換句話說，

「道」，代表著成功的規律，是永恆不變的，是可以拿來就用的金庫「鑰」。

學習經營、管理和成功最好的方法，是閱讀內容合乎實際需求的實用書籍，從中觀察、思索、分析和歸納出若干要領。這要比閱讀教科書、看大全、背手冊有效得多。

相對於市面上眾多有關胡雪巖的書籍，本書具有兩個最明顯的特點：

一、易於掌握。為了便於讀者在最短的時間內，掌握胡雪巖靈活變通官商之道的精髓，本書創造性地將其歸納為取官勢、取人勢、乘勢、借勢、變通和做人等六個方面，向人們展示了胡雪巖靈活變通官商之道的全景。

二、方便實用。為了便於讀者在實際中靈活運用，本書結合了現代人在邁向成功的征途上可能遇到的各種境況，有針對性地分別歸納總結相應諸方面的運用技巧，力求使之成為人們拿來就能用得上的案頭必備之「成功大全」。

有人說，懂得人性就能好好與人相處，懂得生意竅門就可以成為一個經營者。經典雖然有年代的隔閡，但人性卻是永遠不變的！

目錄 ▍Contents

第一章・有勢就有利，先取勢後求利

第二章・找到能幫自己掙錢的人

第六章・做事容易做人難，先學做人

有勢就有利，
先取勢後求利

「我胡某人有今天，朝廷幫我忙的地方，
我曉得。像錢莊，有利息輕的官款存進來，就
是我比人家有利的地方。不過，這是我幫朝廷
的忙所換來的。朝廷是照應你出了力、戴紅頂
子的胡某人，不是照應你做大生意的胡某人。
這中間是有分別的。」

——胡雪巖

1. 做生意，必須為自己經營靠山

精明的商人重勢更甚於利。因為「勢利，勢利，利與勢是分不開的，有勢就有利。所以現在先不要求利，要取勢。」胡雪巖看出了利勢不分家，就有了一代官商出神入化的取勢行為。當然，官場勢力的成功也給他帶來了豐厚的回報。但「光有官勢還不夠，商場的勢力我也要。該兩樣要到了，還要有洋場的勢力。」這就道出了胡雪巖商業成功的總體謀略。而此謀略的核心就是取勢，即取官勢和取人勢。

「朝中有人好做官。」這句話真正的意思是說：不管當官還是經商，想升官發財，背後就必須有靠山。因此，「朝中人」不僅是下面做官者的靠山，也是縱橫商海者的靠山。對於胡雪巖所處之時代來說，有了靠山，就有了保護傘，買賣也就可以做得關節通暢而得心應手。「朝中人」只要夠硬就好，倒不一定非要在「朝中」不可。好靠山必須官大權重，至於是在中央政府還是地方政府，那倒無所謂了。

胡雪巖見識高明，他認為以錢賺錢算不得真本事，以人賺錢才是真功夫。因此，他反覆強調：「做生意，必須為自己經營靠山。反過來說，為自己經營靠山，也正是發展自己生意的一種最有效的手段。」對於這一點，恐怕再沒有人比他看得更清楚了。也正因為看得清，他才十分注意在為自己經營靠山上下功夫，他在官場、商場和洋場縱橫捭闔，層層結交，「栽」成了一顆顆盤根錯節，枝繁葉茂的參天大樹，為自己帶來了滾滾財源。胡雪巖馳騁商場，迅速發跡，除了得益於他超乎尋常的本事外，更主要的還在於他有可以依靠的官場靠山。

(1) 送人成仙，自己上天

胡雪巖一心想做大生意。但要做大生意，就得有大靠山，否則生意是做不起來的。可是，沒有背景又缺少銀子的一個錢莊小夥計，到哪兒去找這樣的大靠山呢？胡雪巖的眼光與常人不同。一般人都是眼睛向上，只盯著那些正紅得發紫的官員，他則眼光向下，找那些雖處低位但深具潛力的小官兒。這些小官兒有前途但沒錢，胡雪巖在適當的時機幫了他們一把，他們自然把他看成伯樂，一輩子都記得他。有朝一日，等這些小官兒發達了，「滴水之恩當湧泉相報」，胡雪巖自然也跟著有好日子過。

胡雪巖（一八二三～一八八五年），字光墉，原籍安徽績溪。自幼家境貧寒，生計無靠。特別是父親胡鹿泉死後，為了養家糊口，他被迫只好到杭州城的「信和」錢莊當學徒。當時的錢莊也稱錢鋪或錢店，是晚清時期中國金融業的主體。鴉片戰爭以後，隨著開埠通商，錢莊生意日趨紅火。錢莊內部分工，大體有內場、外場、信房和庫房，等級森嚴，職員視上一級是否有空缺而決定升遷。

胡雪巖進錢莊學生意，是從掃地、倒尿壺等雜役幹起。由於他聰明機敏，能說會道，很受東家的賞識和信任，三年滿師之後，就成了這家錢莊的夥計（營業員）。他經常單獨負責催款收賬，從未出過任何紕漏，又被「大夥」（相當於經理）張胖子看中，分管「外場」。「外場」俗稱「跑街」，主要從事聯絡客戶、放款和兜攬存款的業務。

此時的胡雪巖如果安於現狀，滿足於此，或許幾年、或許十多年後便會小有家產，然後娶妻生子，也可安度一生。然而，素來胸有大志的胡雪巖並不安於現狀，他從小就懷有

建立不世之功的抱負，只是苦於身分卑賤，沒有本錢，而無法實現遠大的抱負。因此，儘管他平常在眾人面前總是笑容可掬，但內心卻總是鬱鬱寡歡。

他深知，要發跡就必須靠官吏支持，但僅僅憑他一個錢莊小夥計的身分，想與現成的官吏拉上關係是很困難的。蒼天不負有心人，一心想通過經營官場靠山而發達的胡雪巖終於發現了可以實現夢想的階梯——王有齡。

王有齡（一八一○～一八六一年），字雪軒，出身於官宦世家，福州人。其父為浙江候補道，在杭州一住數年，沒有委任過什麼好差事，因老病侵，心情鬱悶，客死異鄉。身後沒有留下多少錢，運靈柩回福州，需要好一筆盤纏，家鄉又沒有什麼可以依靠的親戚，王有齡只好寄居杭州。

胡雪巖一生事業的發達起始於資助王有齡進京「投供」，他的第一個官場靠山也是王有齡。

有人提攜、支持、照顧，總比自己獨自努力、奮鬥、吃苦好得太多。中國人常說：遇到貴人。胡雪巖的第一個貴人大概就是王有齡了吧！沒有胡雪巖拼力相助，王有齡永無出頭之日；而沒有王有齡的支持，胡雪巖也不可能在商場迅速崛起。而且，胡雪巖在幫助王有齡的時候，他們之間應該說還是素不相識，並不能確切地知道王有齡日後是否一定發達。考察他當時的處境，這一舉動無異於一場令人驚詫的人生豪賭。然而，正是因為有了最初這一「知其不可賭而賭之」，才有了後來世人矚目的「紅頂商人」。

由於境況不好，而且舉目無親，王有齡整天無所事事，空懷一腔重整家道的宏願。心情不好，便每天在一家名叫「梅花碑」的茶店裡窮泡兒，一壺「龍井」泡成白開水還捨不得走，中午四個制錢買倆兒燒餅，就算是一頓兒了。

三十幾歲的人，落泊潦倒，無精打采，叫人看了反感。

可他架子還不小，經常是兩眼朝天，那就更沒有人願意搭理。只有胡雪巖例外，略通麻衣相法的胡雪巖發現王有齡是個大富大貴之相，特別是通過與王有齡的攀談，了解到王有齡的身世，雖然落泊不羈，卻出身官宦世家，認定此人將來定會發達。他敏銳地意識到，此人乃自己躋身上流社會的絕好階梯，所以他就有意識地與王有齡結交。可那王有齡雖然心裡很明白，自己乃一窮困潦倒之人，但為了掩飾內心極度的自卑，平素特別愛擺官宦子弟的酸架子，老是拉不下面子與胡雪巖交往。

然而，越是不可為越為之，胡雪巖絕不願輕易放棄眼前這個千載難逢的機會，這就是他的過人之處。這天下午，正趕上杭州城一年一度的清明大集，原本生意清淡的茶樓上擠滿了人。胡雪巖去的時候，茶客滿座，店小二只好將他和王有齡「拼桌」。兩人直喝到太陽西下，肚內早就餓得咕咕兒直叫。於是胡雪巖對王有齡說：「走，我請你去擺一碗。」「擺一碗」是杭州土語，意思是：小飲幾杯。

王有齡雖婉言謝絕，但架不住胡雪巖再三相邀，兼之饑腸轆轆，很久沒見暈星兒了，也就答應出去「擺一碗」。

酒至半酣，閒話也聊得差不多了，胡雪巖忽然提高聲音，直截了當地說：「王兄，我有句話早想問你。我看你是有本事之人，而且我也略懂點麻衣相術之法，看你頗具富貴之氣，為何卻自甘潦倒，終日消磨於酒肆茶店之中？」

王有齡聽罷，微微一怔，嘴裡慢慢嚼著油餅，兩眼望著遠處，浮顯出一種說不出來的茫然落寞。

「叫我說什麼好呢？」王有齡轉過臉來直視著胡雪巖，長歎一聲，然後緩聲道：「胡兄，你不是不知道，現在不光是做生意需要本錢，就連做官也需要本錢啊！我乃一貧賤落泊之人，沒有本錢，還能談什麼抱負？」

「做官？王兄哪兒找官做？」

幾杯酒下肚，王有齡已無平時的沈穩之相，歎息道：「不瞞你說，先父在世之日，曾替我捐過一個『鹽大使』之職位。」

胡雪巖最是機敏，一看他的神情，就知道此話決非虛言，趕緊笑道：「哎喲！原來是王老爺。失敬，失敬！」

「不要挖苦我了，胡兄！」王有齡苦笑道：「說句實話，除非是你，如果是別人面前我也不會說的，說了反惹人恥笑。」

「我不是笑你！」胡雪巖放出莊重的神態問道：「不過，有一層我不明白？既然你是鹽大使，我們浙江沿海有好幾十個鹽場，為什麼不給你補缺？」

「你只知其一，不知其二……」

捐官只是捐了一個虛銜，憑一張吏部所發的「執照」，取得某一類官員的資格。如果想補缺，必須到吏部報到，稱為「投供」，然後抽籤分發到某一省候補。此時的王有齡只是有了「鹽大使」的資格，尚未「投供」的話，哪裡談得到補缺呢？

講完這些捐官補缺的程序，王有齡又說：「我所說的本錢，就是進京投供的盤纏。當然，如果家境再寬裕些，我還想『改捐』個知縣。鹽大使正八品，知縣正七品，雖然改捐花不了多少錢，那出路可就大不一樣了。」

「為什麼？」胡雪巖不解地問道。

「鹽大使只管鹽場，雖說差事不錯，卻沒什麼意思。知縣雖小，終歸是一縣的父母官，能殺人，也能活人，可以好好做一番事業。再說，知縣到底是正印官，不比鹽大使，說起來總是佐雜，又是捐班的佐雜，到處做『磕頭蟲』，與我的性格也不相宜。」

「對，對！」胡雪巖邊聽邊點頭，「那麼，這樣一來，需要多少『本錢』才夠呢？」

「總得五百兩銀子吧！」

「噢！」胡雪巖沒有再接話。畢竟五百兩銀子不是個小數目，當時他一年的工錢不過二十兩銀子。但此時他的內心卻已開了鍋。眼下他手上剛好收了一筆款子，而且這筆款子是吃了「倒賬」的，對錢莊而言，已經認賠出賬，他能夠收到，完全是筆意外之財。所以，若是他將這筆款子轉借給王有齡，即便王有齡不能歸還，對錢莊也沒有損失。胡雪巖很想在王有齡虎落平原之際助其一臂之力。這樣，一旦他能夠發跡，即可成為自己的靠山。但是，錢莊這一行最忌諱的就是私挪款項，更何況胡雪巖此時僅僅是錢莊裡的一個夥計。一旦他擅作主張，將這筆款項轉借給王有齡，不但會壞了他的名聲，而且很有可能砸了自己的飯碗。對於錢莊這一行來說，壞了名聲而被老闆炒魷魚的夥計是很難再在這一行立足的。因此，如果他將這筆款項轉借給王有齡，就等於是拿自己一輩子的命運作賭注。

對於常人，這實在是一個難以下定的決心。然而，胡雪巖畢竟不同於常人，為了經營自己的官場靠山，他「知其不可為而為之，知其不可賭而賭之」，毅然決定借款給王有齡，資助他進京「投供」。

見胡雪巖好半天不吭聲，王有齡也不再提。他心想：「別說胡雪巖不見得會有這麼一大筆錢，就是有，也不見得肯借給自己啊！」

「王兄，明天下午我給你準備好五百兩銀子。我仍舊在這裡等你，不見不散！」

絕望中的王有齡見胡雪巖主動提出借錢給自己，真是喜出望外。他一把抓住胡雪巖的手，緊緊拉到自己的胸口，眼

眶裡淚水翻滾。

　　第二天下午，王有齡早早地趕到與胡雪巖約好的茶樓，眼巴巴地等著他把錢送來。

　　但直到紅日西下，天色漸暗，茶客們陸續離席歸家，還是不見胡雪巖的影子。泡一碗茶得好幾文錢，對王有齡來說，是一種浪費。他甚是焦急，不時起座翹首張望，卻始終未見胡雪巖的人影，他開始暗自猜測：莫非胡雪巖在路途中出了什麼意外？或者胡雪巖言而無信，已然反悔？

　　王有齡進退兩難。是「不見不散」的死約會，不等是自己失約；要等，眼見天色已暮，晚飯尚無著落。待了半天，他越想越急，頓一頓足，懷著沮喪的心情起身離座，準備回家，心裡還暗自抱怨：「明天見著胡雪巖，非說他幾句不可！他又不是不知道自己的境況，在外面吃碗茶都得好好算計算計，何苦捉弄人？」

　　誰知，就在他剛邁出店門走了幾步時，忽聽到後面有人喊道：「王兄請留步，王兄請留步！」

　　王有齡轉身一看，正是胡雪巖。只見他手裡拿著一個手巾包，跑得氣喘吁吁，滿頭大汗。胡雪巖的出現，又使絕望中的王有齡看到了希望的曙光。見著了胡雪巖的面，王有齡的氣消了一半，但他仍帶著埋怨的口吻問道：「你為何這時候才來？」

　　「讓你久等了，真是抱歉！」胡雪巖一邊喘氣，一邊笑著說：「總算還好，耽遲不耽錯！王兄，款子總算湊齊了，先坐下再說。」

　　胡雪巖一邊將一疊銀票塞到王有齡手上，一邊繼續說道：「王兄，這五百兩乃小弟借給王兄以資『投供』所用。」然後又從身上摸出十幾兩散碎銀子交給王有齡，「這是我平素私下的積蓄之財，送給王兄權作路費，請王兄收

下。剛才是為了將銀兩換成銀票，以便路上攜帶方便，還請王兄恕小弟遲到之誤。祝王兄此去平步青雲，前途無量。」

王有齡望著手裡的銀票和散碎銀子，忍不住心頭一酸，淚流滿面，聲音顫抖著對胡雪巖說：「光墉兄，我不過是市井一賤民而已，何故如此待我，令我好生羞愧！」

「朋友嘛！我因見你空懷英雄之志，卻投身市井之間，無所作為，真好比那虎落平陽，英雄末路，心裡說不出的難過，一定要拉你一把，才睡得著覺。期盼王兄來日能奮力一搏，拼出個功名富貴，也不枉胡雪巖對王兄信任一場。」

「唉！」王有齡長歎一聲，感慨自己能在落魄之際，得到這樣一位朋友鼎力相助，長時夢想即將實現，極感今生有幸，蒼天有眼。不覺間淚水如泉般往外湧，泣聲不止。」

「王兄何必如此。男兒有淚不輕彈，你這可不是大丈夫氣概！」胡雪巖安慰道。

這句話是最好的安慰，也是最好的鼓勵。王有齡止住淚水，真誠地對胡雪巖說：「大恩不言謝，日後倘若飛黃騰達，必將湧泉相報。如果不嫌棄，今後咱們就以兄弟相稱，你看可好？」

「太好啦，雪軒兄！」胡雪巖馬上改口稱呼。他的高興，一看就特別至誠。

「請問兄長準備幾時動身？」

「我不敢耽擱，最遲三、五日內就動身。如果一切順利，年底就可以回來。雪巖，我一定要走路子，爭取分發到浙江來，你我弟兄也好在一起。」

「好極了！」胡雪巖的「好極了」後來成了他的口頭禪。「三天後我們仍在這裡會面，我給你餞行。」

「好，就這麼定了。」

到了第三天，王有齡午飯剛過，就來赴約。他穿了估衣

鋪新買的直羅長衫，亮紗馬褂，手裡拿一柄有名的「舒蓮記」杭扇，泡著茶等胡雪巖來。可等到天黑也不見胡雪巖的影子，尋亦沒處尋，不知他的住處，只好繼續等。直到夜深客散，茶店收攤兒，王有齡才不得不走。他已經雇好了船，無法不走，只好於第二天五更時分登船而去。對臨走前沒能與胡雪巖一敘話別，王有齡甚為惋惜。

他哪裡知道，此刻胡雪巖正因此事而大受牽連。

胡雪巖自作主張，把錢莊的銀子轉借給王有齡，並主動向總管店務的「大夥」和盤托出，消息一下子傳播開來。東家指責他擅作主張，目無尊長，如若每個夥計都這樣做，豈不是要把錢莊搞垮。「大夥」甚至要胡雪巖去找王有齡追回借款。但胡雪巖頂住壓力，向東家出示了自己辦理的王有齡借款的借據。

因為有了這張借據，就將借款與錢莊的信譽掛在一起，使老闆不可能因為王有齡的這筆借款而使錢莊的名聲在同行中受到影響。這時，那些平時就特別嫉妒胡雪巖機敏過人，辦事能力強的人，便藉此機會向老闆進讒言，說胡雪巖肯定是賭博輸了錢，無計可施，便找藉口挪用這筆款子以還賭債。一時間謠言四起。

因為當時一個人一年的生活用度大約也就是十幾兩銀子，五百兩銀子實在不是一筆小數目，胡雪巖最終被東家掃地出門，而且再無人敢用他，致生計陷於困境。

胡雪巖傾力資助被眾人視為落魄公子的王有齡進京「投供」，並為此而將自己在錢莊業的大好前途毀於一旦，這在常人看來簡直不可思議。但知其不可為而為之，知其不可賭而賭之，正是他高人一籌的勇氣和魄力。

杭州的飯店猶有兩宋遺風，樓上雅座，樓下賣各種熟食，卸下排門當案板，擺滿了朱漆大盤，盛著現成的菜肴。

另外有條長凳，橫置案前，販夫走卒雜然並坐，稱為吃「門板飯」。儘管胡雪巖為了資助王有齡，幾乎已經落魄到吃「門板飯」的地步，但他仍然堅信，資助王有齡是明智之舉，絕非一時衝動，自己這個決定一點也沒有錯。後來事情的發展就好像是胡雪巖事先設計好了一般，與他的想法毫無二致。

王有齡在北上進京「投供」途中遇上了自己多年未曾往來的「總角之交」何桂清。何桂清少年得志，仕途通達，已經官至江蘇學政。靠著何桂清的關係，王有齡在京城吏部順利「加了捐」，返回浙江之後，還是仰仗何桂清在江南一帶的影響，憑藉何桂清寫給浙江巡撫黃宗漢的親筆信，而被提名擔任「海運局」的坐辦。這是一個專門負責管理江南糧米北運進京的肥缺兒，「總辦」由藩司兼領，「坐辦」才是實際的主持人。王有齡很快就「發」了起來。

「喝水不忘掘井人」——王有齡也算是個有良心的人，每當他閒遊品茗時，就想到了胡雪巖，想到了胡雪巖使他從杭州城一名落魄公子發跡到今天的地步。沒有胡雪巖，哪有自己的今天？

他決意好好報答自己的大恩人。而且他還聽說，胡雪巖當初為了幫他，將錢莊的差事丟了，生活沒有著落，心裡更覺有愧。幾經周折，終於在杭州城找到了胡雪巖。

從此之後，胡雪巖依靠王有齡這棵大樹，自立門戶，並且開始在官與商之間如魚得水，走上了官商的通途。

(2) 水漲船高，人抬人高

胡雪巖不僅巧妙地經營自己的官場靠山，而且還善於「抬人」——幫助官場靠山更上一層樓。因為商人與官場上

的靠山是互利的，如果只是單方面依靠對方，老是剃頭挑子一頭熱，時間長了，總會涼下來的，再好的關係也難以維持。他在經營官場靠山的過程中，深明此理，所以處處為王有齡盤算、謀劃，讓王有齡覺得他除了對自己當初有恩之外，更是自己仕途升遷上不可或缺的人才，從而鐵了心幫他發財。這就是：「水漲船高，人抬人高。」

在古代，最厲害的東西莫過於權杖。封建社會裡，權力無所不在，無所不能。權力就是財富，《汪穰卿筆記》裡記載了這樣一件事：

有個候補道為某商行總辦打通關節，跑成了某省開礦權。事前他開價索要十萬兩銀子的好處費，那總辦一口答應，而且對他極為殷勤。誰知道過了幾個月，事情辦成，那總辦再也不露面，候補道再三登門才見到。但總辦好像不認識他似的，反問他何事前來？待候補道把事情源源本本講了之後，總辦裝作十分吃驚地說：「怎麼會有這樣的事？大概是你記錯了吧！開礦權我本有能力獲得，何必求靠於你呢？我想，如果說報酬千、百兩，或許還有可能，怎麼會許給你這麼一大筆銀子呢？」這總辦以為事已辦成，可以過河拆橋了。然而他做夢也沒有想到，這侯補道在氣憤之餘，竟然調動自己所有的關係，把開礦權重新以高價轉給了這家商行的競爭對手。

古今能成大事之人，手筆自然恢宏，行事自然開闊，很少像那位總辦一樣——過河拆橋。為此，胡雪巖曾點化王有齡：「水漲船高，人抬人高」之道。難怪王有齡能夠在官場上一路發達。

「千里做官只為錢。」然而，當官的為了保住自己的權杖，除非體己兄弟，他們不可能公然擺明了向你大剌剌地要，不會笨到明明白白指名要什麼。所以，上路的部屬一定

要能體會上司所思、所想，經常讓上司「心裡想」的順利實現。在這方面，胡雪巖無疑是個行家裡手。按照胡雪巖的點撥，王有齡去做了，效果果然不同凡響。巡撫黃宗漢對王有齡提攜有加，到海運局不久，就把催運漕糧（編按 漕即由水道轉運，漕糧即由東南各省供給京城的米）的任務交給他去辦。

清政府的開支及軍餉多靠江浙支撐，而江浙每年徵收的糧食主要靠漕幫經運河運到北京。運送糧糧本是一項肥差，只是浙江的情況卻有自己的特殊性。浙江上年鬧旱災，錢糧徵收不起來，且河道水淺，不利行船，直至九月，漕米還沒有啟運。同時，浙江負責運送漕米的前任藩司由於與巡撫黃宗漢不和，被黃宗漢抓住漕米問題，狠整了一把，以致自殺身亡。到王有齡做海運局坐辦時，漕米已由河運改為海運，也就是由浙江運到上海，再由上海用沙船運往京城。現任藩司因有前任的前車之鑒，不想管漕運這塊「燙手山芋」，便以改了海運為由，將這檔子事全部推給了王有齡。

捐官得成，一回到浙江就當上海運局「坐辦」的王有齡為此急得團團轉。剛剛順利得到一個實缺，覺得時來運轉的那份得意勁兒已被千斤重擔壓得蔫了下來。因為漕米是上交朝廷的「公糧」，每年都必須按時足額運到京城，哪裡阻梗，哪裡的官員就要倒楣。所以，能不能完成這樁公事，不僅關係到王有齡在官場的前途，還關係到他的身家性命和上司的前途。但如果按常規辦，王有齡的這樁公事幾乎找不到完成的希望：一是浙江糧米欠帳太多，達十五萬石之巨。二是運輸力不足，本來漕米可以交由漕幫運到上海，可是由於河運改了海運，等於是奪了漕幫的飯碗，他們巴不得漕米運不出去，哪裡還肯下力？到時你急他不急，慢慢給你拖過期限，這些官兒們自己也該丟飯碗了。

　　然而這椿在王有齡看來幾乎是無法解決的麻煩事，對胡雪巖來說卻是小菜一碟，被他一個「就地買米」之計立劇化解。在胡雪巖看來，反正是米，不管哪裡的都一樣。朝廷要米，看的是結果，並不管你的米是哪裡來的。只要能按時在上海將漕米交兌足額，也就算完成了任務。既然如此，浙江可以就在上海買米交兌，差多少就買多少，這樣省去了漕運的麻煩，問題也就解決了。於是，他揉揉自己的太陽穴，對王有齡說：「雪公，別著急！世上沒有找不到辦法的事，只怕不用腦筋。我就有一個辦法，包你省事。不過，需要多花幾兩銀子。保住了撫台的紅頂子，這幾兩銀子也值。」

　　「真的嗎？」王有齡似乎不大相信。但不妨聽聽再說，便又點點頭問道：「看看你有什麼好辦法？」

　　「米總歸是米，到哪裡都是一樣。缺多少，便就地補充。我的意思是咱們來個『移花接木』之計，在上海買了米，交兌足額，不就沒事了嗎？」

　　胡雪巖的話還沒說完，王有齡已高興得跳了起來：「妙，妙！太好啦！就這麼辦。」

　　「不過，風聲千萬不能傳出去。漕米不是小數，風聲一旦洩露出去，米商肯定漲價，差額太大，事情也難辦。」

　　「就這麼辦。」

　　此事成功的關鍵有三：其一，要能得到巡撫黃宗漢的認可，因為買米抵漕糧是違犯朝廷規制的。不過，這一點問題不大。浙江漕米延誤，巡撫也脫不了干係。其二，要說動浙江藩司墊出一筆現銀，做買米之用。這屬於挪用公款，拆東牆補西牆，藩司要負責任。不過，只要撫台同意，身為下屬的藩司也不會不同意。其三，要能在上海找到一個大糧商，願意墊出一批漕米，交給江蘇藩司，等浙江的漕米運到上海後再歸還。換句話說，是要那糧商先賣出，後買進。雖然買

進賣出，價錢上肯定有差額，但一般商家都不願這樣做。因為漕米歷來成色極差，這樣做，明擺著既費力又虧本。

不過，胡雪巖認為，生意人想的就是生意經，只要能給他補貼差價，不僅不讓他們吃虧，還讓他們有錢可賺，想必米商不會不答應。只是貼補差價，另外再加上盤運的損耗，這筆額外的款項出在什麼地方，也得預先商量好。恐怕自己得破費些銀子。這樣，原本的「肥差」很可能變成了虧本買賣。但胡雪巖心想：能夠按時足額交兌漕米，為浙江撫台、藩司分了憂，為王有齡在官場上鋪平了路，花上幾兩銀子也值。於是，他信心十足地對王有齡說：「事情雖然有點麻煩，不過，商人圖利，只要划得來，刀頭上的血也敢舔，風險總有人肯背的，要緊的是一定要有擔保。」

「怎麼擔保呢？」

「最好，當然是我們浙江有公事給他們。這層怕辦不到，那就只有另想別法。法子總有的。我先要請問，要墊的漕米有多少？」

「我查過帳了，一共還缺十四萬五千石。」

「這數目也還不大，憑海運局的牌子，應該不難找錢莊保付，這樣糧商總可以放心了。不過，撫台那裡總要有句話。我勸你直接去找黃撫台，省得其中傳話有周折。」

「這個……」王有齡不以為然，「既然藩台、糧道去請求，當然有確實的回話了，似乎不必多此一舉吧！」

「其中另有道理。」胡雪巖放低聲音說：「興許撫台另有交代。譬如說，什麼開銷要打在裡頭，他不便自己開口，更不好跟藩台說，全靠你識趣，提他一個頭，他才會有話交下來！黃撫台對錢財看得甚重，這趟出去，一定要給撫台大人弄點好處，才算不虛此行。你最好先去探探口風。」

「噢！」王有齡恍然大悟，不住點頭。

　　「還有一層，藩司跟糧道那裡也要去安排好。就算他們自己清廉，手底下的人難免眼紅，誰不當你這一趟是可以『吃飽』的好差使！沒有好處，一定要花樣。」

　　王有齡越發驚奇了，「真沒想到，雪巖你對當官的門道這麼內行！」

　　「做官跟做生意的道理是一樣的。」

　　聽得這話，王有齡有些想笑，但仔細想一想，胡雪巖雖說得直率，卻是鞭辟入裏的實情。反正這件事一開頭就走的是小路，既然走了小路，那就索性把它走通。只要浙江的漕糧交足，不誤朝廷正用，其他都好商量。如果小路走到半途而廢，中間出了什麼亂子，雖有上司在上面頂著，但出面的終歸是自己，首當其衝，必受大害。這樣一想，王有齡就覺得胡雪巖的話真個是「金玉良言」，這個人也是自己今後萬萬少不得的。

　　王有齡態度誠懇地對胡雪巖說：「雪巖兄，此事就由你全權來辦了。」

　　胡雪巖想了想：「真的要我辦，那得聽我的辦法。」

　　「好！」王有齡毫不遲疑地答應道：「全聽你的！」就從這一刻起，王有齡對胡雪巖簡直到了言聽計從的地步。

　　為了辦事方便，王有齡專門給胡雪巖辦了一個「關書」，在海運局掛了個「委員」的虛名，然後又從藩庫裡提出十萬兩銀子存入信和錢莊。由於黃宗漢向王有齡暗示自己要二萬銀子的好處，胡雪巖讓王有齡先劃出三萬兩銀子到上海大享錢莊，其中一萬兩銀子留做辦事之用，二萬兩則悄悄地匯到黃宗漢的福建老家。然後，王有齡和胡雪巖一行人即乘船出發，前去上海。

　　在淞江，胡雪巖聽一位朋友說，淞江漕幫有十幾萬石米想脫價求現。他雖然是「空子」，卻很懂漕幫的規矩，所以

要打聽的話，都在緊要關節上。棄船登岸，很快就弄清，淞江漕幫輩份最高的是一個人稱「魏老五」的老爺子，瞎了一隻眼，已經快八十歲了，在家納福。目前幫內主事的是他的「關山門」徒弟尤五。據朋友講，魏老爺子為人直爽，但對於漕米改道海運頗有微詞。胡雪巖雖然知道這樁生意不容易做，可只有做成，浙江漕米交運的任務才可順利完成，所以他還是決定親自上門拜見魏老爺子。

　　那魏老爺子既乾瘦又矮小，僅存的一隻眼睛張眼看人時精光四射，令人不敢逼視，確有不凡之處。胡雪巖以後輩之禮拜見。魏老爺子行動不便，就有些倚老賣老似地，口中連稱「不敢當」，身子卻動也不動。等坐定了，他把胡雪巖好好打量了一下，然後才不緊不慢地問道：「胡老哥今天來，必有見教。江湖上講爽快，你直說好了。」

　　「我是我們東家王老爺叫我來的。他說漕幫的老前輩一定要尊敬。他自己因為穿了一身官服，不便前來，特地要我來奉請老前輩，借花獻佛，有一桌知府送的席，專請老前輩。」胡雪巖打出了官家的招牌。

　　「喔！」魏老爺子很注意地問道：「叫我吃酒？謝謝！可惜我行動不便。」

　　「是！敝東家現在出去應酬，回來還要專門請老前輩到他的船上去玩玩。」

　　「那更不敢當了！王老爺有這番意思就夠了。胡老哥，你倒說說看，到底有何見教。只要我辦得到，一定幫忙。」

　　「自然，到了這裡，有難處不請你老人家幫忙，請哪個？說實在的，敝東家誠心誠意叫我來向老前輩討教。你老人家沒有辦不到的事！不過，在我們這面總要自己識相，所以我倒有點不大好開口。」

　　胡雪巖故意選擇以退為進，賣了個關子，態度誠懇地笑

道：「敝東家這件事，說起來跟漕幫關係重大。打開天窗說亮話，漕米海運誤期，當官的自然有處分。不過，對漕幫則更加不利。」接下來，他為魏老爺子詳細剖析其中的利害：「倘或誤期，不是誤在海運，而是誤在沿運河到海口這段路上，追究責任，浙江的漕幫說不定也會擔了賠累。漕幫的『海底』稱為『通漕』，通同一體，休戚相關，淞江的漕幫何忍忽視？」

江湖之人「義」字當頭，胡雪巖以幫裡的義氣相激，正好擊中魏老爺子的要害處，使他不得不仔細思量思量。

「老前輩明鑒，我胡雪巖平素也不喜行那損人利己之事。行走江湖者，多願交朋友而非挑起仇視，我也是想幫漕幫弟兄一把。如能順利漕運至海，讓朝廷也見見漕幫弟兄的能耐，豈不更好！再說，現在想幫漕幫說話的人很多，敝東家就是一個。但忙要幫得上。倘或漕幫自己不爭氣，那些要改海運的人就越發嘴上說得響了：你們看是不是，短短一截路都困難重重！漕幫實在不行了！現在反過來看，河運照樣如期運到，毫不誤限，出海以後，說不定一陣狂風吹翻了兩條沙船。那時候幫漕幫的人說話就神氣了！」

魏老爺子聽胡雪巖說完，沒有答覆，只是向他左右侍奉的人說：「快去把老五替我叫來！」

胡雪巖見事有轉機，也就不再刺激他，相反卻和他閒聊起來，從淞江鱸魚一直到江湖掌故，兩人談得十分投機。

談興正濃時，尤五來了。只見他約莫四十上下，個頭不高，但渾身肌肉飽滿黝黑，兩眼目光如電。內行人一看便知，這是個不好惹的厲害角色。尤五向魏老爺子請過安，見師傅對胡態度恭敬，很客氣地稱胡雪巖為「胡先生」。

魏老爺子說：「胡先生雖然是道外之人，卻難得一片俠義心腸。老五，胡先生這個朋友一定要交，以後就稱他『爺

叔』，胡先生就好比咱幫中『門外小爺』一樣。」

尤五立即改口，很親熱地叫了聲：「爺叔！」

這一下胡雪巖倒真是受寵若驚了。他懂得「門外小爺」這個典故。據說當初「三祖」之中不知哪一位，有個貼身服侍的小童，極其忠誠可靠，三祖有所密議，都不避他。他雖跟自己人一樣，但畢竟未曾入幫，在「門檻」外頭，所以尊之為「門外小爺」。每逢「開香堂」，亦必有「門外小爺」的一份香火。現在魏老爺子以此相比，是引為密友知交之意；特別是尊為「爺叔」，便與魏老爺子平輩相待，將來至少在淞江地段，必被漕幫奉為座上客。

俗話說：「人敬我一尺，我還人一丈。」胡雪巖正是抓住了魏老爺子耿直豪爽的性格，設身處地地為對方排憂解難而贏得了對方發自內心的敬重。

運送漕米這件事本來是塊燙手山芋，可靠著胡雪巖的大膽策劃、周密部署，多方打點奔走，由海運局出面擔保，錢莊墊錢，漕幫賣糧以充漕糧的計畫得以順利完成。這個計畫的設想由胡雪巖提出，各個細節由他推敲，各個環節也主要由他去溝通。事情做得巧妙順利，各方皆大歡喜。

對於王有齡來說，通過胡雪巖的幫助，漕米京運這道難題妥善地解決了，二萬兩銀子也匯到黃巡撫家中。黃宗漢極為滿意，已經透出口風，要不了多久定有酬謝。王有齡的成功，沒有胡雪巖的鼎力相助，無論如何是得不到的。而對於胡雪巖來說，也是收穫頗豐，不僅幫助了王有齡，使這座官場靠山更穩固，而且與漕幫結下的深厚友誼，也給他後來的軍火生意提供了極大的幫助。

究其實，胡雪巖全力幫助王有齡，自然不僅僅只是為了朋友，他其實是在為實現自己做大生意的計畫鋪路搭橋。他要培植起一棵來日可以依靠的官場大樹，他們之間決不是簡

單的主僕關係。而王有齡借重胡雪巖，當然也絕非僅僅是為了報恩，他需要胡雪巖幫助自己仕途通達也是實實在在的。由此可見，胡雪巖的「水漲船高，人抬人高」是非常聰明的取勢術。

(3) 確保靠山的仕途通達，送佛送上西天

胡雪巖依靠署理湖州知府的幫助，生意真是芝麻開花節節高。誰成想，這天王有齡卻遇到了一件麻煩事。他因一件公事，前去拜見巡撫黃宗漢，姓黃的竟然說有要事在身，不予接見。

王有齡自從當上湖州知府以來，在胡雪巖的幫助下，與上面的關係可謂做得相當活絡。逢年過節，上至巡撫，下至巡撫院守門的，浙江官場各位官員，他都極力打點，竭盡奉承巴結之能事，各方都皆大歡喜，每次到巡撫院，巡撫大人總是馬上召見，今日竟把他拒於門外，是何道理？真是咄咄怪事！

王有齡沮喪萬分地回到府上，趕緊找來胡雪巖共同探討原因。胡雪巖道：「此事必有因！待我去撫院打聽打聽再說。」於是起身來到巡撫衙門，找到巡撫手下的何師爺。兩人本是老相識，胡雪巖平時沒少打點，自然是無話不談。

原來，巡撫黃大人聽表親周道台一面之詞，說王有齡所治湖州府今年大收，獲得不少銀子，但孝敬巡撫大人的銀子卻不見漲，可見是王有齡自以為翅膀硬了，不把大人放在眼裡，巡撫聽了之後，心裡很是不快，所以今天就藉機給王有齡一點顏色。

這周道台到底何方神聖，與王有齡又有什麼過節呢？原來，這周道台並非實缺道台，也是捐官的候補。他是巡撫黃

宗漢的表親，平時為人飛揚跋扈，人皆有怨言。黃巡撫也知道他的品性，不敢放他實缺，怕他生事。但念及親情，將他留在巡撫衙門中做些文案差事。

湖州知府空了缺後，周道台極力爭補。但王有齡使了大量銀子，黃宗漢最終還是把該缺給了他。周道台從此便恨上了王有齡，常在巡撫面前說他的壞話。

王有齡知道事情緣由後，恐慌不已。今年湖州收成，比往年既不見好，也不見其壞，基本持平，所以給巡撫的禮儀還是按以前的慣例，哪知竟會有這種事，得罪了巡撫，時時都有被參一本的危險，這烏紗帽隨時都可能被摘下來。

胡雪巖怎能眼看著自己的官場靠山仕途上碰到什麼麻煩呢！對他來說：「確保官場靠山——王有齡的仕途通達，乃頂要緊的事」，沒有什麼事比這件事更大的了。他必須全力為王有齡掃清升遷路上的一切障礙。聽王有齡說完，他微微一笑，安慰道：「事已至此，趕緊給巡撫大人送一張我錢莊的摺子，就說早已替大人存了銀子在錢莊，只是還沒有來得及告訴大人。」

說完，胡雪巖從懷裡掏出一個空摺子，填上二萬銀子的數目，派人送給巡撫黃宗漢。那黃宗漢果真是見錢眼開，收到折子後，立刻笑顏逐開，不僅馬上派差役來請王有齡，還破例把他請到巡撫院，二人便服小飲。

然而，此事過後，胡雪巖卻悶悶不樂。因為「病根不除，難以痊癒。十個說客不及一個戳客。」他擔心有周道台這個災星在黃巡撫身邊，早晚還會出事。必須想辦法徹底解決，最好化敵為友，讓此人在撫臺面前為王有齡幫腔。

王有齡又何嘗不知。只是周道台乃黃大人表親，打狗還得看主人，如果真得動他，恐怕還真不容易。

胡雪巖思來想去，連夜寫了一封信，附上一張千兩銀

票，派人送給何師爺。錢能通神，收到胡雪巖的銀票，何師爺半夜就跑了過來。兩個人在密室內交談了很久，最後決定如此如此，然後何師爺告辭而去。

第二天一大早，胡雪巖眉飛色舞地來到王有齡府上，對王有齡說道：「大哥，大功告成了。」他告訴王有齡，周道台近日正與洋人做生意，而且不是一般生意，是一筆軍火生意，是一筆軍火生意。軍火生意原本也沒什麼，只是周道台犯了官場大忌，馬上就有他的好戲看。

原來，太平天國興起之後，各省紛紛辦洋務，大造戰艦；特別是沿海諸省。浙江財政空虛，無力建廠造船，於是打算向外國購買炮船。按道理講，浙江地方購船，本應通知巡撫大人知曉，但由於浙江藩司與巡撫黃大人有隙，平素貌合神離，各不相讓。藩司之所以敢如此，是因軍機大臣文煜是他的老師。正因如此，巡撫黃大人對藩司治下的事一般不大過問，只求相安大事。然而，這次事關重大。購買炮艦，花費不下數十萬，從中回扣不下十萬，居然不彙報巡撫，所以藩司也覺得心虛。雖然朝中有靠山，但這畢竟是在巡撫治下。於是浙江藩司決定拉攏周道台。一則周道台能言善辯，同洋人交涉是把好手；二則他是黃巡撫的表親，萬一事發，也不怕巡撫大人翻臉。

周道台財迷心竅，居然也就瞞著巡撫大人，答應幫藩司同洋人洽談。這事本來做得極為機密，不巧卻被何師爺發現了。何師爺知道事關重大，也不敢聲張，今日見胡雪巖問及，再加上他平素對周道台十分看不起，也就全盤托出。

王有齡聽後大喜，主張源源本本把此事告訴黃巡撫，讓他去處理。

胡雪巖道：「此事萬萬不可。生意人人做，大路朝天，各走半邊。如果強要斷了別人的財路，得罪的可不是周道台

一個人。況且傳了出去，人家也當我們是告密小人。」

　　他把與何師爺商量好的計謀說出。王有齡大喜，不住聲地稱讚道：「好計，好計！」

　　這天深夜，周道台正做著發大財的好夢，突然被一陣急促的敲門聲驚醒。他這幾天為跑炮船一事，天天累得賊死，半夜被吵醒，心中極為惱火。打開門一看，原來是撫院的何師爺。

　　何師爺見到周道台，也不說話，從懷裡摸出兩封信遞給他。周道台打開信一看，頓時臉色刷兒白，渾身發抖。原來那竟然是兩封告他的匿名信，信中歷數他平時的種種惡跡，又特別提到眼下正同洋人私下購買炮船一事。

　　何師爺告訴他，今天下午，有人從巡撫院外扔進兩封信，叫士兵拾到，正好自己路過，打開信一看，覺得大事不妙，出於同僚相互關照之情，才特地前來通知他。

　　周道台一聽，頓時魂飛魄散，連對何師爺感激的話都說不出來。他暗自思忖，自己在撫院結怨甚深，一定是什麼人聽到買船的風聲，趁機報復。如今該怎麼亦呢？那寫信之人肯定不會善罷甘休，必定還會俟機報復。一旦讓撫台得知此事，可如何得了。

　　何師爺乘機再加一把火，嚇唬說：「周大人，你有幾顆腦袋，敢在黃大人眼皮底下幹這種事？況且買船之事，黃大人早晚都會知道，那時縱然他拿藩司沒辦法，還不拿你開刀？藩司為什麼拉上你，還不是為了此意？一旦事發，你就成了替罪羔羊啦！」

　　周道台嚇得汗如雨下。平時他自詡機靈過人，如今竟半點主張也沒有，心急之下，只好雙手拉著何師爺的衣袖，求他出謀劃策，指條明路，眼淚都差點流了出來。

　　何師爺道：「既然已經與洋人談好，如果失約，洋人定

然不依。不如你把這事如實告訴黃大人吧！」

周道台歎氣道：「遲了，遲了！黃大人定會怪我越職僭權。」其實，到了這地步，他還是捨不得這椿生意中幾萬兩銀子的回扣。如果由巡撫親辦，那肯定沒他的份兒。

何師爺故作沈吟片刻，才又對他說：「事到如今，只有一法可解。」周道台趕緊拱手懇求道：「哎呀，我的何先生，你就不要賣關子啦，快請道來！」

於是，何師爺按照與胡雪巖商量好的道道兒，說道：「巡撫大人所恨者乃藩司，並不反對買船。如今同洋人已經談好，不買也不行。如果真要買，這筆銀子撫院府中肯定是一時難以湊齊。要解決此事，必要一巨富之人資助。日後黃大人問起，且隱瞞同藩司的勾當，就說是你周道台與巨富商議完備，如今呈請巡撫大人過目。」周道台聽完何師爺的話，更加發愁：「話雖如此，可惜浙江一帶，我素無朋友，也不認識什麼巨富商賈，此事難辦啊！」

見周道台真著急了，何師爺才點化說：「全省官吏中，惟湖州府台王有齡最能幹，又特別受撫台大人器重。其義弟胡雪巖更是江浙富商大賈，仗義疏財，可向他求救。」

何師爺提別人還好，一提王有齡，周道台頓時變了臉色，半響不發一言。想想自己的所作所為，恨不能把人家吃了，王有齡肯定是看笑話，怎麼可能幫自己？

何師爺知道周道台此時的心思，於是對他陳述其中利害：「周大人不可意氣用事！環顧全省，眼下能幫周兄的惟有此人。天下誰人不愛財，這生意原是賺錢的買賣，你卻找錯了靠山。若是讓給王有齡做，上有黃巡撫撐腰，下有胡雪巖當財神，你依舊去與洋人交涉，錢少不了你的，又沒風險，何樂而不為？再說，那些暗害你之人整日不見撫台大人有動靜，誰知他還會耍什麼花招。一旦撫台大人得知，恐怕

你也難脫干係。」

周道台聽得又驚又怕，想想確實也無路可走，於是次日凌晨便來到王有齡府上，厚著臉皮請「王大人諒解，一定要幫忙」。王有齡虛席以待，聽罷周道台的來意，假裝沈吟片刻，然後才說道：「這件事兄弟我原不該插手，既然周兄有求，我也願全力協助。只是所獲好處，分文不敢收。周兄若是答應，兄弟立即著手去辦。」

周道台一聽，還以為自己耳朵出了毛病，聽錯了，怕王有齡是想拿一把，不願幫忙，趕緊指天發誓，聲明自己確是一片誠心。

兩人推辭了半天，周道台無奈只得應允了。於是王有齡先到巡撫衙門，對黃巡撫說自己的朋友胡雪巖願借貸給浙江購船，事情可託付周道台去辦。

那黃宗漢一聽又有油水可撈，當即應允。周道台見王有齡做事如此厚道大方，自慚形穢。辦完購船事宜後，親自到王府負荊請罪，兩人遂成莫逆之交。王有齡的仕途呈現一派光明。

2. 學會營造大勢，順勢取勢

被稱為「百世論兵之祖」的大軍事家孫武子在其玄機迭出、博大精深的巨著《孫子兵法 勢篇》中指出：「善戰者，求之於勢，不責於人，故能擇人而任勢。任勢者，其戰人也，如轉木石。木石之性，安則靜，危則動，方則止，圓則行。故善戰人之勢，如轉圓石於千仞之山者，勢也。」

意思是說：善於作戰的人，就在於能夠造就出有利的態勢取勝，而不苛求於人。所以，要選擇善於「任勢」的將

帥。善於「任勢」的將帥指揮部隊作戰，就像轉動木頭和石頭一樣。木頭和石頭的特性，放在安穩平坦的地方就靜止，放在陡險傾斜的地方就會滾動；形狀方的呆板不動，圓的滾動靈活。善於指揮作戰的人所營造的態勢，就像把圓石從百丈高的山上滾下去一樣，這就是所謂的「勢」。

對於商人，特別是像胡雪巖這樣的官商來說，沒有勢，就沒有利；沒有利，也就沒有勢。因此，在他的商業經營活動中，十有八九都是圍繞著取勢用勢展開的。身為善於取勢用勢的高手，他從不放棄任何一個取勢用勢的機會，從而不斷地拓展自己的地盤，張揚自己的勢力。猶如修水庫和建鐵路，開頭看起來成本大，回收慢。可一旦水庫、鐵路修好了、建成了，由此而獲得的收益卻是穩固而長遠的。

就像世界上只有水隨山轉，從來沒有水把山沖垮的道理一樣，一個大權在握的人猶如流水一般，隨著山形潺湲而下。山越高，水勢就越大，越足以沖毀一切阻礙它的事物。這正是世人所說的：「權重如山，財流如水。」

胡雪巖之所以能夠獲得令人矚目的成就，就是因為他不僅深知權力之於生意，猶如山與水的關係，而且更善於巧妙地讓權力為自己的生意保駕護航，從而成為晚清時代的頭號大官商──紅頂商人。

(1) 了解大勢，順勢取勢

一般來說，急功近利是商人的通病。如何能吃小虧，耐一時之難，獲取一條不盡財富滾滾來的巨利之源，應該是想成功的商人所必須理性思考的問題。

按照現代代換理論的觀點，利是忍之所得，忍的實質是先不求利，而求做事。做小事體，從開始忍耐到獲利的間隔

小，獲利也就小。做大事體，從開始忍耐到獲得的間隔大，獲利也就大。通常情況下，只要方法正確，獲利和所做的事體，與忍耐的能力總是成正比的。

胡雪巖做生意的基本手法就是：放開眼光，放大膽量。他從來都不屑於因蠅頭小利而束縛住自己的身手。他還認為，只有首先瞭解天下大勢，才能順勢取勢。因而他不僅看得遠，而且心思做得極深。

對於當時的天下大勢，胡雪巖非常了解：首要的天下大勢就是「洪楊之亂」。他看出，由此所引起的整個社會的人口流動、財富大變遷，非一時可以安頓。其次是海禁大開，眼看著洋槍洋炮挾著西方的工業品滾滾流入中國市場。中國和西方有巨大的差距，也非一時可以彌補。他不但了解大勢，而且獨具主見。

一般人因「洪揚之亂」而整天惶惶不安，忙於逃命，甚至趁機撈一把。

然而，胡雪巖是有眼光的人，他看准了「長毛」是不會持久的，官軍早晚要把他們打敗。既然天下大勢是這樣，那麼渾水摸魚、兩面三刀、投機取巧，都不是地道的作為。最好的辦法就是幫官軍打勝仗。「只要能幫官軍打勝仗的生意，我都做，哪怕虧本也要做。要曉得這不是虧本，是放資本下去。只要官軍打了勝仗，時勢一太平，什麼生意不好做？到那時候，你是出過力的，公家自會報答你，做生意處處方便。你想想看，這還能不發達？」

了解了天下大勢，就好順勢取勢。勢在官軍這邊，自然要幫官軍。只有昏頭黑腦的那些人才不計社會大的走向，僅為眼前可圖的幾筆蠅頭小利而斷送了大好前程。

洋人那一面也是這個道理：「洋人雖刁，刁在道理上。只要占住了理，跟洋人打交道也並不難辦。」

這種看法，在海禁開放之初，確實有著與眾不同之處。因為照一般人的見解，洋人不是被看成茹毛欽血的野人，就是被視為不可侵犯的神人，結果就無法與他們平等往來，做出了許多滑稽可笑的事。而胡雪巖一開始就守定了講道理、互惠互利的宗旨，自然又占了風氣之先，為他商業上的發達做了心理準備。

有了對這兩個大勢的分析，胡雪巖就逐漸把做生意的力量重心放在了順勢取勢上。看到了大的形勢，並順應大的形勢走，這是順勢。但是，光有這一點還不夠，跟著大勢走僅僅是順應時勢，胡雪巖還要更進一層——他要通過自己的努力，讓自己置身於能控制大勢的核心位置，這就是「做勢」。

「順勢是眼光，取勢是目的，做勢就是行動。」在官場上，通過資助王有齡、黃宗漢、麟桂、何桂清、左宗棠等人，通過為他們出謀獻策，出力出錢，把他們的功名與利益和自己緊緊聯結在一起，從而達到「此人須臾不可離」，或者說「天下一日不可無胡雪巖」的效果，這樣就算取得了官勢。

王有齡、何桂清等人的升遷和享樂離不開胡雪巖；左宗棠平定回亂，建立不世之功名也離不開胡雪巖。胡雪巖知道他們最需要什麼，所以也能抓住他們。抓住了這些人，也就抓住了他們為官而自然形成的官勢。有這些靠山在，轉糧撥餉、籌款購槍，無一不可堂而皇之地去做。這些人也正眼巴巴地盼著你的這些東西，又何愁不能從中漁利？

(2)「無心插柳」與「有心栽花」

通常情況下，取勢有「無心」和「有心」之分。胡雪巖

拿飯碗換銀票，資助王有齡，這件事一開始就懷有取勢的明確意圖。

　　咸豐元年冬日的一天傍晚，官居兩淮鹽大使司山陽分司運判的吳棠接到來報，說是一位姓殷的世交故世，送喪的船就泊在城外的清江浦運河上。吳棠就派差役送去二百兩銀子，並約定改日有空前去弔唁。誰知那差役卻誤打誤撞，為吳棠帶來了輝煌前程。

　　原來，這年冬天，初登皇位的咸豐帝向全國下達選秀女的詔命：凡四品以上的滿蒙文武官員家中十五歲至十八歲之間的女孩子，全部入京候選。慈禧太后那拉氏那年十七歲，父親惠徵官居安徽皖南道員，正四品銜，各方面都在條件之內，家裡只得打點行裝，準備送她進京。誰知正在這時，惠徵得急病死了。

　　那拉氏上無兄長，下無弟弟，僅僅有一個十三歲的妹妹，寡婦孤女哭得死去活來。當時官場的風氣是：太太死了，弔喪的壓斷街；老爺死了，無人理睬。惠徵居官還算清廉，家中並無多少積蓄，徽州城又無親戚好友，一切都要靠太太出面，四處花錢張羅。待到把靈柩搬到回京的船上時，身上的銀子已所剩無幾了。

　　這天傍晚，靈舟停在江蘇清江浦。正當暮冬，寒風怒號，江面冷清至極。舟中那拉氏母女三人眼看家道如此不幸，瞻視前途，更加艱難，遂一齊撫棺痛哭。淒慘的哭聲在寒夜江面上傳播開去，遠遠近近的人聽了無不憫惻。

　　突然，一個穿著整齊的男子站在岸上，對著靈舟高喊：「這是運靈柩去京師的船嗎？」這名男子正是吳棠派來的差役。「是的。」船老大忙答話。

　　那人踏過跳板，對著身穿重孝的惠徵太太鞠了一躬，說：「我家老爺是你家過世老爺的故人，今夜因有要客在府

上，不能親來弔唁，特為打發我送來紋銀二百兩，以表故人之情，並請太太節哀。」

從徽州到清江浦，沿途一千多里無任何人過問，不料在此遇到這樣一個古道熱腸的好人，惠徵太太感激得不知如何答謝才是，忙拖過兩個女兒，說：「跪下，給這位大爺磕頭！」

那拉氏姊妹正要下跪，那人趕緊先彎腰，連聲說：「不敢當，不敢當！我這就回去覆命，請太太給我一張收據。」

惠徵太太這時才想起，還不知丈夫生前的這個仗義之友是什麼人哩，遂問道：「請問貴府老爺尊姓大名，官居何職？」

那人答：「我家老爺姓吳名棠字仲宣，現官居兩淮鹽大使司山陽分司運判。」

惠徵太太心裡納悶：從沒有聽見丈夫說起過這麼個人。她一邊道謝，一邊提筆寫道：「謹收吳老爺紋銀二百兩。大恩大德。惠徵遺孀叩謝」

再說那吳棠一見差役拿來的字據，勃然大怒道：「混帳東西！這銀子是送到殷老爺家裡的，怎麼冒出一個惠徵來了！這惠徵是誰？」

差役慌了：「老爺不是說送到運靈柩去京師的那隻船嗎？我聽到哭聲，又問是不是到京師去，說是的，我就送去了，她們也收了。」

吳棠冷笑道：「好個糊塗東西！天下哪有不愛銀子的人！你送他二百兩白花花的銀子，她還會不收嗎？你問過她的姓沒有？」

差役辯道：「小人想，世上哪有這等湊巧的事，都死了人，都運到京師，又都在這時停在清江浦。所以小人想，這不要問的，必定是殷家無疑。」

吳棠發火了，拍著桌子嚷道：「你這個沒用的傢伙，還敢如此狡辯？你趕快到江邊去，把銀子追回來，再送到殷家的船上去！」

「慢點！」那差役剛要走，側門邊走出一個師爺來，向差役招了招手，然後對吳棠說，「老爺，我剛從江邊來，知道些情況。」

「你說吧！」

「收到銀子的這一家是滿人，主人原是安徽的一個道員。這次進京，一是運靈柩回籍安葬，二是送女兒進宮選秀女。老爺，」師爺湊到吳棠的耳邊小聲說：「這進宮的秀女，日後的前途誰能料定得了？倘若被皇上看中，那就是貴妃娘娘了。到那時，只怕老爺想巴結都巴結不上哩！二百兩銀子，對老爺來說算不上一回事，但對這時的寡婦孤女來說，卻是一個天大的人情。既然銀子已經送了，老爺不如乾脆做個全人情，以惠徵故人的身分親到船上去看望一下，為今後預留一個地步。」

吳棠想想也有道理。二百兩銀子，對一個鹽運判來說，無異於九牛一毛，什麼也算不上。於是，他帶著師爺，連夜來到江邊，登上靈舟，好言勸慰惠徵太太，又鼓勵那拉氏姐妹好自為之，今後前途無量。臨走時，留下一個名刺。惠徵太太一家千恩萬謝。那拉氏把這張名刺珍藏在妝奩裡。父親死後的淒涼，給她以強烈的刺激，使她深刻地意識到權勢的重要。對著冷冰冰的運河水，她咬緊牙關，心裡暗暗發誓：此次進京候選，一定要爭取選上；進宮後，一定要想方設法引起皇上的注意；倘若今後發跡了，也一定要好好報答這位吳老爺。

多年後，那拉氏中的姐姐成了慈禧太后。她不忘舊恩，垂簾聽政伊始，便將吳棠擢升為兩淮鹽運使，並且在朝堂中

多次詢問吳棠官居何職。大臣中自然有不少明事理的，就藉了機上摺獎掖吳棠。吳棠官職一升再升。要不是才智平庸，慈禧太后巴不得把他提為軍機大臣。吳棠最後官至四川巡撫，美味口腹、蜀都錦鄉，快樂一世，終老於成都。

對比胡雪巖和吳棠可以看出，吳棠是順水人情，歪打正著，而胡雪巖則是拿飯碗性命，乃至名節，冒了巨大的風險做的。所以吳棠是「無心插柳」，胡雪巖卻是「有心栽花」。不過都開了「花」，並且兩人的結果又極其相似。

吳棠有了慈禧做靠山，官做得安安穩穩，一輩子平平安安，沒有人敢彈劾他。偶而有點小錯，大家也都一笑了之。這是因為有勢在那裡。

胡雪巖藉由王有齡，「以子母術遊貴要間，以聚斂進」王有齡在海運局積功保知府。旋補杭州府，升道台，陳梟開藩，不數載便簡放浙江巡撫。時胡雪巖亦捐得候補道台，即命其接管糧台，亦得大發，錢莊與糧台互相幫襯。這也是有勢在那裡。只要靠山不倒，胡雪巖的生意就會越做越好。

與吳棠不同的是，胡雪巖的靠山是憑著自己的本事培養起來的，這一點誰也無異議。所以，胡雪巖的勢是「做」出來的。

(3) 舊樹既倒，再攀新貴

人生一定要選擇一個好的休息場所。做生意不能沒有支持者。胡雪巖對這一點非常清楚，他層層結交官場勢力，從而為自己開發出巨大的財源。

當初，胡雪巖依靠王有齡的庇護和勢力，生意越做越大，一片坦途。然而，天有不測風雲，同治元年（一八六一年），太平軍圍攻杭州，王有齡守土有責，被圍兩月，彈盡

糧絕。胡雪巖受托，衝出城外買糧，卻無法運進城內。王有齡眼見已回天乏術，竟上吊自殺。

　　胡雪巖聞此惡訊，當即暈了過去。醒來後，嚎啕大哭。他的哭中既有友情，也有私利。胡王兩人相交二十餘年，無論是王有齡在官場上，還是胡雪巖在商場，幾乎所有的大事都是兩人共同謀劃，互相幫襯。如今一人死於非命，一人苟活人世，豈能不悲傷。再說，胡雪巖之生意得力於王有齡；尤其是這種亂世，失去了一個可以靠得住的官場靠山，憑什麼成事？如今王有齡已去，大樹倒矣，又豈能不悲傷。

　　王有齡的死，使胡雪巖在生意上一蹶不振，這給他本來就傷痕累累的心靈又拉下新的傷痕。難道他從此就完了嗎？許多人心裡都有這樣的疑慮。如果胡雪巖是一般的凡夫俗子，或許從此會沈湎於悲傷之中而不能自拔，或許在沉沉重的打擊下永遠站不起來。然而，胡雪巖畢竟非一般人可比，他能有今日之成就，就在於他雖是至情至性之人，卻能忍常人之所不能忍；他經歷千難萬苦建立起來的龐大基業，怎能讓它輕易倒下？

　　已踏上「官商」之路的胡雪巖不可一日沒有官場靠山，他很快便拋開悲痛，冷靜地觀察時局，分析生意失利的原因。他發現，自王有齡死後，浙江商界有些人欺他無人撐腰，在貨源、銷售、生產上開始排擠他。為此他心想：在這種亂世，生意人僅靠自身的力量，而沒有官場勢力的保護，想成事實在太難了。可環顧官場，哪一個又能在生意上給他幫助，成為可以依靠的靠山呢？

　　就在這年秋天，閩浙總督左宗棠帶兵從安徽出發，一路穩紮穩打，太平軍潰不成軍。很快，左宗棠便收復了杭州。正在上海觀望的胡雪巖聽到這個消息，萬分高興，連夜從上海趕往杭州。

　　為了尋找新的官場靠山，最初胡雪巖將目光投向了杭州藩司蔣益澧，覺得蔣益澧為人倒還憨厚，如果結交得深了，便是第二個王有齡，將來言聽計從，親如手足，那就比伺候脾氣大出名的左宗棠痛快得多了。可通過交談，胡雪巖發現，蔣益澧謹慎有餘，遠見不足，不是一個可以成大事的人。再說，他從蔣益澧手下何師爺嘴裡了解到：左宗棠之對蔣益澧，不可能像何桂清之對王有齡那樣，提攜惟恐不力，保荐為浙江巡撫。一省巡撫畢竟是個非同小可的職位，曾國荃又另有適當的安排；除非蔣益澧本身夠格，左宗棠又肯格外力保，否則浙江巡撫的大印不可能落在蔣益澧手裡。既如此，惟有死心塌地，專走左宗堂這條路子了。對如何降服左宗棠這頭「湖南騾子」，胡雪巖可說是成竹在胸。

　　因為有些人喜歡討好別人，有些人則喜歡被人討好。這就是捧場！如果僅僅懂得那些「特殊人」的心理，這一點還是遠遠不夠的；還要有更重要的一手，那就是善於利用人性的弱點，討好有方。精通此道，便為結交官場上的大人物提供了回旋的空間。而如何與大人物結交，胡雪巖可謂無師自通。他不僅口頭上恭維，還非常注意捧場面，以至於素有「湖南騾子」之稱的左宗棠被他哄得順順溜溜。

　　這天，剛剛佔領杭州的左宗棠坐在大帳中想心事：杭州連年戰爭，餓死百姓無數，無人耕作，許多地方真是「白骨露於野，千里無雞鳴。」自己帶數萬人馬與太平軍對壘，眼看幾萬人馬的吃飯就成了大問題。

　　正在發愁，手下人來報，浙江大商人胡雪巖求見。左宗棠乃傳統官僚，有「無商不奸」的思想在腦中作怪，而且他又風聞胡雪巖在王有齡危困之時，居然假冒去上海買糧之名，侵吞巨額公款而逃。心想：此等無恥的奸商，不殺留著何用。於是傳令「立即斬首示眾。」

　　這時，手下親信勸道：胡雪巖乃蔣益灃引薦而來，不問青紅皂白就斬首，是不給蔣益灃面子。左宗棠覺得也是，心想問個明白再做決定也不遲。於是傳令召見。

　　胡雪巖一生也算見過大人物，但他久聞左宗棠為人剛直，常常不給人面子，心中很是不安；又見帳外兩排甲士，短刀長槍，鎧甲銀亮，更是心慌意亂，覺得步履維艱。

　　走進帳內，立劇就察覺到了氣氛不對，抬頭一望，左宗棠正襟坐在太師椅上，馬臉拉得老長，雙眼圓睜。

　　胡雪巖強壓著心中的不安，暗自告誡自己一定要小心謹慎，然後振作精神，撩起衣襟，跪地說道：「浙江候補道胡雪巖參見大人！」半響不見回音，胡雪巖頭上冒汗，也不敢抬頭，跪在地上動也不敢動。空氣中靜得連他頭上汗水滴到地上的聲音也聽得見。

　　左宗棠那雙眼睛開始轉動，射出涼颼颼的光芒，將胡雪巖從頭到腳，仔細打量一遍。胡雪巖頭戴四品文官翎子，中等身材，雙目炯炯有神，臉頰豐滿滋潤，一副大紳士派頭。端詳之後，左宗棠面無表情，乾巴巴地說：「胡老闆，我聞名已久了。」這句話聽起來特別刺耳，誰都懂得其中的諷刺意味。

　　胡雪巖以商人特有的耐性，壓住心中的不滿。他覺得自己面前只不過是一個極為挑剔的顧客，挑剔的顧客才是真正的買主。他想，此刻無需謙虛，便說道：「大人建了不世之功，特為前來道喜！」

　　「喔！你倒是有先見之明。怪不得王中丞在世之日，稱你為能員。」話中帶刺兒，胡雪巖自然聽得出來，一時也不必細辯。眼前第一件事，是要能坐下來。左宗棠不會不懂官場規矩，文官見督撫，品級再低，也得有個座位，此刻故意不說「請坐」，是有意給人難堪，先得想個辦法應付。

念頭轉到，辦法也就有了。胡雪巖撩起衣襟，又請了一個安，回道：「不光是為大人道喜，還要給大人道謝。兩浙生靈倒懸，多虧大人解救。」

他知道左宗棠素來是個吃捧的人，抓住這一弱點，恭賀左宗棠收復杭州，功勞蓋世；又向左宗棠道謝，使杭州黎民百姓過上安定日子。一邊恭維，他一邊注視著左宗棠，只見左宗棠臉上露出一絲不易覺察的微笑。捕捉到這一資訊，胡雪巖又急忙施禮。這一次左宗棠雖然仍舊矜持地坐在椅子上，但先前陰沈的雙臉微微一笑，又繃緊了馬臉，只不過裝著恍然大悟似地吩咐手下說：「唉呀！怎麼不給胡大人看座！」胡雪巖總算在左宗棠右側的椅子上坐了下來，擺脫了尷尬的窘境。

坐定之後，左宗棠直截了當，問起當年杭州購糧之事，臉上現出肅殺之氣。胡雪巖這才如夢初醒，趕緊把事情從頭到尾講了個清清楚楚，說到王有齡以身殉國，自己又無力相救之處，不禁失聲痛哭起來。

左宗棠這才明白自己誤聽了謠言，險些殺了忠義之士，不禁羞愧不已，反倒軟語相勸：「胡老弟，人死不能複生，王大人為國而死，比我等苟且而活要值得多！」

胡雪巖見左宗棠態度已有鬆動，急忙摸出二萬兩藩庫銀票，說明這銀票是當年購糧的餘款，現在把它歸還國家。他解釋說，這筆款本應屬於國家，現在他想請求左帥為王有齡報仇雪恨，並申奏朝廷，懲罰見死不救又棄城逃跑的薛煥。這符合常情的懇求，左宗棠自然爽快答應，並叫主管財政的軍官收下了這筆鉅款。

二萬兩銀票對於每月軍費開支十餘萬的左軍來說雖屬杯水車薪，但畢竟可解燃眉之急。胡雪巖清楚地知道左宗棠此刻最缺的是什麼，所以不失時機地掏出銀子，為自己爭得了

他的好感。

收下胡雪巖的銀票後，胡雪巖對王有齡的忠心使左宗棠非常佩服，立即叫人上茶，和他閒聊。胡雪巖大贊左帥治軍有方，孤軍作戰，勞苦功高。他說話極有分寸，當誇則誇，要言不繁，讓人聽起來既不覺得言過其實，又沒有諂媚討好的嫌疑。左宗棠聽得眉飛色舞，滿臉堆笑。胡雪巖見左宗棠已被自己的話吸引，便心想：只要實事求是地奉承恭維，左帥還是能夠接受的。如果能拉他做靠山，往後的生意更會如日中天。

主意拿定，胡雪巖拋磚引玉，話鋒一轉，指責曾國藩只顧替自己打算，搶奪地盤，卑鄙無義。並氣憤地譴責李鴻章不去乘勝追擊佔領唾手可得的常州，而把立功的肥缺讓給曾國藩的弟弟曾國荃做人情。胡雪巖有根有據的指斥引起了左宗棠的共鳴，左宗棠心中對他更有好感了。

兩個人越談越投機，不知不覺時至中午，左宗棠便留胡雪巖吃飯。那個時代，上司請下屬吃飯，是一件極有面子的事。左宗棠雖是閩浙總督，朝廷一品大員，卻崇尚儉樸，桌上只擺了幾樣小菜。倒是一盤臘肉引起胡雪巖的注意。他挑了一塊臘肉放進嘴裡，發覺肉已變味，覺得此肉必有緣由。左宗棠是何等精明之人，他看出胡雪巖的迷惑，便說起這肉是在湖南的夫人托人帶來的，時間久了，有些變味，但仍捨不得丟。

胡雪巖知道左宗棠早年落魄，受盡世人白眼，其夫人乃大家閨秀，卻一眼看中他，執意嫁他，給他無窮的信心。可以說，左宗棠能有今日，其夫人功莫大焉。所以他今日雖然貴為一品，對夫人的敬愛仍不減往昔。一品大員中有幾個不納妾，只有左宗棠念舊恩，思往事，從無此念頭，可見是個有情有義之人。心想：「此等君子不交，更交何人！」

　　酒飯過後，左宗棠親自將胡雪巖送出大營。他認為胡雪巖不僅會做生意，而且對官場非常熟悉，是一個大有作為的能人。難怪杭州留守王有齡對他如此器重。然而一想起營中無糧，不由一聲歎息。胡雪巖看在眼裡，聽在耳中，也不多說，告辭而去。

　　試想，胡雪巖初見左宗棠時，左對胡甚有惡感，言語間頗不客氣。胡雪巖幾句稱讚左宗棠平定太平軍的豐功偉績，聽得他心裡甚為受用，態度頓時緩和下來。在接下來的談話中，胡雪巖緊緊抓住左宗棠的特點巧妙地吹捧；特別是當胡雪巖後來將一萬石米獻出，左宗棠更是高興地稱讚胡雪巖籌糧為國，「功德無量」，並表示：「我一定在皇上面前保奏。」胡雪巖誠心說道：「大人栽培，光墉自然感激不盡。不過，有句不識抬舉的話，好比骨鯁在喉，今日吐出來，請大人不要動氣。我報效這批米，絕不是為朝廷褒獎。光墉是生意人，只會做事，不會做官。」

　　好一句「只會做事，不會做官」，真是說到左宗棠的心坎兒上了。左宗棠出自世家，以戰功謀略聞名，在與太平軍的浴血奮戰中，更是功績彪炳。所以平素不喜與那些憑巧言簧舌，見風使舵之人為伍，對這些人向來鄙夷不屑。此時胡雪巖一句「只會做事，不會做官」，當真使左宗棠感覺遇到了知己，對他頓時更覺親近，讚賞之意溢於言表。

　　此外，胡雪巖還特別善於利用左宗棠與李鴻章之間的矛盾相捧。「我在想，大人也是只曉得做事，從不把功名富貴放在心上的人。」他說：「照我看，跟現在有一位大人物，性情正好相反。」

　　前一段話恭維得恰到好處，對於後面一句話，左宗棠自然是特別關切，探身說道：「請教！」

　　「大人跟江蘇李中函正好相反。李中函會做官，大人會

做事。」胡雪巖又說：「大人也不是不會做官，只不過是不屑於做官罷了。」

「痛快！痛快！」左宗棠仰著臉，搖著頭說，完全是一副遇見知音的神情。被奉承得如此真誠，如此舒坦，心裡實在高興。

「雪巖兄！」左宗棠說：「你這幾年一直在上海，對李少荃的作為必然深知，你倒拿我跟他的成就比一比看。」

「是！」胡雪巖想了一下，答道：「李中函克復蘇州，當然是一大功。不過，因人成事，比不上大人孤軍奮戰，來得難能可貴。」

左宗棠聽得大為高興：「這總算是一句公道話。」一唱三歎，簡直到了擊節相和的地步，自然見出胡雪巖捧場的藝術來。

事實上，左宗棠平生一大癖好，就是喜歡聽人恭維。胡雪巖在與左宗棠此後的交往中，從未忘記這一點，因此甚得左氏的歡心。他在任何時候、任何情況下都能投其所好，既不吝讚美，又實事求是，總是能說出左宗棠最愛聽、最想聽的，卻未曾顯出一絲諂媚做作的味兒。

比如商量籌借洋款時，胡雪巖帶來了泰來洋行和滙豐洋行的代表。款子是代理泰來的，但是還需要滙豐出面。左宗棠不解，就問這裡邊有什麼講究。胡雪巖很會說話：「滙豐是洋商的領袖，要它出款子調度起來才容易。這就好比劉欽差、楊制台籌餉籌不動，只要大人登高一呼，馬上萬山回應，是一樣的道理。」

話經胡雪巖這麼一說，左宗棠感到特別受用，往下談到借款的數目和利息，就爽快起來。胡雪巖深明左宗棠的脾氣、稟性，所以當左宗棠問到——「要不要海關出票」時，他響亮地回答：「不要！」

　　原來，洋人借款，為了保障商業利益，總是想盡辦法降低風險，避免出現拖欠還款的現象。

　　由於當時中國海關掌握在外國人手中，所以一般借款總要中國方面出具海關稅票，保證借款能如期歸還。這回因為是與「胡財神」打交道，信譽沒得說，自然不必擔心出現問題，所以海關對於是否出保一節，也就沒有勉強。

　　雖然人家是看在「胡財神」的面子上，但胡雪巖卻不這樣講。左宗棠問是否只要陝甘出票就可以了，他回答：「是！只憑『陝甘總督部堂』的關防就足夠了。」

　　這一回答，使左宗棠連連點頭，表示滿意，不免感慨道：「唉！陝甘總督的關防總算也值錢了！」

　　「事在人為！」胡雪巖不失時機地接過他的話頭說：「陝西、甘肅是最窮最苦、最偏僻的省份。除了俄國以外，哪怕是久住中國的外國人，也不曉得陝甘在哪裡。如今不同了，都曉得陝甘有位左爵爺，洋人敬重大人的威名，連帶陝甘總督的關防也比直隸兩江還管用。」

　　這樣講似乎還不過癮，又要古應春問洋人，如果李鴻章要借洋款，他們要不要直隸總督衙門的印票。回答是：「都說還要關票。」

　　聽到這一句，左宗棠不由笑顏逐開。他一直自以為勳業過過李鴻章，如今則連辦洋務都凌駕其上了。這份得意，自是非同小可。

　　胡雪巖這麼一捧，左宗棠直覺得自己猶若丈八金剛，奇偉無比，對於捧人的胡雪巖，自然也生出極大的好感，對他的其他經營活動也就欣然支持了。胡雪巖結交左宗棠，這是一個非常重要的手段。

　　另外，胡雪巖在與左宗棠的結交中，他不僅是口頭上恭維，還非常注意給左宗棠捧場面。左宗棠外放兩江總督，中

途要在上海停留。胡雪巖提前安排古應春回去活動，聯絡洋人，在左宗棠抵達上海時，上海英、法兩租界的工部局，以及各國駐滬海軍，都以非常隆重的禮節致敬。經過租界時，租界派出巡捕站崗，列隊前導。尤其是出吳淞口閱兵時，黃浦江的各國兵艦都升起大清朝的黃龍旗，鳴放二百響禮炮，聲徹雲霄，震動了整個上海，都知道左宗棠左大人到上海來了。這樣一來，左宗棠自然喜不自禁，暗中更加欣賞胡雪巖了。試想，胡雪巖把關係都做到了這個份兒上，還有什麼人不能被他所征服和利用呢？

(4) 官場勢力、商場勢力我都要，還要有江湖勢力

　　一個人的事業是時代、環境和個人稟賦共同作用的結果。胡雪巖從錢莊跑街一躍成為富裕顯赫的商界巨擘，除了他能把握時代契機，通過參與鎮壓太平天國運動、舉辦洋務新政、襄助左宗棠西征、融商業活動於國家大事之中外，還與他卓有成效的取勢用勢之運作密不可分。

　　對於勢和利，他有自己獨特的理解，即：「勢利，勢利，利與勢是分不開的，有勢就有利。所以現在先不要求利，要取勢。」

　　縱觀胡雪巖周旋於商場和官場的一生，他所取的「勢」主要有四股。他說：「官場的勢力、商場的勢力、江湖的勢力，我都要。這三種勢力要到了，還不夠，還要有洋場的勢力。」

　　首先，他借取的是「權勢」。在這方面，胡雪巖成為中國近代史上赫赫有名的一代官商，的確有其過人之處：他不惜丟掉自己的飯碗，挪用錢莊銀票資助王有齡，送愛妾給何桂清，在西征時協助左宗棠籌餉運糧、購買軍火等等，使得

他在官場得到了超常的「權勢」。

胡雪巖不愧是精通官商之道的奇才，他長袖善舞，層層投靠，左右逢源，把人們看得目瞪口呆。事實上，在官場上的屢屢得手，只是胡雪巖取勢借勢的一部分。因為光有權勢，並不能使他的商業活動達到完善的境地。

第二，他借取的「勢」是「商場勢力」。這方面最典型一例就發生在上海。他壟斷上海灘的生絲生意，與洋人抗衡，從而以壟斷的絕對優勢取得在商業上的主動地位。起初，在尚未投入生絲生意之前，他就有了與洋人抗衡的準備。如何借助商場勢力，與洋人抗衡呢？按胡雪巖的話說就是：「做生意就怕心不齊。跟洋鬼子做生意，也要像收繭一樣，就是這個價錢，願意就願意，不願意就拉倒。這麼一來，洋鬼子非服帖不可。」

胡雪巖聯絡商場勢力與洋人抗鬥的方略，就是想辦法把洋莊都抓在手裡，聯絡同行，讓他們跟著自己走。至於那些想脫貨求現的，有兩個辦法：一是你要賣給洋鬼子，不如賣給我。二是你如果不肯賣給我，也不要賣給洋鬼子。要用多少款子，拿貨色來抵押，包他將來能賺得比現在多。

凡事就是開頭難，有人領頭，大家就跟著來了。具體作法因時而變。第一批生絲運往上海時，適逢小刀會起事。胡雪巖通過官場渠道，了解到兩江總督已經上書朝廷，因洋人幫助小刀會，建議對洋人實行貿易封鎖，教訓洋人。

他心想，只要官府出面封鎖，上海的生絲就可能搶手，所以這時候只須按兵不動，待時機成熟再行脫手，自然就可以賣上好價錢。但要，想做到這一點，就必須能控制住上海生絲貨源的絕對多數，達到壟斷的地步。而與商場勢力龐二的聯手便促成了在生絲生意上獲得優勢。

龐二是南潯絲行世家，控制著上海生絲生意的一半。胡

雪巖派玩技甚精的劉不才專門和愛好賭博的龐二以賭會友。

　　起初，龐二有些猶豫。因為他覺得胡雪巖短時間暴富，根底未必雄厚。然而，胡雪巖在隨後幾件事的處理上都顯示出能急朋友所急的義氣，而且在利益問題上態度很堅決，顯然不是為幾個小錢兒而奔波，在生絲生意上尋求聯手，主要是為了團結自己人，一致對外。有生意大家做，有利益大家分，不能自己人互相拆臺，好處給了洋人。

　　龐二也是很有擔待的人，非常講江湖義氣，認準了你是真正的朋友，就完全信任你。所以他委託胡雪巖全權處理自己囤積在上海的生絲。胡雪巖贏得了生絲業70%以上的貨源，又得到龐二傾力相助，形成了商業上的絕對優勢；再加上官場消息靈通，第一場生絲戰打勝了。

　　接下來，胡雪巖手上掌握的資金已從最初的幾十萬發展到了幾百萬，開始通過為左宗棠採辦軍糧、軍火，借取更大的勢。與洋人的生絲大戰也進入了白熱化的程度。

　　此時，西方先進的絲織機已經開始進入中國，洋人也在上海等地開設絲織廠。胡雪巖為了中小蠶農的利益，利用手中的資金優勢，大量收購繭絲囤積。洋人搬動總稅務司赫德前來遊說，希望胡雪巖能與他們合作，利益均分。

　　胡雪巖審時度勢，認為禁止生絲運到上海，這件事不會太長久，搞下去兩敗俱傷，洋人自然受損，上海的市面也要蕭條。所以，自己這方面應該從中協調，把彼此不睦的原因排除掉，叫官場相信洋人，洋人相信官場，全力把上海市面弄熱鬧起來，以賺取最大的利潤。

　　但是，要想逼洋人妥協，得有兩個條件：首先在價格上需要與中國這面的絲業同行相商，經允許方可出售；其次，洋人必須答應，暫不在華開設機器繰絲廠。

　　與中國絲業同行商量，其實就是胡雪巖自己和自己商

量。因為此時他做勢已成，在商場上已有了絕對的發言權。有了發言權，就不難實現他借勢取利的目的。

可以說，在第二階段，胡雪巖所希望的商場勢力已經完全形成。這種局面的形成，和他在官場的勢力配合甚緊。因為加徵釐捐，禁止洋商自由採購等，都需要官面上配合。尤其是左宗棠外放兩江總督，胡雪巖更是如魚得水。這就使他儘管在生絲生意上和洋人打了近二十年的商戰，始終能保持主動、節節勝利的根本原因之所在。

第三，胡雪巖借助的「勢」是「江湖勢力」。他借助江湖勢力，是從辦浙江漕米結交尤五開始的。由於他通過與漕幫誠心結交，處處照顧到漕幫的利益，而且盡己所能放交情給漕幫，給漕幫的印象是「此人落門檻，值得信任」，成了漕幫的「門外小爺」，被漕幫尊稱為「爺叔」，使漕米的差事辦得無比順當。

在胡雪巖那個時候，儘管漕幫的勢力已大不如前，但是地方運輸安全諸方面，還非得漕幫幫忙不可。這是一股閒置而有待利用的勢力。運用得好，自己生意做得順當，處處受人抬舉；忽視了這股勢力，一不小心就會受阻。

各省漕幫互相通氣，有了漕幫裡的關係，對胡雪巖把生意做大可說是不無裨益。後來的事實也表明，尤五這股江湖勢力給胡雪巖提供了極大的方便。胡雪巖通過已當上浙江巡撫的王有齡，做了多批軍火生意；在負責上海採運局時，又為左宗棠源源不斷地輸運了新式槍支、彈藥。如果沒有尤五提供的各種方便和保護，就根本無法做成。而有了漕幫的交情，胡雪巖就算在亂世有了「黑」社會的強硬靠山，尋常的江湖幫派，誰也不敢輕易打他的主意。

胡雪巖很注意培植漕幫勢力，和他們共同做生意，給他們提供固定運送官糧物資的機會，組織船隊等，只要有利

益，就不會忘掉他們。因為對待江湖勢力，胡雪巖有著正確的態度。在他的眼裡，江湖勢力並非都是蠻不講理，隨意黑吃黑，他們也有江湖道義可講，所以他針對江湖勢力，守住一個固定不變的宗旨：「花花轎兒人抬人。」也就是說，我尊重你，處處替你考慮到了，你自然也抬舉我，總不能無動於衷，做出不仁不義的事來。胡雪巖在官場和商場，處處通達的「勢」就是這樣做成的。

江湖勢力在晚清漸趨衰落，主要是因為各種社會經濟因素變化引起的。比如洪門和漕幫，當年借重的是連接南北的運輸河道。河道一旦沖淤堵塞，財路一步步衰微，江湖勢力也就一步步減退。又比如鏢局，當年押銀護款，呼嘯南北，哪一個錢莊不需要借重鏢師？後來銀票興起了，劃匯制度也形成了，鏢師就逐漸由受人尊敬到無人借重，勢力也就自然是江河日下。

不過，即使大不如前，江湖勢力仍不可小視，他們一直以各種形式重新組合，發揮著自己的作用。比如國民黨時期上海的青幫，蔣介石還曾投帖門下，借重他們，以求在上海灘立足。

胡雪巖認為江湖勢力與生意成敗之間存在著密切的聯繫，處理得不好，只會給自己增添許多麻煩，處理好了，便可使自己在生意場上順風順水，大展鴻圖。因此，他全力把江湖勢力整合起來，與自己在官場的勢力、古應春在洋場的勢力相結合，做出了花團錦繡的大市面來。

第四，胡雪巖借取的「勢」就是「洋場勢力」。我們都知道，胡雪巖的成功，很大程度上得益於太平天國農民起義和清政府被迫對外開放。因為這兩者使得當時的中國成了一個亂哄哄的局面。而在這種情勢之中，胡雪巖善於應對，認得準方向，把握得準秩序。他對洋場勢力的借取，也正是得

益於他的這種宏觀把握的能力。

在首次做生絲生意時，他就遇到了與洋人打交道的事，並且遇見了洋買辦古應春。兩人一見如故，相約要充分利用洋場勢力，好好做一番大生意。胡雪巖在洋場地位的確定，是在他主管了左宗棠為西北平叛而特設的上海採運局之際。

上海採運局可管的事體甚多，牽涉和洋人打交道的，第一是籌借洋款，前後合計達一千六百萬兩以上，第二是購買輪船機器，用於由左宗棠一手建成的福州船政局，第三是購買各種新式的洋槍、彈藥和炮械。

由於左宗棠平叛心堅，對胡雪巖的作用看得很重，洋務方面都委由他出面接洽。這樣一來，逐漸形成了胡雪巖的買辦壟斷地位。洋人看到胡雪巖是大清疆臣左宗棠面前的第一紅人，生意一做就是二十幾年，所以也就格外巴結。這也促成了胡雪巖在洋場勢力的形成。

壟斷飯最好吃，壟斷行業的錢最好賺，這是眾所周知的道理。如果能吃上壟斷飯，哪怕只是分享一點殘羹冷飯，也勝過外面的鮑魚燕窩。因為勢力一旦形成，別人就不易進入。這就像自然保護區一樣，在保護區內是被保護動物的天下，外類不得涉足。當然，想涉入也是不大可能，因為洋人就認準了胡雪巖，不大相信不相干的來頭。實際上，江南製造總局就曾有一位買辦，滿心歡喜地接了胡雪巖手中的一筆軍火生意。洋人卻告訴他，槍支的底價早已開給了胡雪巖，不管誰來做，都需要給胡雪巖預留折扣。

縱觀胡雪巖靈活變通官商之道，其突出的特點就在於他的「取勢用勢」作為。官場勢力、商場勢力、洋人勢力和江湖勢方他都要。胡雪巖知道勢和利是不分家的，有勢就有利。因為勢之所至，人們才會唯你馬首是瞻，這就沒有不獲利的道理。另一方面，有勢才有利。社會上各種資源散溢

著，就像水白白流走一樣，假若不予蓄積，沒有成熟，就無法形成一種力量或者一種走向。蓄勢的過程就是積蓄力量，形成規模，安排秩序，形成走向的過程。積聚力量和安排調度，正是一個有效管理者的主要任務。

商人、企業家在社會中起著十分重要的作用。人才閒置，就把他們組織起來，充分利用；資源閒置，可以把它們挖掘出來，充分利用；資訊閒置，理當把它們組合起來，充分利用。這本身就是一種創造的過程。明明是個無可救藥的賭徒，胡雪巖卻能夠把他利用了，派他購絲、辦貨；明明是個落魄的文人，胡雪巖能夠把他鼓動起來，讓他盡己所長，安定地方。

官場和江湖有嫌隙，洋人和官府有猜疑，胡雪巖卻非要他們前嫌盡棄，溝整盡平，大家攜手做生意，求利益。這種作為，一般人想不到，胡雪巖想到了；一般人做不到，胡雪巖做到了。所以人們稱讚他神，稱讚他奇。

這種神奇，在胡雪巖身上所表現的就是與眾不同之思維：凡事總要超出別人一截，眼光總比別人放得遠，才能步步得勢——官場的勢、商場的勢、江湖的勢、洋場的勢。進而因勢取利，水到渠成。這和下圍棋的道理一樣：別人放一子，自己緊粘一子，不是笨蛋，也聰明不到那裡去。稍具圍棋常識的人都懂得要放手做勢，不求一子一地的得失，先從整體上營造自己的勢力範圍，形成孫武子所說的「若決積水於千仞之溪」的有利態勢，然後抱犄角與敵逐，自然就能穩操勝券。

3. 拿銀子鋪路，自然路路通暢

「錢能通神，錢能得勢，錢能敲開賺錢發財的金光大道。」在胡雪巖看來，商人為利奔波，做官的人也是因為有利在前，才去起更值朝，忍辱負重。廣而言之，天下人無不好利。正如《管子，禁藏》中所說：「夫凡人之情，見利莫能勿就，見害莫能勿避。其商人通賈，倍道兼行，夜以繼日，千里而不遠者，利在前也。」這句話深刻地揭示了人們求利的本性。抓住了人們的這一心理，什麼事情都好解釋；滿足了人們的這一心理，什麼事情都可以辦成。

(1)「冷灶」燒熱

如何與當官的搞好關係，有許多學問的。例如，怎樣去對待那些急需幫助、暫時有困難的官員，學問就很大：你可以置之不理，不管其死活，也可以熱情相助，以圖回報。

前者眼光短淺，後者眼光遠大。一個處於窮困潦倒的人受到你的幫助，他在成功的時候，最容易記住和報答的就是你。胡雪巖把這種「雪中送炭」的方法稱作「燒冷灶」。

胡雪巖資助王有齡正是「雪中送炭」大獲成功的最好例證。照他的話說就是：「我看你好比虎落平原，英雄末路，心裡有說不出的難過，一定要拉你一把，才睡得著覺。」另一處的記述講得更明白。胡雪巖對王有齡說：「吾嘗讀相人書，君骨法當貴，吾為東君收某五百金在此，請以畀子。」

應該說，胡雪巖「雪中送炭」很冒風險，因為他事實上是挪用了東家的錢幫助王有齡。所以王有齡擔心自己一旦用

錢，連累胡雪巖。而他的回答則十分著實：「子毋然，吾自有說。吾無家，只一命，即索去，無益於彼，而坐失五百金無著，彼必不為。請放心持去，得意速還，毋相忘也。」要錢沒有，要命一條。既然能做出這種打算，就可以看出胡雪巖主意一定，這個忙是非幫不可了。這一次「雪中送炭」，就奠定了他日後成功的基礎。

這種「雪中送炭」的手段，在中國傳統生活中頗為流行。昔日上海灘上的黃金榮便識蔣介石於患難之時。他不但替蔣介石了結了數千元債務，還資助蔣介石一筆旅費，使蔣得以投奔廣州。後來蔣介石在政界發跡，黃金榮的地位也就無人敢動搖了。

杜月笙交戴笠也是如此，戴笠從小就是個無賴，靠擺小攤騙錢度日，為警察所追捕。後來混到上海，也是在流氓群中做些無本「生意」。其時，杜月笙已跨進黃金榮的大門，與戴一見面，就認為戴是個「人才」，傾心結納，不久就結為兄弟。後來戴仕途遇阻，一度陷人一文不名的困境，就去求杜幫忙。那時，杜月笙已是首屈一指的上海灘大亨，居然仍顧念舊情，一次給了他五十塊現大洋。用完了，又給了五十元。對杜的「慧眼識英雄」，戴笠念念不忘，在他後來成為炙手可熱，殺人不眨眼的人物時，不時對部下提起往事，稱道杜「古道熱腸」，是他生平知己之一。每次去上海，必和這位盟兄親熱，共商大計。

「雪裡送炭」的另一種情形是善於結交下臺人和失意人。也許會有人願意幫助未發跡之人，卻很少有人看重已失勢之人。胡雪巖則不是這樣。寶森因為政績平庸，被當時的四川巡撫丁寶楨以「才堪大用」的奏摺形式，借朝廷之手，體面地把他請出了四川。寶森閒居在京，每日呼朋喚友，吟酒品茶泡賭場，表面上悠閒樂哉，其實內心甚感落寞。胡雪

巖就特意拜訪，勸說他到上海一遊，費用全部由他包了。

　　寶森因為旗人身分限制，在京玩得實在不過癮，就隨了胡雪巖去遊上海，逛杭州，猜拳狎妓，遊山玩水，甚是痛快。從此他把胡雪巖視為密友，每遇大事，必自告奮勇，幫助胡雪巖在京城通融疏通。

　　患難見真情，胡雪巖屢出義舉，也許並非源於本性，更重要的是他深知「雪中送炭」的作用，明白怎麼讓別人「知恩回報」的道理。對於浙江藩司麟桂的「雪中送炭」，更是立見回報的一例。

　　阜康錢莊剛開業，胡雪巖就遇到了這樣一件事：浙江藩司麟桂托人來說，想找阜康錢莊暫借二萬兩銀子，胡雪巖對麟桂只是聽說過而已，平時沒有交往，更何況他聽官府裡的知情人士說，麟桂馬上就要調離浙江，到江甯（南京）上任，這次借錢，很可能是用於填補他在任時財政上的虧空。而此時的阜康剛剛開業，包括同業慶賀送來的「堆花」，也不過只有四萬現銀。

　　這一下可讓胡雪巖左右為難。如果借了，人家一走，豈不是拿錢打水漂，連個聲音也聽不到？！即使人家不賴帳，像他這樣的人，總不可能天天跑到人家官府去逼債吧。二萬兩銀子，對阜康來說，也是一個不小的損失。

　　俗話說：「人在人情在，人一走茶就涼。」一般錢莊的普通老闆碰到這種事，大約會打個馬虎眼，陽奉陰違一番，幾句空話應付過去。不是「小號本小利薄，無力擔此大任」，就是「創業未久，根基浮動，委實調度不開」。或者，就算肯出錢救急，也是利上加利，乘機狠宰一把，活生生把那麟桂剝掉幾層皮。

　　胡雪巖的想法卻是：假如在人家困難的時候幫著解了圍，人家自然不會忘記，到時利用手中的權勢，稍微行個方

便，何愁幾萬兩銀子拿不回來？據知情人講，麟桂這個人也不是那種欠債不還，耍死皮賴帳的人，現在他要調任，只不過不想把財政「虧空」的把柄授之於人，影響了自己仕途的發展，所以急需一筆錢解決難題。想明白後，胡雪巖馬上決定「雪中送炭」。

他非常爽快地對來人說：「好的，一句話。」

答應得太爽快，反倒使來人將信將疑，愣了一會兒才問道：「那麼，利息呢？」

胡雪巖想了一下，伸出一個手指頭。

「一分？」

「怎麼敢要一分？重利盤剝是犯王法的。」胡雪巖笑道：「多要了，於心不安；少要了，怕麟大人以為我別有所求；不要，又不合錢莊的規矩，所以只要一釐。」

「一釐，不是要你貼利息了嗎？」

「那也不儘然。兵荒馬亂的時候，盡有富家大戶願意把銀子存在錢莊裡，不要利息，只要保本的。」

「那是別一回事。」來人很激動地對胡雪巖說：「胡老闆，像你這樣夠朋友的，說實話，我是第一次遇見。彼此以心換心，我也不必客氣。麟藩台的印把子此刻還在手裡，可以放兩個起身炮。有什麼可以幫你忙的，惠而不費，你不必客氣，儘管直說。」

說到這樣的話，胡雪巖再不說就顯得太見外了。於是，他沈吟了一會，答道：「眼前倒還想不出。不過，將來麟大人到了新任，江寧那方面跟浙江有公款往來，請麟大人格外照顧，指定由阜康匯兌，讓我的生意可以做開來，那就感激不盡了。」

「這是小事，我都可以拍胸脯答應你。」

等來人一走，胡雪巖馬上把劉慶生找來，讓他湊二萬銀

子給麟桂送過去。劉慶生為難地說：「銀子是有，不過期限太長恐怕不行。咱們現在手頭現銀不多，除非動用同業的『堆花』。不過，最多只能用一個月。」

「有一個月的期限，還怕什麼？蘿蔔吃一截，剝一截，『上忙』還未了，湖州的錢糧地丁正在徵，十天半個月就有現款到。」胡雪巖繼續說：「我們做生意一定要做得活絡，移東補西不穿幫，就是本事。你要曉得，所謂『調度』，調就是調動，度就是預算，預算什麼時候有款子進來，預先拿它調動一下，這樣做生意，就比人家走在前頭了。」

「既然如此，我們不妨做得漂亮些，早早把銀子送了去。借據呢？」

「隨他怎麼寫法，哪怕就是麟藩台寫個收條也可以。」

這樣的做法，完全不合錢莊規矩，背的風險很大。不過，劉慶生知道胡雪巖與眾不同，所以也不多說，按照他的吩咐去辦理。

胡雪巖這一寶算是壓對了，立劇收到了成效。那麟桂沒想到胡雪巖辦事如此痛快，何況他們兩人過去從未打過交道，胡雪巖竟然如此放心地把錢借給他，不禁使他桂從心裡佩服胡雪巖的爽快。於是，他報之以「李」，在臨走前，特意送了胡雪巖三樣「大禮」。

一是錢業公所承銷戶部官票一事，已稟覆藩台衙門，其中對阜康踴躍認銷，特加表揚。麟藩台因為公事圓滿，特別高興；又因為與阜康的關係不一般，決定報請戶部明令褒揚「阜康」。這等於是浙江省財政廳請中央財政部發個「正字標記」給「阜康」，不但在浙江提高了「阜康」的氣聲，將來京裡戶部和浙江省之間的公款往來，也都委託「阜康」辦理匯兌。

二是浙江省額外增收，支援江蘇省勘剿太平天國的「協

餉」，也統統委由「阜康」辦理匯兌。

三是因麟桂即將調任江蘇，主要負責江南、江北大營的軍餉籌集，阜康可以在上海開個分店，以後各省的餉銀都經過阜康錢莊匯兌到江蘇。

(2) 送禮總要送人家求之不得的東西

人，最容易被突破的就是自己的弱點。胡雪巖的高明之處還在於他善於抓住不同之人的特點，區別對待。這就是人們通常說的——「投其所好」。胡雪巖在官場中能夠如魚得水，跟他善於抓住大人物的弱點，並進而投其所好的心計和手腕分不開。

送禮，胡雪巖心裡明白得很，禮要送到對方的心裡去。禮不在多，最重要的是合人家的心意。他之所以能夠得到左宗棠的信任，甚至被引為知己，左宗棠由此成為比王有齡更有力量的靠山，且甘願厚著老臉，為他討來朝廷特賜的紅頂子，就是因為他給左宗棠送去了最急需的兩件「法寶」。

胡雪巖深知，贈金和送美之類的一般招術，對以一品頂戴兵部尚書兼都察院左都御使任閩浙總督的左宗棠，幾乎不可能起作用。起初，由於杭州被太平軍佔領期間的謠言，左宗棠對胡雪巖既早聞其名，也早有戒備，他甚至接到許多狀告胡雪巖的稟帖，決定一律查辦，指名嚴參。這位素有「湖南騾子」之稱的總督，在胡雪巖前去拜見時，甚至都不給他讓座，很是「晾」了胡雪巖一把。而胡雪巖最終還是得到了左宗棠的信任，甚至被引為知己。

能夠取得左宗棠的信任，胡雪巖其實只做了兩件事：

第一，獻米獻錢。離開左宗棠後，心裡就在籌畫著如何幫助左宗棠解決糧食上的眼下之急。他迅速到上海籌集了一

萬石大米運回杭州。

　　幾天之後，正為糧食犯愁的左宗棠突然接報，說江中有數艘英國糧船。他聽後大為動心。無奈洋人勢大，又不敢強徵；想拿錢去買，軍餉尚未籌足，哪有買糧錢？

　　突然有人報，說胡雪巖求見。左宗棠一聽，很是迷惑，剛走了沒幾天，會有什麼事呢？連聲道：請他進來。

　　胡雪巖走進來，見過禮後，當即言道：「大人，雪巖近日籌集糧米一萬石，請大人笑納。」

　　「一萬石！」左宗棠吃了一驚。這個數目可不小，胡雪巖哪來的如此神通？不過，這些都是小事，關鍵是：一萬石糧食何在？

　　胡雪巖告訴他說，江中英國船隊，運的正是這批糧食。

　　左宗棠一聲歡呼，馬上命令軍隊上船取糧。這一萬石大米真是雪中送炭，不僅救了杭州，而且對左宗棠肅清境內的太平軍也助了一臂之力。左宗棠捋著花白的鬍鬚，連日緊皺的雙眉舒展了。

　　第二，主動承擔籌餉重任。糧食問題得到解決之後，左宗棠最頭痛的就是軍餉還沒有著落。幾十萬兵馬東征鎮壓太平軍，每月需要的餉銀高達二十五萬之巨。由於連年戰爭，國庫早已空虛。兩次鴉片戰爭的巨額賠償更如雪上加霜，使征戰的清軍軍費自籌更為困難。當時朝廷財政支出，用兵打仗，採取的是所謂「協餉」的辦法，也就是由各省拿出錢來做軍隊糧餉之用。

　　說白了，就是各部隊自己想辦法籌餉。面對每月二十五萬的巨額餉銀，胡雪巖雖然知道事情非常棘手，但他認為如果能夠順利籌集，左帥對自己會加倍信任，便毫不猶豫地表示自己願意為此盡一分心力，而且當即為籌集軍餉想出幾條切實行之有效的辦法。

　　原來，太平天國起義十餘年來，不少太平軍將士都積累不少錢財。如今太平軍敗局已定，他們聚斂的錢財不能帶走，應該想法收繳。但由於這些太平軍不敢公開活動，惟恐遭到逮捕殺頭，常常躲藏起來。胡雪巖建議，左帥可以閩浙總督的身分張貼告示，令原太平軍將士只要投誠，願打願罰各由其便，以後不予追究。

　　左宗棠心有靈犀，一點就通：這的確是個好辦法。既收集錢財，又能籠絡人心，可謂一箭雙雕。

　　但如此做法還沒有先例。如果處理不周，後果不堪設想。左宗棠將心中的顧慮和盤托出。胡雪巖忙說出他的理由：太平軍失敗後，很多人都要治罪。但株連過眾，又會激起民憤，擾得社會不安寧。這與戰後休養生息的方針背道而馳。最好的處置就是網開一面，給予出路。實行罰款，略施薄刑，這些躲藏的太平軍受罰後就能夠光明正大做人，當然願罰，何樂不為。

　　左宗棠對胡雪巖的遠見卓識欽佩不已，當即命他著手辦理。回去後，胡雪巖立即張貼佈告，曉之以義。沒多久，逃匿的太平軍便紛紛歸撫。一時四海聞動，朝廷驚喜。借助這一機會，阜康錢莊自然也得利不少。

　　通過這次事，左宗棠既瞭解了胡雪巖的為人，也瞭解到胡雪巖辦事的手段，知道此人確實是一個難得的人才，於是傾心結納，倚之為股肱，兩人很快成為知己。胡雪巖自然在官場有了比當初王有齡、何桂清更大的靠山。

　　這兩件事，胡雪巖的確做到了對「症」下「藥」，因而也是一下子「藥」到「病」除。所謂對症，是因為糧食、軍餉都是左宗棠當時最著急也最難辦的事。杭州剛剛收復，善後是一件大事，而善後工作要取得成效，第一要緊的是要有糧食。另外，當時鎮壓太平軍實際是左宗棠與李鴻章協

同進行，太平軍敗局已定，左宗棠當然想爭頭功。這時候，糧草、軍餉也是當務之急。沒有糧餉，就無法進一步展開攻勢；而且一旦「鬧餉」，部隊無法約束，也就勢成「烏合」，還會釀出亂子。胡雪巖的到來，使左宗棠這兩件讓他頭痛不已的事一下子迎刃而解，哪裡還有不得他賞識的道理！用左宗棠的話說，解決了這兩個問題，不但杭州得救，肅清浙江全境也有把握了。

我們回過頭看胡雪巖結交左宗棠的三個成功因素：

其一，對左宗棠充分瞭解。胡雪巖在決意拉攏左宗棠這座大靠山時，已經通過各種渠道，對左氏有了透徹的了解。他知道左宗棠是「湖南騾子」脾氣，倔強固執，難以接近，也知道左氏因功勳著著，頗為自得，甚喜聽人褒揚之辭。他也對左宗棠與曾國藩及其門生李鴻章之間的重重矛盾了解得很透徹。建立在充分瞭解的基礎之上，他說出來的話才能正中左氏之下懷。

其二，善急人之所急。光說不做是不行的，胡雪巖打動左宗棠還體現在行動上。他瞭解左氏的燃眉之急，為其做好了兩件事：籌糧與籌餉。這兩件事對左宗棠來說，都是迫在眉睫的，胡雪巖主動為他去掉了兩塊心病，當然就取得他的感激和信任了。

其三，最重要的還是胡雪巖本人的真才實學。胡氏結交官場，自有一套或以財取人，或以色取人，或以情取人的高超手法。然而，這些對左宗棠而言都不起作用。左宗棠貴為封疆大吏，區區小惠根本不放在眼中，若是胡雪巖只是一個有意拉攏討好的庸人，左氏早就三言兩語打發掉他了。左宗棠之所以器重他並引為知己，是因為他確有過人的才學，能助己一臂之力，是一名不可多得的人才。所以，他才願意在胡雪巖的生意中加以援手。因為他知道，兩人是互惠互助的

關係，幫助胡雪巖做好生意，就是幫助自己。

傍上左宗棠這個大靠山，胡雪巖那已衰敗的生意很快有了生機，而且比以前發展得更快。十數年間，購置彈藥、籌借洋款、撥餉運糧，無一不經其手。以這種大勢，求十一之利，胡雪巖的事業如日中天，財富從數十萬銀兩轉而至數百萬，進而至數千萬。

當年杭州收復，全賴左宗棠之功，而胡雪巖獻出大米、捐助軍餉，極有成效地主理杭州戰後的善後事宜，這一系列事情收到的一個直接的功效，就是得到了左宗棠的賞識和信任。憑著左宗棠的奧援，胡雪巖的生意不僅在戰亂之後得以迅速全面地恢復，還越做越順，越做越大。到左宗棠西征新疆前後，胡雪巖為左宗棠創辦輪船製造局，籌辦糧餉，代表朝廷借「洋債」，開始了與洋人的金融交易。這個時候，胡雪巖才真正如履坦途，事業也終至極盛境地。

左宗棠飲水思源，光緒四年（公元一八七八年）春，會同陝西巡撫譚鍾麟聯銜出奏，請「破格獎敘道員胡雪巖」，歷舉他的功勞，計九款之多。衝著左宗棠的面子，朝廷賜與胡雪巖二品頂戴，賞穿黃馬褂，可謂風光至極。

胡雪巖的母親七十大壽，不僅李鴻章、左宗棠這些紅極一時的封疆大吏送禮致賀，就連慈禧老佛爺也特為頒旨加封。至此，胡雪巖走上其一生事業的巔峰。

(3) 送錢的門道很多，會送者才能「釣大魚」

一生攻於心計、精於算計的胡雪巖經常對手下的親信說：「給當官的送錢很有學問，裡面的門道很多，一定要會送。所謂善送者，『雪中送炭』也，必可『釣大魚』；不善送者，大冷天送摺扇，白當『冤大頭』也。」

　　胡雪巖在光緒七年（公元一八八一年）三月來到北京。此行最主要的目的就是疏通朝廷，同意由他出面向洋人借三、四百萬兩銀子的外債。

　　剛到北京，胡雪巖就面臨兩項打點。首先，左宗棠與光緒皇帝之父醇親王交好，醇親王身兼朝廷禁衛軍「神機營」首領，邀請左宗棠去看神機營操練，事情早就講定了，但日期始終沒敲定，說是要等胡雪巖到京之後，才能確定。

　　胡雪巖心中雪亮，知道所謂「要等胡老爺到京後再決定」，無非是說：「胡老爺有錢，等胡老爺到京之後，帶著錢去看神機營操練，看完之後由胡老爺放賞。」於是，他對隨行的古應春說：「醇王要請左大人到神機營去觀操，左大人要等我來定日子，你道為啥？為的是去觀操要犒賞，左大人要等我來替他預備。你倒弄個章程出來。總之一句話，錢要花到點子上，事一定要替左大人辦得漂亮！」

　　古應春心想：犒賞兵丁，現成有「阜康福」錢莊在京，左宗棠要支銀，派人來說一聲就是。不此之圖，自然是認為犒賞現銀不適宜，要另想別法。於是，通過洋人在位於王府井大街的德國洋行定購了一百多架望遠鏡和掛錶，準備送給神機營的軍官。

　　果然不出所料，等胡雪巖見了左宗棠後，問了一句：「聽說醇親王要請大人到神機營去觀操？」

　　「有這回事。」一提到這件事，左宗棠的精神勁兒馬上來了：「神機營是八旗勁旅中的精華。醇王現在以皇上生父的身分，別樣政務都不管，只管神機營，上頭對神機營的看重可想而知。李少荃在北洋好幾年了，醇王從未請他去看過操；我一到京，頭一回見面，他就約我，要我定日子，他好下令會操。我心裡想：人家敬重我，我不能不替他做面子。想等你來了商量，應該怎麼樣犒賞？」

「大人的意思呢？」

「每人犒賞五兩銀子，按人數照算。」

「神機營的士兵不過萬把人，五六萬銀子的事，我替大人預備好了。」胡雪巖又說道：「不過，現銀只能犒賞士兵，對官長似乎不大妥當。」

「是啊！我也是這麼想，雪巖，你可有什麼好主意？」

「我看，送東西好了。送東西當然也要實用，而且是軍用。我有個主意，大人看能不能用。」

「你說。」

「每人送一架望遠鏡、一個掛表。」

話剛說完，左宗棠便擊案稱讚：「這兩樣東西好，很切實用。」不過，他又擔心地問道：「神機營的官長一百多，要一百多份，不知道備得齊備不齊？」

「大人定了主意，我馬上寫信到上海，盡快送來。我想日子上一定來得及。」就這樣，胡雪巖不僅為左宗棠出了「賞銀」，還辦理得各方面非常圓滿，真是皆大歡喜。

第二樁需要打點的則與胡雪巖借外債息息相關。那時候，滿人寶鋆任戶部尚書及總理各國事務衙門大臣，等於現在的財政部長兼外交部長。胡雪巖想要借外債，所有涉「外」事宜均與總理各國事務衙門有關，而「債」又是戶部的業務職掌。所以說，寶鋆這一關非得打通不可。

怎麼打通？還不是送銀子！問題是，胡雪巖並不認識寶鋆，總不能就這樣帶著銀票上他家去。俗話說：「錢能通神。」胡雪巖用四百兩銀子，從與左宗棠關係向來密切的軍機章京徐用儀嘴裡，竟然探聽出一條門道。

原來，北京城有個地方叫「琉璃廠」，專賣文房四寶、書籍、古董和字畫。這地方到現在還有，而且仍然經營這些古玩字畫。那時候，清廷滿朝權貴雖然無不視賄賂為當然，

可是又礙於臉面，不敢公然行之，於是就想出了一種變通之法。所謂變通的辦法，就是與琉璃廠的商家掛勾，由商家擔任賄賂中轉站。

具體的辦理過程是這樣的：某人打算向某大員送禮，求取某一官職，則先與琉璃廠商家接頭，講定以若干銀兩購買一件古董或一幅字畫。接著，那琉璃廠商家就到大員公館去，取得古董或字畫。拿回來，賣給行賄者。行賄者買到古董或字畫，送給大員；琉璃廠賣出古董或字畫，獲得銀兩，留下回扣與手續費，把剩下的銀子交給大員公館。

這樣一來，就某大員而言，他只是把自家的古董或字畫交給琉璃廠的商人，商人賣給行賄者，行賄者又把東西送回大員公館，某大員並沒少了東西。另一方面，卻由琉璃廠商號送來銀兩，某大員並沒有直接收受行賄者的銀子，他只是收了古董或字畫，總算是文人雅士贈送文物，並沒沾上銅臭味。這真是有意思：明明是拿紅包，收賄款，但就是沒有直接收錢。

胡雪巖就是用這種辦法，巧妙地送了寶鋆三萬兩銀子，結果使一向認為——「西餉可緩、洋款不急」的寶鋆，在朝廷上拼命地說借洋債的好處，終於使借款一事順利辦成。

(4) 火到豬頭爛，錢到公事辦

胡雪巖一向相信「有錢能使鬼推磨」這層道理，在用人打通關節上，他既不像一般人那樣猶猶豫豫，縮手縮腳，又絕對不會半途而廢。為此，有人說胡雪巖用錢是「又狠又忠厚」。這個「狠」，就是指他花錢辦事乾脆俐落，不留尾巴，什麼事情都可以辦成。正所謂「火到豬頭爛，錢到公事辦。」

　　晚清時的官場，能幹的不一定得到提升，提升的也不一定能幹，全看你把上司侍候得怎麼樣。

　　那浙江巡撫黃宗漢的貪吃貪索，可說是毫無「義」字可言，胡雪巖卻輕鬆地將其擺平。辦漕米前，從上海往他老家匯去兩萬銀子。然後王有齡又在胡雪巖的幫助下，順利完成調運漕米的公事，一下子在浙江官場獲得能員的讚譽。因為已經有了兩萬銀子墊底，這位「能員」很快就得到湖州知府的美缺兒。按慣例，他應該交卸海運局「坐辦」的差使，但由於調運漕米拉下的虧空一時無法填補，加上還有一些生意上的事牽涉到海運局，王有齡便想兼領海運局坐辦。但在向浙江巡撫黃宗漢提出這個請求時，黃宗漢卻有意賣了一個關子，既不說行，也不說不行。王有齡還以為撫台大人怕自己顧不過來，便趕緊說道：「請大人放心，一定兼顧得來。因為我手下有個人非常得力。這一次漕米一事，如果沒有他多方聯絡折衝，很難這麼順利。」

　　「喔！這個人叫什麼名字？是什麼出身？」

　　「此人名叫胡光墉，年紀甚輕，雖是生意中人，實在是個奇才。眼前尚無功名，似乎不便來謁見大人。」

　　「那也不要緊。現在有許多事要辦，只要是人才，不怕不能出頭。」對於黃宗漢來說，只要有錢，管他什麼身份、出身，「你說他是生意中人，做的是什麼買賣？」

　　「他……」王有齡想替胡雪巖吹吹牛，「他是錢業世家，家道殷實，現在自己開了個錢莊。」

　　「錢莊？好，好，很好！」

　　一連說了三個「好」字，語氣頗為奇怪。王有齡有些擔心，覺得撫台大人用意難測，實在不能不留神。

　　「提起錢莊，我倒想起一件事來。」黃宗漢說：「現在京朝大吏、各省督撫紛紛捐輸軍餉，我不能不勉為其難，想

湊出一萬銀子出來，略盡綿薄。過幾天託那姓胡的錢莊替我匯一匯。」

「是！」王有齡答道：「理當效勞。請大人隨時交下來就是了。」

一聽這話，黃宗漢臉馬上沉了下來，端茶送客，對他兼領海運局坐辦的事再也不提了。這一來可把王有齡給弄了個雲山霧罩，不明就裡，也不知用什麼方法方能討出一句實話來？因此，一出撫台衙門，他立即找胡雪巖商量此事：「現在海運局的事懸在半空中，該怎麼打算，竟毫無著手之處，你說急人不急人？」

王有齡喝了口茶水，又接著說：「索性當面告訴我，反倒好進一步表明決心，此刻弄得進退維谷了。」

關鍵時刻還是胡雪巖看得準。這黃宗漢原是一個貪財刻毒、翻臉不認人，一心搜刮銀子而不體恤下情的小人。浙江前任藩司椿壽就是因為沒有理會他四萬兩銀子的勒索，被他在漕米解運的事情上狠整了一把，以至生路全失，自殺身亡。他對王有齡說：「不要緊，事情好辦得很，頂多再多花幾兩銀子就行了。」

「咦！我倒不相信你竟有此把握？再說，花幾兩銀子是花多少，怎麼個花法？」

胡雪巖告訴王有齡，他給予黃宗漢的回答，是聰明一世，糊塗一時。黃宗漢哪裡是要讓錢莊交匯捐輸軍餉？他其實是不願從自己兜裡往外出這筆錢，而要借海運局的差使，勒索銀兩，讓我們替他出這筆錢。而且「盤口」都已開出來了，就是一萬兩銀子。你王有齡不明就裡，還在那裡大包大攬，說等他給下，銀子即刻匯出。你如果不是有意裝糊塗，就是愚蠢，他哪裡還會理你兼領海運局坐辦的事兒？

「噢！」王有齡這才恍然大悟，「怪不得，怪不得！」

在胡雪巖的點撥下，王有齡又把當時的情形重新回想了一遍：只因為自己不明其中的奧妙，說了句等他「隨時交下來」，黃宗漢一聽他不懂行，立刻就端茶送客，真個是翻臉無情，想想也令人寒心。

「閒話少說，這件事辦得要，『藥到病除，錢到事成』，不宜耽誤！」

「當然，當然。」王有齡想了想說：「明天就託信和匯一萬銀子到部裡去。」

事實上也真正是「藥」到「病」除，王有齡隨即得到兼領海運局坐辦的批准。

黃宗漢為官極為貪婪，但他從不公然索賄。手下人要是不給，或者給得不夠，他也不會立刻發作，但過後往往另外尋找個堂而皇之的藉口，修理禮數不夠的屬下，胡雪巖看隼了黃宗漢的這種德性，因此才讓王有齡拿銀子買路子。

前一筆兩萬銀子，化為黃宗漢對王有齡的提拔，從海運局轉為署理湖州知府；後一筆一萬銀子，讓黃宗漢為王有齡兼理海運局的原差事開了綠燈。胡雪巖心想，錢花得值得，因為王有齡兩個差事各管一灘官銀，只要權勢在，何愁大量官銀不從阜康過。有了官銀做靠山，阜康的頭寸、手面、實力自然也就不在話下了。

在胡雪巖那個時代，如此投其所好，便可藥到病除，其實是一個「通例」，實在是百試百靈的仙丹妙藥。胡雪巖深諳此道，自然也從不吝惜銀子，甚至到了有索必給、有「求」必應的地步。

在商言商，胡雪巖所謂「拿銀子鋪路」，自然是他為了打通官場路子，尋求官場保護的有意之所為。只要能夠培植起自己的靠山，能夠讓自己賺到錢，目的也就達到了。而當時官場的腐敗，恰恰為胡雪巖這位善於在「銅錢眼裡翻跟

鬥」的高手，提供了全力施展的大舞臺。

(5) 金錢開路，美女壓軸

佛云：「忘我、忘意、忘妻、忘子，方可成佛。」世間凡夫俗子往往見錢眼開，見色起意，魚與熊掌均不願捨，如何能成仙成佛？胡雪巖行事，只要有所值，對於錢財和女人，談笑之間即可易於他人。對於胡雪巖來說，為了經營自己的官場靠山，營造於己有利的態勢，沒有什麼捨不得的；不論是金錢，還是美女，只有對取勢有利，對以後的發展有利，他都能付出。當然，胡雪巖的付出總是能夠獲得超值的回報。這就是：「寧捨一朵花，抱得萬錠銀。」

胡雪巖深知，要經營自己的官場勢力，離不開銀子的作用。但送錢並不是惟一的解決辦法，因為世上之人雖說大都愛銀子，但也有人是愛金錢，更愛美女。他看準了這一點，為了結交新貴何桂清，忍痛割愛亦在所不惜。

官勢有官勢的好處。一任地方官，錢糧調度，生殺予奪盡在自己掌握之中，只要不做出不可收拾的爛事，不出大格，伸縮餘地極大。但官勢最大的缺點就是不穩定。因為肥缺人人想占，雞肋般的瘠缺也不能沒人，所以朝廷總是要經常有所調動、安排。為此，取官勢要隨時預測和掌握官場動態，並根據變化，不斷去做。

比如，有段時間，官場上盛傳，浙江巡撫黃宗漢即將他調。而且這種說法不打一處來，久而久之，大家都信了。其中最緊張的，莫過於胡雪巖和王有齡。因為王有齡在黃宗漢手底下當官，雖然黃宗漢貪婪，但他把黃宗漢敷衍得很好，伺候得舒舒坦坦。所以，王有齡任內的各項虧空，只要黃宗漢在任，都不會出什麼問題。

如今黃宗漢即將調任，如果由其他地方調來一個素昧平生的傢伙接任，那王有齡可就慘了。而王有齡是胡雪巖在浙江官場的靠山，他所捅出來的虧空，多半也是因胡雪巖的生意造成的。所以，無論如何都要想法弄一個熟人來接黃宗漢的缺兒。

「誰來接任浙江巡撫的位置最為合適呢？」兩個人商量來商量去，覺得還是由江蘇學政何桂清接任這個位子最合適。因為清代體制，學政掌管一省教育、科舉，類似於今天的教育廳長，但不歸巡撫管轄，並且與巡撫一般大，同為二品官員。再說何桂清幼年時節曾是王有齡父親的門記之子，與王家素有淵源。此人後來科場得意，與黃宗漢同榜同年，各方面條件都適合接任黃宗漢。

那時候太平軍已攻佔南京，江蘇省差不多有一半地方被太平軍佔領，何桂清只好離開鎮江，暫時在蘇州設府辦事。於是，胡雪巖拿著王有齡寫給何桂清的信，帶著最寵愛的紅顏知己阿巧專門去了一趟蘇州，遊說何桂清早日進京活動。至於費用，肯定是由胡雪巖放款（其實也就是代墊了）。

既然有機會拜訪剛踏上青雲路的何桂清，應當如何出手，才能令他對自己產生好感呢？胡雪巖心想，錢是最有力的武器，還是老辦法。於是，他在準備給何桂清的信中，夾了一張五千兩的銀票。這是秘密的事，因為當官的最怕被人參上一本，說自己受賄。除了送錢，還要送禮。可送什麼禮才有用處呢？

那阿巧出身風塵，已經接近三十歲，仍然風姿綽約，可以迷倒不少男士。風塵場所之中，有所謂「五年成一世」的說法，年輕的阿巧早已成為一名善於應酬的「公關小姐」了，最明白人情世故。見胡雪巖為送禮一事犯愁，便問道：「他是什麼地方的人？」

「雲南人。」

「雲南人出任江蘇的官職，當然患思鄉病，不如從吃的方面下手！」阿巧提出了自己的建議。因為她明白，要想討人歡心，最好從吃的方面下手。

「唔！你說得對！」胡雪巖以讚賞的眼神望著阿巧。隨後，他便雇人在江蘇境內蒐集雲南特產，如宣威火腿、紫大頭菜、雞趾蕈和鹹牛肉乾。但這些東西實在不好找，最後雖然找到了，數量卻不多。

胡雪巖心想：以自己的關係竟也找不到，何況他人呢？便對阿巧說：「不怕！千里送鵝毛，禮輕情義重。」於是，便將這四色土產包好，連同王有齡的信和五千兩銀票，托人送給了何桂清。

對於胡雪巖的名字，何桂清早已從王有齡那兒得到深刻的印象，一直就想結交這個財神爺，只是未有機會。如今接到禮物，很是高興。何桂清這麼高興，不知是因為有機會認識胡雪巖，還是那五千兩銀票起了作用，或是有機會吃上家鄉土產。總之，他從未如此高興過。

當天晚上，胡雪巖和阿巧正在客棧裡談天說地，忽然發現客棧裡的閻掌櫃行色匆匆地奔了進來。

「胡大老爺，胡大老爺！」閻掌櫃上氣不接下氣地說：「何學台親自來拜訪，已經下轎了。」

聽這麼一說，胡雪巖不由著急起來。按說自己該穿官服迎接，可時間來不及，真不知該如何迎接這位二品大員。還是阿巧比較鎮定地說：「何大人穿啥衣服來的？」

「穿的便服。」

「這正好！」胡雪巖接口道：「我也只好便服相迎。」說著便走了出去。阿巧也趕緊將屋裡簡單收拾了一下，躲到了裡屋。

　　何桂清是走的第二中門遇見胡雪巖的，雖然穿的是便衣，但看他跟著兩名青衣小帽的聽差，便能認出他的身分。胡雪巖卻不敢造次，站住腳一看：這位與自己年齡相仿的來客，生得極白淨的一張臉，模樣與王有齡所形容的完全相符，便堆滿笑容，請了個安，說：「何大人，真不敢當！」

　　「請起，請起！」何桂清拱拱手說：「想來閣下便是雪巖兄了。」

　　「不敢當此稱呼，在下正是胡雪巖。」胡雪巖邊說邊在前面引路，將何桂清引到自己的屋裡。就這幾步路，胡雪巖心裡轉了好幾個念頭。他發覺情況很尷尬：堂堂二品大員拜訪一個初交，地點又在客棧，既沒有像樣的客廳接待貴客，又沒有聽差可供使喚，根本沒法講究官場的儀節。

　　索性當他自己人！胡雪巖斷然作了決定，首先就改了稱呼。何桂清字根雲，他便稱他為「雲公」。接入客座，胡雪巖趕緊說：「雲公，禮不可廢，請上坐，讓我這個候補知縣參見！」

　　很明顯，這是打的一個「過門」，既是便服，又是這樣稱呼，根本就沒有以官場禮節參見的打算。何桂清是絕頂聰明的人，一聽就懂，再替他設身處地想一想，倒也佩服他這別出一格的處置，因而笑道：「雪巖兄，不要說殺風景的話。我聽雪軒談過老兄，神交已久，要脫略形跡才好！」

　　「是！恭敬不如從命。」胡雪巖一揖到地，站起身來說：「請雲公裡面坐吧！」

　　這才真的是脫略形跡，一見面就請入內室。何桂清略一遲疑，也就走了進去。可一進門，又趕緊退了出來，因為看到一具閨閣專用的鏡箱，還有兩件女衣。「寶眷也在這裡，那我就太唐突了。」

　　「不妨，不妨！」胡雪巖一邊說，一邊轉身喊道：「阿

巧，出來拜見何老爺。」

何桂清正在遲疑之際，突然眼前一亮，便不肯再退出去了。望著肌膚如雪，走路如風擺楊柳似的阿巧，他向胡雪巖問道：「怎麼稱呼，是如嫂夫人嗎？」

「不是！不是！」胡雪巖也不好解釋阿巧是自己的什麼人，只好含糊說道：「雲公叫她阿巧好了。」

就這對答之間，阿巧已經含笑叫了一聲：「何老爺！」同時盈盈下拜。

「不敢當，不敢當！請起，請起！」

男女授受不親，不便主動去扶，到底阿巧跪了一跪，她站起來輕聲說道：「何老爺請坐！」然後，搬出茶盤，為他們泡了一壺龍井，隨口輕聲說道：「旅居客棧，沒有什麼招呼，真不好意思。」

「客氣，客氣。！」既然真是當成自己人看待，何桂清便也不再拘束，坐到窗前上首一張椅子上，首先向胡雪巖道謝：「多蒙專程下顧，隆儀尤其心感！天南萬里，更何況烽火連天，居然得嘗家鄉風味，實在難得！」

「說實話，都是阿巧姐的主意。」

「可人，可人！」何桂清的視線又落到正在裝果碟子的阿巧身上。

「沒有什麼好東西請何老爺吃，意思意思。」阿巧捧了四個果碟子走過來欠身說。

四個果碟子都是她帶在路上的零食，一碟洋糖、一碟蜜棗、一碟杭州的榧子、一碟昆山附近的黃瓜子。

「謝謝！謝謝！」何桂清的目光隨著她那一雙雪白的手轉，心裡翻騰不已；驀然警覺，這忘形的神態是失禮的，便很不情願地收攏眼光，看著胡雪者說：「雪巖兄真是好福氣，雋侶雙攜，載酒看山，不要說是這種亂世，就是承平時

節，也是人生難得之事啊！」

　　在胡雪巖說話的時候，何桂清心裡有一種說不出的滋味，同時在不斷地想：阿巧是什麼路數？與胡雪巖是怎麼回事？因為如此，胡雪巖說了什麼，他根本沒聽清。直到阿巧悄悄離去，倩影消失，他才頓覺，既不安，又好笑。想想不能再坐下去了，否則神魂顛倒，不知會鬧出什麼笑話來？

　　「我先告辭！」何桂清起身說道：「今晚奉屈小酌，我要好好請教。」

　　「不敢當，不敢當！」胡雪巖很客氣地說。

　　「雪巖兄！」何桂清很認真地說：「我不是客套。雪軒跟你的交情我是知道的，他信中也提到，說你『足智多謀，可共肝膽』，我有些事，要跟你商量，請務必前來。」

　　「即如此，我就遵命了。」言畢，胡雪巖將何桂清送出大門。等他上轎後，才回到自己住的屋裡。

　　當天晚上，胡雪巖到了學台府，何桂清對他說：「雪巖兄，今天這個飯局，只有你和我兩人，咱們無話不談。」言下之意是叫胡雪巖放心，大家都是自己人。

　　胡雪巖頓時感到一絲溫暖，心裡很感動，但也相當慎重地說：「雲公，當初雪公把信交給我的時候，就特別叮囑，雲公如果有什麼吩咐，務必照辦。這句話，我亦不肯隨便出口，因為怕力量有限。如今我不妨跟雲公說，即使辦不到，我覺得雲公一定也會體諒，所以有話請儘管吩咐。」

　　話已經說到這個地步，何桂清也就無所顧慮，很坦率地說：「黃壽臣（黃宗漢字壽臣）是我的同年，他如果不走，我不便有所表示，現在聽說他有調動的消息，論資格，我接他的缺，也不算意外，所以雪軒為我設謀，倒也不妨計議計議。對我來說，動是總歸要動的。現在不是承平之世，學政沒有什麼幹頭，如果說想到浙江去，變成與黃壽臣相爭，同

年相好，說不過去；叫我回去當禮部侍郎的本缺，亦實在沒有什麼意思，我在想，像倉場侍郎之類的缺兒，倒不妨過度過度。」

「倉場侍郎」這個官職，胡雪巖知道，因為與漕運有關，聽王有齡談起過。倉場侍郎駐通州，專管漕糧的接收和存貯，下面有十一個倉監督，是個肥缺，做兩三年下來，外放巡撫，便有了做清官的資本，因為兜裡已滿，用不著再刮地皮了。胡雪巖的腦瓜兒轉得快，一下子想到浙江的漕運，從王有齡到嵇鶴齡，海運局的麻煩還有很多，有許多核銷的帳目，需要通州方面幫忙，如果何桂清能夠去掌管其事，一切就都方便了。於是便說：「雲公，你這個打算真正不錯！說到這上頭，我倒有身勞可效。天下的漕糧重在江浙，浙江方面的海運，只要雲公坐鎮通州，說什麼便是什麼，一定遵照雲公的意思辦理。」

「喔！」何桂清很感興趣地問道：「浙江的海運，雪軒已經交卸了，你何以有這樣的把握？」

「雪公雖已交卸，但現在的坐辦嵇鶴齡跟雪公仍舊有極深的淵源。而且嵇某人還是我拜把的兄弟。」

「原來如此！」何桂清欣喜中又有詫異，覺得事情竟然這麼湊巧，是個好兆頭。

「至於江蘇方面的海運，雲公想必比我還清楚。而且由江蘇調過去，不論誰來辦，必定都是熟人，自然一切容易說話。」說到這裡，胡雪巖作了一個結論：「總而言之，雲公去幹這個缺，是人地相宜。」

「能人地相宜，自然就可政通人和。」何桂清停了一下，又說：「我本來只是隨便起的一個念頭，不想跟你一談，倒談出名堂來了。我已寫了信到京裡，想進京去一趟，『陛見』的上諭，大概快下來了，準定設法調倉場。」

何桂清把話說到這個份兒上，便見得已拿胡雪巖當作無話不談的心腹。胡雪巖自然明白，人與人之間，交情跟關係的建立與進展全在這種地方有個扎實的表示。

「雲公！我敢說，你的打算不能再好了。事不宜遲，現在就該放手進行。至於所需銀兩，雲公知道的，我做錢莊這行生意，最怕『爛頭寸』，你老這趟進京，總要用我一點才好。」

胡雪巖不愧是胡雪巖，這樣說既為何桂清解決了「跑官」所需的費用，又保住他的面子，名義上還是何桂清幫了自己的忙，用了自己的「爛頭寸」。

何桂清從心裡對胡雪巖刮目相看了。「怪不得雪軒佩服。」他說：「雪軒以前雖不得意，卻也是眼高於頂的人，平日月旦人物，少所許可，獨獨對你不同，原來你果然不同。」

正事談定，兩人自然是開懷暢飲。酒過數巡，有了幾分酒意的何桂清，話也就少了許多顧忌，他忽然說道：「雪巖兄，我有件事，要靦顏奉托。內人體弱多病，性情又最賢慧，常勸我置一房妾侍，可以為她分勞，照料我的飲食起居。我倒也覺得有此必要。只是在江蘇做官，納部民為妾，大幹禁例。這一次進京，沿途得要個貼身的人照料，不知道你能不能替我在上海或者杭州物色一個人？」

「這容易得很。請雲公說說看，喜歡怎樣的人？」

「就像阿巧姐那樣的，便是上上人選。」何桂清不覺脫口而出。

官場春風得意的何桂清居然迷上了阿巧，這多少使胡雪巖有點意外。對於阿巧，胡雪巖自相遇之日，便有──「東北西南，永遠相隨無別離」的屬意。現在要做「斷臂贈腕」的舉動，這個決心委實難下。不過，轉念一想，自己與王有

齡將來前途如何，與何桂清是否出任浙江巡撫大有關係。

　　進一步而言，就算何桂清真的出任浙江巡撫，倘若交情不夠，自己的好處還是有限。他心想：古人尚有買妾贈友的雅好，而且杭州從前也有個叫年羹堯的大將軍，身邊妾侍很多，但在被抄家的時候，他儘量把身邊的侍女遣散予朋友。想到這裡，他心中釋然，認為絕不能為了一個女人而壞了自己的大事。於是做了「退一步想」的打算，忍痛割愛，將阿巧讓給了何桂清。

　　何桂清見胡雪巖竟然以美相讓，真是歡喜莫名，喜出望外，感激不盡。從此之後，在官場上，胡雪巖又多了一個朋友。不久，何桂清果然出任倉場侍郎，外放浙江巡撫，並且又升任兩江總督，一路扶搖直上。而何桂清對胡雪巖則是投桃報李，自己總督兩江後，特意舉薦王有齡坐上了浙江巡撫的寶座，並與王有齡一起，成了胡雪巖在東南法壁無人可匹敵的兩大靠山。

第二章

找到能幫自己
掙錢的人

「人手不夠是頂苦惱的事。從今天起，你
也要留意，多找好幫手。像現在這樣，好比有
飯吃不下，你想可惜不可惜。」

——胡雪巖

1. 一個人最大的本事，就是能用人

「魏、蜀、吳之所以成三足鼎立之勢，乃因魏占天時，蜀有人和，吳得地利也。」這句後人評述《三國演義》之語，恰好說出了古今成就大事的三個關鍵要素：天時、地利與人和。對於胡雪巖來說，晚清時期的社會環境，為他提供了官商結合的天時；王有齡在浙江官場的步步高升，讓他占足了地利的好處。若僅此兩點，雖然他也能發財，但絕對成不了「震古礫今」的大商人。想更上一層樓，除了取官勢外，還要取人勢，求人和。

用人的學問博大精深，奧妙無窮。「得一人而得天下，失一人而失天下。」孟嘗君能用「雞鳴狗盜」之徒，成狡兔之窟，躲過殺身之禍；劉邦能用張良、蕭何與韓信，從一介布衣變成了高祖皇帝。曹孟德能用人，削平中原；袁紹不能用人，導致官渡慘敗。唐太宗能用人，成貞觀之治；唐明皇不能用人，釀成安史之亂……這樣的事例古往今來不勝枚舉。能不能用人，大則國家興亡，小則個人成敗。」

(1) 是本事大的人，越要人照應

商場上的競爭與其他任何行業的競爭一樣，說到底都是人才的競爭、是智力的競爭。因此，選擇幫手很重要。幫手選得好，事業成功的把握就大，而一旦用人不當，後果常常不堪設想。因為用錯一個人，往往會壞了自己辛辛苦苦打下的整個江山。從這個意義上說，一個要想在商界成就一番大事業的人，其最大的本事應該就是能識人、會用人。

　　一個人的本事再大，也十分有限。想成就一番事業，就必須獲得大家的支持和幫助。「牡丹雖好，須綠葉扶持」的俗語，就形象地指出了只有依靠眾人的力量，才能辦成大事的道理。與這個俗語意思差不多的格言並不少，比如「眾人拾柴火焰高」，「一個籬笆三個樁，一個好漢三個幫」，「獨木不成林，單人不成眾」等等，話語雖然淺顯，道理卻很深刻。如果像武大郎開店——高的一個都不要，或者像梁山泊的白衣秀才王倫那樣嫉賢妒能，生怕有本事的人奪了自己的位子，最後只能是孤家寡人、難成大事。

　　「越是本事大的人，越要人照應。皇帝要太監，老爺要跟班。只有叫花子不要人照應。這個比方不大恰當。不過，做生意一定要夥計。胡先生的手面你是知道的，他將來的市面要撐得其大無比，沒有人照應，赤手空拳，天大的本事也無用。」

　　這番話是「小和尚」陳世龍對阿珠的父親老張說的。老張本來是一個很膽小的本份老實人，以前因為有和胡雪巖結成親戚的打算，因此接受胡雪巖的建議，回湖州來開絲行。後來胡雪巖覺得娶阿珠做「小」不妥，便用計撮合了阿珠與陳世龍的一段姻緣。因為這個原因，老張卻覺得再受胡雪巖的照應也不妥，便想打退堂鼓，重新回到船上去。陳世龍為開導老張，便說了上面這段話。

　　陳世龍的話既是在啟發勸解老張，更是說出了一個人之所以能夠獲得成功的最深刻的原因，即：要有人幫忙，要有人照應。當然，一個人要立身於社會，不管是在官場、商場，還是在別的什麼「場」，都少不了要靠自己的才識和能力。所謂才識，無非就是搜集資訊，正確決策的能力，就是能見人所未見，準確判斷的能力，就是巧妙運用一切有利因素，制定出合理計畫並付諸行動的能力。沒有這些，再好的

條件也是枉然。但當這些自身條件已經具備之後，外界的所謂靠山、人緣，亦即能給自己帶來成功的幫手，就顯得尤其重要了。沒有人幫助和照應，真正是天大的本事也枉然。

事業鼎盛時期，胡雪巖的錢莊遍設杭州、寧波、上海、武漢和北京等地，典當行開了二十多家，他自身還要兼理絲繭、軍火生意，手下分號的用人自然成了頭號問題。

比如王有齡自然是很會做官的，但除了他自己會做官之外，如果沒有別人的幫助，他也絕不會成為後來浙江官場的紅人。當初他只是一個窮酸落魄的文人，沒有功名，靠錢買了個正八品的鹽大使還是候補的，也就是說，有沒有官職還得等機會，這種機會又是那麼渺茫。正當王有齡窮途末路之時，比他小十歲，當時年僅二十的胡雪巖資助了他五百兩銀子，助他進京買了個候補的七品知縣。王有齡得此資助進京，又巧遇外任江蘇學政的何桂清。何桂清幼時家貧，曾受到王父親的照顧，於是向浙江巡撫黃宗漢推薦王有齡。此時的黃宗漢因逼死藩司椿壽，正需前來察問此事的欽差何桂清替其掩蓋責任，自然很快就任命王有齡為浙江海運局「坐辦」，實際上主持工作。於是王有齡一下子便成了黃宗漢門前的紅人。不用說，沒有胡雪巖的幫助，沒有何桂清的照應，或者黃宗漢根本就不買何桂清的賬，王有齡大概今生今世也只能以一介落魄書生客死杭州。

王有齡後來的官運亨通，也是得自有胡雪巖這個好幫手。剛一接手海運局坐辦的差使，就遇到漕米解運的麻煩。漕運積弊已深，初改海運，事情千頭萬緒，而且勢必觸動漕幫利益，漕幫定然不肯將浙江糧食運往出海口；且部門重疊、政令不暢，官僚政客各自盤算自己的得失，海運一事難以很快實現，而朝廷卻一再催促南糧北運，以解燃眉之急；加上王有齡剛剛踏進官場，人生地不熟，他所遇到的困難可

想而知。也正是在胡雪巖的出謀劃策下，打破常規，大膽地用就地買糧的妙法，在上海附近買糧，就地出海，解決了浙江漕米遲遲運不出去的「老大難」。具體運作也是胡雪巖憑著他的手腕，用金錢開路，用酒肉敲門，用各種辦法收買、籠絡官吏、漕幫首領、錢莊老闆、糧商，在生意場上精於算計，誘之以利，從而使海運一事順利實現，也使王有齡初戰告捷，不僅鞏固了他在官場的地位，而且很快便升遷為湖州知府。

此外，為了讓更多的人「幫」自己，胡雪巖不拘一格選拔人才，只要有所長，即大膽使用。如小船主老張，老實忠厚，人緣好，其妻對絲繭業較為熟悉，胡雪巖就投資一千兩白銀，聘他做絲行老闆。劉慶生本是一個錢莊站櫃臺的夥計，但人很精明，是可造之才，胡雪巖就用他當阜康錢莊的「檔手」。陳世龍更是一個類似街頭混混兒的小青年，還好賭，胡雪巖發現他很機靈，也能管住自己，是個可堪造就的人才，就收他當夥計，而且還下本錢培養他，要把他造就成一個像古應春那樣的「康白度」。如此這般，胡雪巖便為自己網羅了一大批十分能幹的幫手。

胡雪巖不僅善於識別、選拔人才，而且還能根據他們的專長，各有所用，充分信任。老張當絲行老闆，為人老實，才能有限，胡雪巖卻一再鼓勵他大膽去幹。劉慶生當阜康錢莊「檔手」，胡雪巖就放手讓他獨當一面，並不過多干涉他的經營。對夥計的信任，使這些夥計能留住心，並發自內心地願意替胡雪巖效力。

在對外部人員的利用上，胡雪巖也是巧借東風的高手。或以情動人，或以理服人，或以利誘人，均能恰到好處地打動對方，從而能夠得到對方的幫助與合作。

湖州府衙門的戶房書辦郁四雖說只是一個上不了檯面的

無品小吏，但因他在地方經營多年，不僅熟悉這裡的風土人情，在地方上有一定影響，而且掌管著徵錢徵糧的「魚鱗冊」，胡雪巖要代理湖州的「官庫」，要在湖州做生絲生意，都要借重他的力量。為此，胡雪巖對郁四採取情、利並用的手段，幫他處理家務，和他聯合做生意，在湖州收絲銷洋莊，採取與他利潤分成的方式，均獲得鬱四的大力支持。

不用說，「小和尚」陳世龍認為胡雪巖本事再大，也要有人照應，自然是事實。實際上，在胡雪巖從一個錢莊小夥計兒走向「紅頂商人」的整個過程中，如果沒有像王有齡、何桂清、左宗棠、古應春、尤五、郁四、劉慶生乃至如張胖子、劉不才、「小和尚」這些人的幫忙和「照應」，他確實是「有天大的本事也無用」。

「越是本事大的人，越要人照應。」這其實是一個簡單得不能再簡單的道理。然而，越是簡單淺顯的道理往往越是至理。因此，本事越大的人也就越要牢牢記住這個道理。

⑵ 用人要做到德看主流、才重一技

一位偉人曾說過：路線確定之後，幹部問題就是決定性的問題。這裡的幹部問題也就是用人的問題。「用人之道，不拘一格；能因時因地制宜，就是用人的訣竅。」

杭州光復後的一天深夜，胡雪巖正在思忖著如何應對大局，突然發覺牆外有人在敲鑼打梆子。這是在打更。久困之城，剛剛光復，一切還都是兵荒馬亂的景象，居然而有巡夜的更夫？！聽著那自遠而近「篤、篤、鐺；篤、篤、鐺」的梆鑼之聲，胡雪巖有著空谷足音的喜悅和感激。由此心境也就變好了，眼前的一切都拋在九霄雲外；回憶著少年時候，寒夜擁衾，遙聽由西北風中傳來的「寒冬臘月，火燭小

心！」的吆喝，真有無比恬適之感。杭州城什麼都變過了，只有這個更夫老周沒有變；每夜打更，從未斷過一天。

　　順著這番感慨往下想，胡雪巖就發現了打更人的可用之處：這是一個盡忠職守的人。就連杭州城這麼大的災難饑荒都捱過了。雖然只是打更，不過想來，世界上有許多事，本來是用不著才幹的，人人能做；只看你是不是肯做，是不是一本正經去做？能夠這樣，就是個了不起的人。像這位更夫，如果能讓他去巡守倉庫，肯定是一位讓人放心得下的上上人選。

　　清人顧嗣協曾寫過這樣一首詩：「駿馬能歷險，犁田不如牛；堅車能載重，渡河不如舟。舍長以就短，智高難為謀；生材貴適用，慎勿多苛求。」作者藉詩說明：人各有所長，用人貴在擇人任勢，使天資、秉性和特長不同的人，在不同的崗位上各得其所。

　　在經營活動中，人是最活躍的因素。一般來說，在用人問題上，白璧無瑕、文武全才者固然是最為理想的人選，但「金無足赤，人無完人」，現實生活中往往會出現魚和熊掌不可兼得的情況。這時候，到底是用「有瑕之玉」還是「無瑕之石」，就完全看用人者的眼光了。

　　胡雪巖在用人上頗有裁縫量體裁衣的細心。他經營錢莊，「知人善任，所用號友皆少年能幹，精於會計者。」辦胡慶餘堂藥店，重金聘請長期從事藥業經營，熟悉藥材業務，又懂得經營管理的行家擔任阿大（經理），聘請熟悉藥材產地、生產季節和品質真偽優劣的人當阿二（協理），作為阿大的副手，負責進貨業務，還選熟悉財務的人擔任總帳房。以上三種人被列為頭檔雇員，稱「先生」，他們能寫會算，懂業務、善經營，屬於穿長衫的「白領」，因而一切待遇從優；先生以下，是被稱為「師傅」的二檔雇員，他們略

懂藥物知識，會切藥、熬藥、製藥，實踐經驗豐富，是穿短衣、在工廠勞動的「藍領工人」，工資待遇低於先生；師傅以下是末檔幫工，他們是臨時雇來的，主要從事搓丸藥等簡單勞動，計件付酬。由於分工明確、能位相稱、酬勞合理，胡雪巖的錢莊、藥號運轉靈活，相互協調。

此外，胡雪巖在經營管理中，非常善於用人之長，客觀待人，《胡慶餘堂：中藥文化國寶》一書就曾記載了這樣兩件事：

有一年，胡慶餘堂負責進貨的「阿二」千里迢迢，到東北採購大批藥材。可當他風塵僕僕地回到杭州後，藥號「阿大」見人參品質不如往年，價格卻比過去高，就埋怨阿二不會辦事。阿二以質次價高是因為邊境有戰事之故而據理力爭，兩人一直吵到胡雪巖處。胡雪巖了解情況後，留他們吃飯，並特意向阿二敬酒，感謝他萬里奔波，在貨源短缺的困難時期為胡慶餘堂採購到大量緊俏藥品。用這些話打動阿大的心，他也向阿二舉杯敬酒，兩人一笑泯怨怒。飯後，胡雪巖吩咐阿大：「古人云：將在外，軍令有所不受。商事如同戰事，應當用人不疑。以後凡採購的價格、數量和品質，就由阿二負責。」阿大怕這樣做有了兩個阿大，會壞了店規。胡雪巖說：「我們就叫阿二為『進貨阿大』。」從此，胡慶餘堂便有了兩個「阿大」，各司其職，把生意做得更紅火了。

又有一次，胡慶餘堂的一個採購人員不小心把豹骨誤作虎骨買了進來，而且數量還不少。進貨阿大了解這個採購人員平日做事很牢靠，加上自己手頭正忙，也就未加詳察，把豹骨直接入庫備用。有個新提拔的副檔手（副經理）得知此事，以為又有晉升機會了，就直接找胡雪巖打「小報告」。胡雪巖當即親自帶人到藥庫查看了這批藥材，發現確實把豹

骨誤作虎骨了。他就對進貨阿大說：「你知道什麼是生命之源嗎？它指的是我們的衣食父母，我們能把假藥、次藥用來欺騙我們生身養命的父母嗎？」然後，就命藥工全部燒毀。眼看由於自己工作失誤帶來巨大的經濟損失，進貨阿大羞愧地向胡雪巖遞了辭呈。不料，胡雪巖卻溫言相勸，說：「忙中出錯，在所難免，以後小心就是。」那位阿大心懷感激地說：「燒了這些藥，您心裡踏實，我們也可以引以為戒。」

擺平了阿大失察這件事，那位自以為舉報有功，等著獎賞的副檔手正在美滋滋兒地偷著樂的時候，突然接到了胡雪巖發來的一張辭退書。胡雪巖不僅沒有獎賞他，反而炒了他的魷魚。因為在胡雪巖看來，身為副檔手，發現偽藥，不及時向進貨阿大彙報，已是瀆職，而背後打「小報告」更是心術不正，繼續用此類人，肯定會造成上下隔閡。

此外，胡雪巖寧願用有一技之長的「刺頭兒」，也不願要那些唯唯諾諾的平庸之輩。葉仲德堂有個專門負責切藥的師傅，業務上很過硬，人稱「石板刨」，但因脾氣耿直火暴而得罪人，在葉仲德堂待不下去了。後來經人介紹，來到胡慶餘堂，胡雪巖不但沒有因他的「牛脾氣」另眼看待，反而按能定賞，不僅給他高工資，還提拔他當了大料房的頭兒。人是有感情的動物，正所謂「精誠所至，金石為開」，那「石板刨」見馳名朝野的胡雪巖，竟然如此器重自己這個在葉仲德堂受氣的小人物，怎不感其知遇之恩！所以，從二十二歲到胡慶餘堂，一直踏踏實實地幹七十七到歲，整整幹了五十五年！

(3) 用人也是一分錢一分貨

關於用人，胡雪巖曾有一段非常精彩的概括：「眼光要

好，人要靠得住，薪水不妨多送。一分錢一分貨，用人也是一樣。」《慎節齋文存》「胡光墉篇」云：「知人善任，所用者，皆少年明幹，精於會計者。每得一人，必詢其家食指若干，需幾何，先以一歲度支畀之，俾無內顧憂。以是，人莫不為盡力。」

這段話，說明胡雪巖用人的一個重要特點就是「捨得大把花錢」。說起來，胡雪巖用人的方法也並不神秘，除了以誠相待、信則不疑、用人不拘小節之外，一個很重要的手段就是以財「買」人，以財馭人。他用人從來都是不惜重金。阜康錢莊籌辦之初，急需一個得力的「檔手」。經過考察，他決定讓原大源錢莊的一般夥計劉慶生來擔當此任。當時住在杭州的生活水準，按胡雪巖的說法：「起碼吃飯一葷一素，穿衣一綢一布。就是老婆嘛，一正一副也不過分。」一個八口之家，一個月吃、穿、住的全部花銷也不過十兩銀子出頭。

胡雪巖卻對劉慶生說：「你說一個月至少要十兩銀子的開銷，一年就是一百二十兩。這樣，我送你二百兩銀子一年，年底另有花紅。你看如何？」

這還有什麼話說？但太慷慨了，又有些令人不信。胡雪巖看劉慶生的神情，一下子就猜到了他的心思。雖然這時錢莊還沒有開業，周轉資金都沒到位，胡雪巖還是馬上取了二百兩銀子放到他的面前。

「這是今年四月到明年三月的，你先關了去。」

不用說，一年二百兩銀子，實在是高薪相聘，就連劉慶生都感到這實在是太慷慨了。胡雪巖的這一慷慨，也著實厲害得很。

首先，它一下子打動了劉慶生的心。當胡雪巖氣派的將二百兩銀子的預付薪水拿出來時，劉慶生一下子真是激動不

已，對胡雪巖說：「胡先生，你這樣子待人，說實話，我聽都沒聽說過。銅錢銀子用得完，大家是一顆心。胡先生你吩咐好了，怎麼說怎麼好！」這就意味著胡雪巖的慷慨一開始就讓劉慶生心悅誠服了。

其次，胡雪巖的慷慨也一下子安定了劉慶生的心。一個人做事之所以縮手縮腳，無非是妻室兒女、父老雙親擺在那裡，免不了每事先替他們考慮。正如胡雪巖為劉慶生打算的，有了這一年二百兩銀子，就可以將留在家鄉的高堂、妻兒接來杭州，上可孝敬於父母，下可盡責於妻兒，這樣也就再無後顧之憂，自然能傾盡全力，照顧錢莊生意了。而且，「錢是人的膽，手裡有了錢，心思可以定了，腦筋也就活了，想個把主意，自然也就高明了。」

不用說，就是此一慷慨，胡雪巖便得到了一個不僅有能力，而且還忠心耿耿的幫手，阜康錢莊的具體營運，他幾乎可以完全放手了。

生活中我們常常看到有些商人，在開闢一項新的業務，或做一項新的投資時，可以毫不猶豫地拿出大把的錢來，但在招攬人才和使用人才上卻做不到如胡雪巖一樣的慷慨大方。

要延攬人才、收服人心，待之以誠當然是必須的，如何顯示自己的誠意卻大有文章可做。生意場上有自己特殊的價值標準和交往原則，不能簡單地用日常生活中的人際交往方式照搬照套。這是一個常識。用人於商場搏戰就是用人給自己掙錢，別人可給你掙來大錢，你卻不肯付以重酬，你的誠意又從何顯示？

而以經營效益為付酬多寡的依據，則更是一種不能待人以誠的做法。因為──

第一，以效益好壞為付酬多寡的依據，實質上是以自己

所得的多寡來決定別人所得的多寡，這本身就給人一種你僅僅以自己利益為出發點的印象，難以待人以誠。

第二，經營效益的好壞，原因可能是多方面的。如市場的好壞以及你作為老闆決策的正確與否，都將是影響經營好壞的直接原因。因此，以效益為付酬依據，不可避免地會將那些不為人力所左右的客觀因素，或自己決策失誤造成的損失轉嫁到雇員身上，這也就更是無論如何，不能被看作是待人以誠了。

胡雪巖用人從來都是不惜付以重金，在他看來，用人就如以錢買貨，「一分價錢，一分貨」，貨好價格自然就高，值得重金相聘的人也必是忠心得力的人。同時，他也從不以自己生意的賺賠，來決定給自己手下人報酬的多寡；無論賺賠，即使自己所剩無幾，甚至吃「呆賬」，該付出的也絕對是一分不少。比如他的第一筆絲生意做成之後，算下賬來，該打點的打點出去，該分出的「花紅」分出去之後，不僅自己為籌辦錢莊所借款項無法還清，甚至還留下了新的債務。就他自己來說，等於是白忙活了一場。但該給自己的幫手或合作夥伴古應春、郁四、尤五等人的「花紅」仍是爽快付出，決沒有半點猶豫。胡雪巖在生意場上有極響亮的「夠交情」的名聲，無論黑道、白道，都把他看作是做事漂亮的場面人物，願意幫他做事或與他合作，這與他的手面做得漂亮、花錢出手大方是分不開的。

更難能可貴的是，在用人的問題上，從來不吝惜錢財，充分顯示出他對人的一種真正的尊重。

在胡慶餘堂，為了激勵員工，胡雪巖對有功者特設一種「功勞股」。這是從盈利中抽出的一份特別「花紅」，專門獎給那些對胡慶餘堂有特殊貢獻的人。功勞股是永久性的，一直可以拿到本人去世為止。有位叫孫永康的年輕藥工就曾

獲得此項獎勵。有一次，胡慶餘堂對面一排商店失火，火勢迅速蔓延，眼看無情的火焰撲向胡慶餘堂門前的兩塊金字招牌，孫永康毫不猶豫地用一桶冷水將全身澆濕，迅速沖進火場，搶出招牌，頭髮、眉毛都讓大火給燒掉了。胡雪巖聞訊，立即當眾宣佈給孫永康一份「功勞股」。

在舊時代，企業主為了攏住雇員的心，一般都得施以小恩小惠，但惟利是圖的本性又使他們大多有「吃我一餐，聽我使喚」的心理，所以，當雇員年老體弱之後，業主普遍採取掃地出門的態度，任其凍餓，不肯援手。這就會使在職人員心生前途渺茫，得過且過之感，因為眼下老弱者的下場就是他們將來生活的寫照。為此，胡雪巖在胡慶餘堂專門設立了「陽俸」和「陰俸」。

所謂「陽俸」，有點類似我們今天的退休金。胡慶餘堂上自「阿大」、檔手，下到採買、藥工以及站櫃臺的夥計，只要不是中途辭職或者被辭退，年老體弱，無法繼續工作之後，一律發放原薪，直至去世。

而所謂「陰俸」，如同現在的遺屬生活補助費，是胡慶餘堂的雇員去世以後，按照工齡，給他們家屬發放的撫恤金。另外，對於那些為胡慶餘堂的生意發展做出過很大貢獻的雇員，胡雪巖還規定，在他們去世以後，他們在世時的薪金，以折扣的方式繼續發放給他們的家屬，直至這些家屬有能力維持與他們在世時相同的生活水平為止。如此優厚的待遇，對於那些雇員們的影響，自然是可想而知了。

雖然陽俸和陰俸成了胡慶餘堂一筆不小的開支，但卻收到了解除員工後顧之憂，促使他們爭強好勝的客觀效果，由此激發出的生產積極性和創造力所轉化的經濟效益，遠遠超過了所支出的金額。我們通常說錢要花在刀刃上，而對生意人來說，能夠找到並用好得力而忠心的幫手可說是刃上之刃

兒。為了打磨刃上之刃兒，當然就需要大把花錢了。俗話說：「捨不得金彈子，打不得金鳳凰。」對於用好人來說，道理也是一樣的。

(4) 識人第一，用而不疑

商場如戰場，競爭激烈，戰機稍縱即逝。如果不能及時抓住機遇，事後悔之晚矣。通常情況下，影響人們抓住機遇的因素很多，除了才能等因素之外，還存在心理上的問題。對老闆來說，還要敢冒蝕本破產的風險；對夥計來說，則不能不看老闆的臉色、考慮老闆的願望來行事。老闆與夥計各有顧慮。這是一般的常情。但如此一來便會放不開手腳，也就容易失去許多寶貴的機會。

胡雪巖在用人上與眾不同。除了自己敢於開拓，敢於出奇招，常做人不敢想、不敢做的生意之外，還特別善於培養手下人獨當一面，敢於負責的能力。

阿珠的父親老張在妻子和兒女的鼓動之下，接受胡雪巖的聘請，棄船登陸，回到湖州開絲行。老張本來就是一個老實本分，沒有經見過什麼場面的人，回到湖州，既不知道怎麼打開局面，也不敢拉開架式大幹，就連胡雪巖幾番催促，要他趕緊尋找一間氣派寬敞而臨街的房子搬家的事，也一拖再拖，直到胡雪巖二下湖州，他們一家還住在地處偏僻深巷的狹窄老屋裡。老張不肯搬家，一是考慮搬家是一件麻煩事，需要時日；二來更是因為怕搬家之後，架式拉大了，弄得轟轟烈烈，而自己卻照應不過來，以後難以收場，因而也下不了決心。胡雪巖用生意人的眼光開導老張說：只要絲行開張，他們就有進賬。因此，「要勤、要快，事情只管多做，做錯了不要緊！有我在，錯不到哪裡去。」

　　胡雪巖的這番話既是對老張的鼓勵，讓他放開手腳去幹，同時也透露出他的自信。他是個善於把握大局、掌握大方向的人。在他看來，只要大的方向對了，即使在個別環節和小的細節上出了問題，也不會影響全局。因此，只要看準了，就應該大膽地行動，絕不能瞻前顧後、左顧右盼，事事觀望請示，不然輕則錯過商機，重則影響大局，反而是犯下了不錯之錯。

　　另外，他的這番話也是他在用人上一直奉行的又一個重要原則，即：「放手使用，用而不疑。」一般來說，除非是那些必須他拿主意、關係到生意前途的重大決策，在一些具體的運作上，他總是放手讓手下人去做，決不隨意干預。即使在阜康錢莊開辦之初，當他認定自己聘請的錢莊檔手劉慶生可以獨自料理生意事務之後，也幾乎是完全放手讓他去做。他只是規定了幾條大的原則，諸如：「只要是幫朝廷的事，能幫官軍打勝仗的生意，哪怕虧本也做。」「放款要看對象，不能將款子放給到太平軍佔領的地方去做生意的商人。」等等。其他事，則全部由劉慶生自己做主，決不隨意干預。

　　劉慶生果斷認銷二萬「官票」就是典型的一例。就在其他錢莊猶豫不決的時候，由於先胡雪巖已經告訴劉慶生「只要能幫朝廷的忙，即使賠本買賣也做」這條宗旨，他便放開了，第一個站出來為阜康錢莊認銷了二萬官票，使阜康這塊招牌立刻在官府和同行中打響了。

　　由於錢莊檔手每天在「錢眼裡翻跟鬥」，動不動就是幾萬或者數十萬銀子，所以檔手除了具備才幹之外，必須操守好才能真正讓人放心。

　　這天，為了進一步考察劉慶生的才幹和操守，在沒有事先通知的情況下，胡雪巖突然從湖州趕回杭州的阜康錢莊，

胡雪巖是故意叫劉慶生猝不及防，想看看他一手經營之下的阜康，究竟是怎麼個樣子。進了阜康店堂，胡雪巖一邊輕鬆地和劉慶生談著路上和湖州的事，一邊很自然地把視線掃來掃去。店堂裡的情形大致都看清楚了，夥計接待顧客也還客氣，兌換銀錢的生意也不算少，所以對劉慶生覺得滿意。

「麟藩台的兩萬銀子，已經還了五千……」劉慶生把這些日子以來的業務情形作了個簡略的報告，然後請他看賬。

「不必看了！」胡雪巖率性地說，然後問道：「賬上應該結存的現銀有多少？」

「總帳在這裡。」劉慶生翻看著帳簿，報告說，結存的現銀，包括立刻可以兌現的票子，一共是七萬五千多銀子。

「三天以內要付出去的有多少？」

「三萬不到。」

「明天呢？」胡雪巖又問。

「明天沒有要付的。」

「那好！」胡雪巖說，「我提七萬銀子，只用一天」說著拿筆寫了一張提銀七萬的條子，遞給劉慶生。

胡雪巖這是一種試探，要看看劉慶生的帳目與結存是不是相符。如果叫他拿庫存出來看，顯得對人不相信，所以玩了這麼一記小小的花樣。

等劉慶生毫不遲疑地打開保險箱，點齊七萬兩的銀票送到胡雪巖的手裡，他又說：「今天用出去，明天就可以收回來。你放心，不會耽誤後天的用途。說不定用不到七萬，我是多備些。」

就是這麼片刻的功夫，胡雪巖已經神不知、鬼不覺地把劉慶生的操守與才幹考察了一番。此事過後，他更加放心地將阜康的生意交給劉慶生了。

除了對劉慶生放手使用外，生絲「銷洋莊」的生意，胡

雪巖也差不多將找買主、談價錢、簽協約等一攬子事務都交給了古應春，而自己則把精力投入到剛剛開始的軍火生意上。正是在第一樁生絲生意緊張運作的時候，他還好整以暇地到湖州為郁四解決家事糾紛，到蘇州解決了淞江漕幫與其他幫派的衝突。

從商務運作的角度看，放手讓自己的幫手做主辦事，其實是十分必要的。商場如戰場，競爭激烈，並且瞬息萬變，所有的機遇幾乎都是稍縱即逝。因此，搏戰於商場之上，就必須牢牢把握一個又一個的機遇。不能及時抓住機遇，要想獲得成功，幾乎是不可能的。不用說，要抓住機遇，既要有敏銳的眼光和準確的判斷，更要決策果斷，迅速行動。而要做到決策果斷、迅速行動也並非易事，它不僅要求決策者具有良好的素質，許多時候更需要那些手下人有敢於任事，具有創造性地開拓具體事務運作的能力。

一個簡單的事實就是，如果那些夥計們光知道事事看老闆的臉色、等著老闆的指令來運作，而不能放開手腳，發揮自己的能量，當老闆的不僅會像諸葛亮那樣，在事必躬親的繁忙中累得吐血，而且必定會因為辦事者的猶豫、延誤，放過許多可一不可再的機會。

就識人用人來說，放心放手，實際上也是讓對方誠心辦事，並且充分發揮自己能力，將事情辦得圓滿的一個重要前提。生意場上，老闆和雇員當然是「東家」和「夥計」的關係。夥計的主要職責，就是圓滿完成東家交給的任務。但這種雇傭和被雇傭的關係並不意味著僅僅只是發號施令與遵守服從的關係。夥計只有具備條件，能夠充分發揮出自己的才幹，才可以真正達到用人的目的。不用說，如果用而不能放手，被用的人總是處於一種被動地位，他的能量也就不可能得到最大限度地發揮，事實上他也不敢讓自己的能量充分發

揮。

更重要的是，人都需要有一種成就感，即使被雇傭時也不例外。而且，越是有能力的人，越是希望能夠儘量發揮自己的才幹，使自己能夠在一種成就感中獲得某種心理滿足。這樣的人如果不能放心放手地使用，以至於讓他總覺得自己沒有一點能夠顯示自己能力的主動性，使他覺得自己根本就無法真正發揮自己的作用，想真正讓他誠心誠意為自己辦事，事實上也是不可能的。

現代人更講自我價值的實現。因此，放心放手，用而不疑，在用人方面就更顯得重要。因為，真正的人才往往都追求自身價值的實現。因此，放心授權，放手用人，允許犯錯誤，使人才得到真正的鍛煉，這是有作為的大商人必須遵循的規則。

2. 生意歸生意，感情歸感情

置身商海，整天在商海裡打滾兒的商人，各方面憑藉著自己的實力開展經營，進行激烈的競爭、角逐、交鋒、合作，以獲取最大的利潤回報，幾乎成了他們每天的家常便飯。因為商場如戰場，凡在商場馳騁過的人都知道，這裡看似平靜，卻險象環生；這裡雖然沒有彌漫的硝煙，卻充斥著無情的廝殺。在商人溫文爾雅背後的暗中較勁兒，其鬥智知勇的程度，絲毫不亞於真刀實槍的戰場。因此，面對無情且充滿風險的市場，真正的商人絕對不能以個人的好惡、感情來左右自己的經營活動。

這是完全可以理解的。在人們的眼光全都盯在「利潤」上時，溫情脈脈的情感本來就受制於經濟槓桿，它們的體現

也總是很有限的。在商言商，商人的本性是追求利潤，當然不會有那麼多的情義、道德可言。他們要的是利潤，只有在不違背獲取利潤的前提下才會講感情，而講感情又絕不能影響利潤的獲得。一旦感情與生意發生衝突，他們會毫不猶豫地將感情的籌碼押到生意一方。因為在商人的眼裡，生意不是感情，感情也替代不了生意，二者不能相混。所以，胡雪巖非常坦然地說：「生意歸生意，感情歸感情，兩件事不能混在一起。」

(1) 以情動人，收服其心

胡雪巖雖然書讀得不多，但他深深懂得，要得到真正的傑出之士，只憑銀子是不能成事的，關鍵在於「情」和「義」二字，要用情來打動他們。他用這種手法，不僅說服嵇鶴齡出來幫王有齡招撫叛眾，平息叛亂，更為自己以王有齡為核心的官場靠山中，增添了一員心腹大將。

王有齡就任湖州之後，仕途和錢途事事順利。誰知就在他春風得意之時，卻「搞了件意想不到的差使」。原來，新城縣有個和尚公然聚眾抗糧。那和尚極為厲害，把縣官都殺掉了。為此，撫台黃宗漢要他帶兵前去剿辦。然而新城民風強悍，吃軟不吃硬，如果帶兵前去，說不定會激起民變。一旦事情鬧大，必不能善罷甘休，王有齡很可能吃不了，兜著走。在眾人都拿不出什麼好辦法的情況下，只有一個名叫嵇鶴齡的候補知縣主張「先撫後剿」，主意出得相當高明。

王有齡在與胡雪巖商量對策的時候，對胡雪巖說：「我手下有個叫嵇鶴齡的人，真正是個人才。此人足智多謀，能言善辯，雖然有點恃才傲物，但如果他肯幫我的忙，雖不能高枕無憂，事情差不多成功一半了。」

「喔！」胡雪巖問道：「他的忙怎麼個幫法？」

「去安撫！」王有齡進一步解釋說：「新城在省的紳士，我已經碰過頭了，他們異口同聲表示，有個得力的人到新城就地辦事，事半而功倍。本來也是！遇到這種情形，一定是『不入虎穴，焉得虎子。』無奈能幹的膽小的不敢去，敢去的又多是庸才，成事不足，敗事有餘。除非我自己去。我不能去，就得找嵇鶴齡這樣的人。」

「我明白了。嵇鶴齡不肯去的原因何在？也是膽小？」

「哪兒的話！此人有謀有勇，根本就沒有把那班亂民放在眼裡。他只是覺得不划算。嵇鶴齡的才是沒說的，吃虧就吃在恃才傲物上，所以雖有才幹，歷任府台都不肯或者不敢用他，在浙江侯補了七、八年，也沒派上什麼正經差使，因而牢騷極多。他曾跟人表示：『三年派不上一趟差，有了差使，好的輪不著，要送命的讓我去，我幹嘛這麼傻？』所以，我費了很多功夫，想說動嵇鶴齡，都是勞而無功。真是急死人了！」

「重賞之下，必有勇夫！雪公，你的條件是不是開得還不夠？」

「根本談不上！嵇鶴齡窮得就像你們杭州人說的『嗒嗒嘀』。即使如此，卻就是不談錢，你拿他有什麼辦法？」說到這裡，王有齡稍稍停頓了一下又接著說：「想想也難怪，八月半就要到了，要付的賬還沒有著落，轉眼秋風一起，冬天的衣服還在『長生庫』裡。聽說他最近剛死了老婆，留下孩子一大堆。心境既不好，又分不開身，也實在難怪他不肯幫忙。不過，雪巖，你一定要想個辦法，讓嵇鶴齡到新城走一趟。」

這事說難的確是難，但還不至於把胡雪巖難倒。為給王有齡排憂解難，擺平他仕途上的種種難題，胡雪巖什麼時候

打過退堂鼓？特別是對王有齡說的此人「恃才傲物」，胡雪巖更是有自己的想法：「『恃才傲物』四個字裡面有好多學問。傲是傲他所看不起的人。如果明明比他高明，卻不肯承認，眼睛長在額角上，目空一切，這樣的人不是『傲』，是『狂』，不但不值得佩服，而且要替他擔心，因為狂下去就要瘋了。」現在從王有齡的嘴裡，胡雪巖知道姓嵇的是有真本事的「恃才傲物」，所以他有信心說服此人。於是，他很爽快地對王有齡說：「雪公，你放心吧！此事交給我，保管讓他出山。」

那麼，對於嵇鶴齡這樣幾乎油鹽不進而且非常「傲」的怪人，胡雪巖有什麼高招呢？無非就是──「以情動人，收服其心」而已。

胡雪巖首先通過嵇鶴齡惟一一個「無話不談」的好朋友，外號「酒糊塗」的候補知縣裘豐言，瞭解了嵇鶴齡的詳細境況，思謀了一整套從感情上打動他的辦法。

首先，動之以情。因為胡雪巖從裘豐言口中得知，嵇鶴齡剛剛喪妻，再加上平時比較傲，人緣不是太好，因而沒有多少人來弔唁。所以，第二天一大早，胡雪巖捐官後頭一次穿上全副的七品服飾，找到嵇鶴齡的家，先送上一張「愚弟胡光墉拜」的名帖。誰知嵇鶴齡竟以──「跟胡老爺素昧平生，不敢請見」為由，拒絕見面。

對於嵇鶴齡的態度，胡雪巖早有預料。他的想法是：如果投帖能得相見，自然最好，否則就只好采取準備好的另一著棋。只見他不慌不忙地往裡走，直入靈堂，一言不發，捧起家人已點燃的線香，畢恭畢敬地行起禮來。這一招確實夠厲害！因為依照禮儀規矩，客人行禮，主人必須還之以禮。嵇鶴齡再不想見，也得出來。見了面，胡雪巖總算有了說服嵇鶴齡的機會。

　　第二步，既從實處幫人，又給人留臉面。嵇鶴齡一直沒有得到過實缺，加之妻子喪事，生活實在艱難，現在已靠典當過活，幾乎到了混不下去的地步。胡雪巖幾句恭維和吹捧，把嵇鶴齡的傲氣消減了一些後，從靴子裡掏出一個信封，遞了過去，「嵇大哥，還有點東西，王太守托我面交，完全是一點點敬意。」

　　「內中何物？」嵇鶴齡臉上露出疑惑的神情。

　　「放心吧！不是銀票。」胡雪巖一句話就打消了嵇鶴齡的疑惑，隨後又補上一句：「幾張無用的廢紙而已。」

　　這句話引起了嵇鶴齡的好奇心。撕開封套一看，裡面是一疊借據，有向錢莊借的，有裴豐言為他代借的，上面或者蓋著「註銷」的印記，或者寫著「作廢」二字。不是「廢紙」更是什麼？

　　「這、這、這是怎麼說的呢？」嵇鶴齡不知如何說話，胡雪巖把他送到當鋪的東西全都贖了出來，連同注銷的票據一同交給嵇家，使他沒理由拒絕。

　　更為令人叫絕的是，胡雪巖知道嵇鶴齡有一種讀書人的清高，而且窮要面子，因而決不肯無端接受自己的饋贈，他為嵇鶴齡贖回當物，用的是嵇鶴齡自己的名義，既為其解決了困難，還為他保住了面子，這就不能不使嵇鶴齡對胡雪巖刮目相看。

　　有了初步的好感，胡雪巖再進一步誘之以利：去新城安撫亂民是嵇鶴齡改變命運，走上官道的一個大好時機。在胡雪巖的多重「進攻」下，嵇鶴齡爽快地答應道：「這件事我當仁不讓！」

　　第三，主動為嵇鶴齡解除後顧之憂。見他答應赴新城，胡雪巖說道：「鶴齡兄，王太守跟我關係不同，想來你總也聽說過。我們雖是初交，一見投緣，說句實話，我是高

攀。只要你願意交我這個朋友，我們交下去一定是頂好的朋友。是朋友，就不能不替你著想。交朋友不能『治一經，損一經』。你的心腸太熱，願意到新城走一趟，王太守當然高興。不過，總要不生危險才好。如果沒有萬全之計，還是不去的好。」說到這裡，又加重語氣：「千萬千萬不能冒險！」

嵇鶴齡很坦然地說：「這種事沒有萬全之策的，全在乎事先策劃周詳，臨事隨機應變。不過，雪巖兄，你放心，我自保的辦法還是有的。」

嵇鶴齡這樣的人，胡雪巖最為佩服——他有本事，也有骨氣。胡雪巖真心實意，想交嵇鶴齡這個朋友。在兩人交談的過程中，他的腦子裡就在替他「動腦筋」，並且很快想到了一個好主意。他親自作媒，把王有齡家的丫環瑞雲嫁給嵇鶴齡。他們兩個人也結下了金蘭之好。

新城之行，由於先撫後剿的宗旨對路，再加上當地士紳佩服嵇鶴齡單槍匹馬，深入危城的勇氣和膽略，從他的這一非常之舉中看出了他的誠意，都願意跟他合作，設法把為首的「強盜和尚」誘殺。蛇無頭不行，烏合之眾，一下子就散得精光。前後不過費了半個月的功夫。

(2) 不為色動，忍痛割愛

胡雪巖在用人方面有自己的獨特之處。他認為人生是一場遊戲，只有贏利或虧本，沒有其他。因此，為了自己的事業，在感情與事業發生衝突，或者為了事業的發展，他可以忍痛割愛，成全他人。

一天，他與幾位道中好友在酒樓吃酒閒談。說到梨園相好，有位姓蔣的師爺歎道：「好酒好菜，若有唱曲的妙人相

陪，那才是天上神仙呢！」

恰好酒店主人聽見，便殷勤地說：「幾位老爺要聽唱曲，今日小店中倒有一位姑娘，不知可中老爺們的意兒？」

胡雪巖聽了，大感意外。大凡唱曲的姑娘都在城裡酒肆茶樓熱鬧之處，此地偏鄉僻壤，怎會有此角色？便好奇地問道：「果真能唱曲？」

「千真萬確！」店主道：「昨晚天快黑時，來了一老一小父女倆，說是從安徽逃難到杭州投親，借小店暫住一宿，今天還未啟程，那女兒生得乖巧動人，是個唱曲的行當。老爺們若有興趣，不妨請她出來瞧瞧。」眾人齊聲說好。

店主興沖沖走進後院。不一會兒，果然領來一個約摸二十歲上下的姑娘，不施脂粉，清純可人，一雙丹鳳眼左右一掃，撩撥得眾人耳熱心跳。果然是難得的美人！

姑娘上前給眾人行了禮，自稱姓黃，小名黃姑，原在安慶班唱旦角，只因湘軍與太平軍在安慶展開拉鋸戰，故逃難來到杭州投親。黃姑說話清脆悅耳、珠圓玉潤，不愧是藝伶人家出身，果真是落落大方，毫不怯生。

胡雪巖聽她說話，覺得口音好熟，一時記不起在什麼地方聽到過。黃姑請眾人點曲兒，大家推讓一陣，蔣師爺點了〈情探〉，趙先生點了〈羅成叫關〉，另有人點了一曲〈秦雪梅〉。胡雪巖則擺擺手，說先唱了再說。

黃姑拿出響鈴和鑼鈸，首先致歉說，因父親病了，不能操琴伴奏，眼下只好清唱。然後拉開架勢，做個「白鶴展翅」的亮相動作，嘴裡「得得得、鏘」模仿敲打樂，走了個小圈兒，開口唱道：「焦桂英來到王魁府上……」聲如銀鈴，倏然飛起，直上雲霄。眾人暗暗叫好：音色甜美，合韻合轍，如瀑布飛漱，似銀蛇繞峰，果然是個好角兒。

眾人屏氣斂息，全神貫注，陶醉在曲兒中。胡雪巖卻心

煩意亂，腦子裡似翻江倒海。他聽黃姑唱曲，愈聽愈覺熟悉，卻總想不起來。但直覺告訴他，黃姑一定是個熟人，只是一時記不得是誰。他努力搜尋記憶深處，一邊仔細觀察她的動作，企圖從中找出點兒蛛絲馬跡。

黃姑一曲終了，隨手將大辮子往腦後一甩。這動作如電光一閃，點燃了胡雪巖記憶的火花：啊，是她……沒錯！胡雪巖想上前去，但忍住了。他畢竟是有身分的人，堂堂阜康錢莊的老闆，海運局執事，再加上又新捐了個候補道台，好歹是個老爺，如果貿然上前相見，豈不被朋友們笑話。

他不動聲色，裝模作樣聽曲兒，腦子裡飛快地旋轉：黃姑……你不叫黃姑，分明是孫么妹。化成灰我也認得你！

說來話長，這還要從十幾年前說起——安徽績溪鄉下胡家，一片破敗景象。胡雪巖的祖父因抽大煙，家中良田、祖屋幾乎變賣一空，只好多次遷動，最後在祠堂旁邊族人公房中安身，成為全族笑柄。胡雪巖的父母終日為三餐奔忙，無暇管束他。剛學會走路的胡雪巖搖晃著瘦小的身子，來到鄰居孫家，同孫家的小女兒一道玩耍。隨著歲月流逝，胡雪巖慢慢知道孫家是個賣糖葫蘆的人家，他家總有吃不完的糖葫蘆。還知道孫家小女兒叫孫么妹，比自己小幾個月。物以類聚，人以群分，貧苦人家的子女生來就是好朋友。胡雪巖和孫么妹整天形影不離，白天一起拾柴火、過家家，夜晚並膝聽講故事、數星星。有一次，胡雪巖通宵未歸，家人四出尋找。到了天明，竟發現他和孫么妹鑽到稻草垛裡睡得正香。青梅竹馬，兩小無猜。胡雪巖對此有最深刻的體味。

可惜好景不長，十歲剛過，胡雪巖便被叔叔帶到杭州錢莊學藝，從此他與孫么妹天各一方，不通音訊。

記憶的閘門一旦打開，種種往事便如噴泉狂湧而出，難以遏制。此刻，胡雪巖見黃姑唱曲，一招一式，莫不隱含著

孫么妹的影子。他想起自己當年砍柴受傷，孫么妹撮起小嘴巴替他吹拂傷口；在燃起的火堆邊，兩人燒山芋，互相推讓；惡犬奔來，自己挺身而出護衛孫么妹。往事不堪回首，捐了候補道台的胡雪巖想起這些往事，便有種種自卑，覺得尷尬。但混跡官商，識透人情世故，反而倍覺童貞可愛、童心寶貴。想到這些，胡雪巖立馬產生一種衝動，要設法同黃姑私下裡見一面。

眾人聽罷曲子，紛紛賞了黃姑，準備離去。胡雪巖付了賬，揩眾人向城裡走去。才走了里許，胡雪巖隨手往袋裡一摸，突然臉色大變，驚叫道，「我的搭褳哪裡去了？」大家都感愕然。他著急道：「丟了銀子事小，裡面有一本明細帳，萬萬丟不得。」

這麼一說，眾人都覺非同小可。蔣師爺以手加額，回憶道：「我記得雪者兄聽曲的時候，把搭褳放在桌上，大概忘了拿走罷？！」

「對了，就是這麼回事。」胡雪巖恍然大悟，急著要回去取搭褳。大家都要陪他返回。他執意不肯，阻攔道：「遊樂一天，都疲乏了，早早回家歇息，我自會處理。」隨即帶著小廝告辭而返。

黃姑此時尚未離店，見胡雪巖去而復返，詫異道：「老爺有事？」

胡雪巖道：「正是為你而來。」

「為我？」黃姑疑惑不解。

胡雪巖道：「你難道真的認不出我了？」

黃姑仔細端詳了半晌，搖搖頭。平時捧角兒的觀眾不少，哪能記住許多？

胡雪巖顫聲道：「孫么妹，還記得那年我們在山洞裡燒芋頭嗎？」

黃姑愣住了，兒時的歡樂齊湧腦際，她驀然醒悟：「你是……胡老爺！」

「叫我雪巖好了。他鄉遇故交，真是巧得很。」

黃姑淚水漣漣，泣不成聲，向胡雪巖哭訴自己多年的遭遇。孫么妹十歲時，一場瘟疫襲來，父母均病亡，她被一黃姓人家收養，改姓黃。黃家係江湖藝人，四處賣藝為生。黃姑學唱旦角，逐漸有了名氣，成了安慶班的臺柱子。

黃姑帶胡雪巖去後院看養父。養父枯瘦如柴，臥床不起。胡雪巖連忙掏出十幾兩銀子，吩咐店主去請大夫診治。接連幾日，胡雪巖都在奔忙。他為黃姑父女租下一處院落，叫了老媽子和小廝伺候。又和杭州城的戲班「三元班」老闆談妥，讓黃姑補一個角兒。做完這些，他才鬆了一口氣，有一種償還了感情債的輕鬆。他向來極重鄉鄰關係，凡有家鄉來的故人，不論高低貴賤，一律殷勤款待，待如上賓，致送饋贈。對黃姑，不單是鄉親或竹馬，還多了一份說不清的眷念和情感。

黃姑受到胡雪巖的照顧，生活安定，憂鬱一掃而光，平添幾分姿色。每次胡雪巖光臨，黃姑更是精心妝扮，光彩照人。漸漸地，胡雪巖到黃家的次數越來越多。不單是鄉親情分，也有「窈窕淑女，君子好逑」的意味。胡雪巖本就好色，尋花老手，再加上黃姑正當妙齡，容貌絕佳，尚未出閣，對他有心巴結，百般趨奉，兩人日久生情，他不覺有了愛慕之意。

因青梅竹馬，胡雪巖不願草率從事，把黃姑當作煙花女子玩弄；他希望保持兒時的純潔感情，然後明媒正娶，順理成章結成夫妻，無愧於對方。在生意場上久了，整天爾虞我詐，勾心鬥角，胡雪巖特別希望得到真情實意，安慰疲勞的心靈。

為此，他不惜重金，替黃姑的養父買到衙門的一個差事。這樣，黃姑好歹也算公人的千金，面子上也光彩。黃姑體諒到胡雪巖的苦心，感激萬分，把胡雪巖當作已是自己的丈夫，更加溫柔體貼。這天，胡雪巖到黃家小坐，不覺天色已晚，養父藉故出去，屋子裡便只剩下他們兩個。

搖曳燭光中，黃姑兩頰紅雲，嬌豔動人。她雙眼低垂，粉頸微露，豐滿的胸部劇烈地起伏。

胡雪巖一時看呆了，恍惚間像是面對天仙。黃姑見他發傻，噗哧兒笑道：「看什麼？難道沒看過我！？」

「唉！真是女大十八變，越變越好看。當年的孫么妹哪裡去了？」

「可是，總有人瞧不起我呢！」黃姑嬌嗔道。

「誰會這樣有眼無珠，不識美人？」胡雪巖打趣道。

「眼前就有一位！」黃姑白他一眼，自怨自艾道：「整天往這裡跑，鄰居都有了閒言碎語，不明不白是怎麼回事兒？」

胡雪巖心裡一熱。黃姑的情義溢於言表，自己不可無動於衷，便說道：「有句話，不知你聽了生氣不？」

「只要不是存心氣我，咋會生氣呢？」

胡雪巖湊近她耳邊。剛好窗外一陣風刮來，燭火跳躍幾下，熄滅了，屋裡漆黑一團。正是天賜良機，胡雪巖一把將黃姑摟在懷裡，少女特有的清香頓時充滿口鼻，他忘乎所以。黃姑則顫聲道：「你願意的話，都拿去吧！」

胡雪巖抑制不住衝動，雙手向她的下身伸去。忽然，似曾相識的情景使他停止了動作。我這是幹啥？玩弄一位風塵女子嗎？既然有心娶她，就應當由始至終完美無缺，畢竟娶妻和嫖妓，天壤之別啊！胡雪巖感到內疚，愈加清醒。他珍視從小培養的感情，不願輕易玷污了它。要保持完美，必須

按規矩辦，明媒正娶，洞房花燭，才無遺憾。想到這裡，他鬆開手，點燃蠟燭。黃姑又羞又氣，哭出聲來：「你……不要我了？」

「要，才不敢唐突。」胡雪巖鄭重地說道：「明天我便派人來下聘。」黃姑不禁有些慚愧：原來誤解了他。

誰知，第二天的一件意外卻完全打亂了胡雪巖的計畫。一大早，王有齡便差人送來一份官報，上面刊了一則消息：太平軍踏破清軍江南大營，逼近上海，蘇南地方失陷三十餘州縣。胡雪巖震驚不已。蘇南高郵設有阜康一個分號，進出數十萬兩銀子，一旦被太平軍沒收，損失鉅大。胡雪巖憂心如焚，立刻派心腹前去打探分號的情況。分號的檔手叫田世春，從前在信和當小夥計，為人機靈，生意場上是把好手。戰亂中，錢莊成為亂兵洗劫的目標，阜康這家分號凶多吉少，胡雪巖茶飯不思，夜不成寐，密切注視著蘇南方面情況，也沒心思去想黃姑這件事了。

等到第八天晚上，阜康門外忽然響起微弱卻很急促的敲門聲。夥計把門打開，一個血糊糊的人滾進門，倒在地上，嚇得夥計一聲大叫，驚動了所有人。大家點燈一看，原來此人正是高郵阜康分號的檔手田世春。胡雪巖聞訊趕來，叫人把田世春扶到床上，灌了一碗參湯，田世春才清醒過來。

「胡老闆，終於又見到你了！」田世春喜極而泣，又哭又笑，神經都顯得有些不正常。

「回來就好，回來就好！慢慢談，慢慢談！」胡雪巖一邊安慰一邊連夜叫來醫生，驗明田世春身上中刀傷竟達十八處之多，眾人驚愕萬分。過了好半天，緩過氣兒來的田世春才慢慢道出原委。

田世春不愧是個精明商人，他不單埋頭做生意，而且眼觀六路，耳聽八方，密切注意時局變化。早在太平軍大敗湘

軍，回師安慶時，他便預料到太平軍必然挾勝者雄風，對江南地方有所動作。田世春便以做短期生意為主，快速出擊，見好就收，竭力回籠短期貨賬，以備不測。當太平軍向江南大營動手時，他已將錢莊存銀四十萬兩雇了幾輛馬車向杭州轉運，倖免於戰火。但馬車畢竟比不上太平軍的戰馬來得快捷。一天，運銀的馬車同一支太平軍的前哨馬隊遭遇。見馬隊只有十來個士兵，田世春索性破釜沉舟，叫夥計們抄刀備傢伙，同馬隊幹上了。

訓練有素的太平軍士兵怎麼也沒料到商隊夥計竟敢同他們較量，一時慌亂起來。田世春仗著年少時學過幾手拳腳，殊死抵抗，身上中刀十幾處，血流滿身，仍不退讓。夥計們見檔手如此，也都勇氣大增，拼力砍殺。通常深入敵後的前哨馬隊本就忌憚，怕落入對方的埋伏而被對方吃掉。現在見商隊如此拼命，害怕引來官軍，不敢戀戰，匆匆逃去。錢莊的銀子得以保全。從來只聽說兵劫商，此番居然商隊趕跑兵士，胡雪巖真是難以置信。

「馬車現在何處？」胡雪巖急切問。

「我怕再遭亂兵，藏在鄉間一個隱蔽處。」胡雪巖馬上派人去取銀子。分文不缺。

「了不起，了不起！田世春千里護銀，可歌可泣。」胡雪巖一連聲道，激動得忘乎所以，在客廳中來回踱步，大聲嚷嚷。銀子失掉了，尚可賺回來，一名忠誠的夥計可謂千金難求。對田世春，當行重賞。可是銀錢似乎還不足以獎勵田世春的大功。田世春的忠心不是銀錢所能換得的。為了採用最恰當的獎勵方式，胡雪巖破天荒第一次難下決斷。自己的事業需要大發展，尤其需要像田世春這樣的助手。一旦得到主人的依賴，他便會像獵狗一樣去衝殺、撕咬，即使付出生命也在所不惜。自己應該製造一隻獵狗的項圈，去籠絡、羈

束對方，永遠為己所用。

　　田世春父母雙亡，是個孤兒，正當青春年少，尚未成親，如能替他張羅操持，建立一個溫暖的家，必定對胡雪巖感激涕零，視如泰山。胡雪巖想起這裡，暗自叫絕：若擇一個美貌女子，為其完婚，不僅一切費用自己出，而且再送他一筆豐厚的家底，這樣的獎勵既有人情味，又勝過大筆銀錢，豈不妙哉！

　　胡雪巖冥思苦想，忽然想到把黃姑嫁給田世春再恰當不過了。想到這裡，他覺得心裡有一種深深的負罪感，因為對黃姑，他已有了一種「妻子」的感情。俗話說：美不美，鄉中水，親不親，故鄉人。同鄉人總是互相庇護的，鄉情如同牢固的紐帶，令她永遠忠實於自己。黃姑對自己一往情深，青梅竹馬，這份特別的感情可謂金不換，少女的癡情可以相伴她終生，是忠實的保證。誰都知道黃姑和自己的關係，而一旦把她嫁給田世春，他肯定會感激主人的割愛。另外，這樣做還另外具有特殊的意義：主人能把初戀的女人毫不猶豫地轉讓給夥計，這份信賴，價值如何？

　　胡雪巖被自己的想法所激動，不由暗自慶倖自己沒有像在妓院那樣輕率衝動，佔有黃姑，因而可以把這個純潔的女人送給田世春。但又有幾分心痛：那可是個尤物呀！足以令男人陷入溫柔鄉中失魂落魄。但這種遺憾片刻便被男子漢大丈夫固有的志向代替了：天涯何處無芳草。送走一個黃姑，換得的好處，十個黃姑也不止。人生便是一場交易，只有贏利或虧本，沒有其他存在。他是個精明的商人，很快便主意打定，不再留戀兒女情長，把黃姑的情義換算成可以交換的籌碼，投入交易，並且從此不再為情所惑。

　　選個日子，他把田世春帶到黃家，介紹給黃家父女。對胡雪巖的朋友，黃姑自然十分殷勤，並無特別的想法。她奇

怪胡雪巖為何遲遲不來下聘，眼睛裡滿含嗔怨和憂鬱。

胡雪巖躲避著黃姑目光的探詢，竭力稱讚田世春的能幹和功勞，並宣稱說要提拔田世春坐阜康的第二把交椅，今後黃家父女見了田世春就和見到他一樣。

回到錢莊後，胡雪巖問田世春，對黃姑的印象如何？田世春頗感困惑：老闆和黃姑從小要好，現在即將成親，錢莊上下都在傳言，老闆問這話什麼用意？

田世春謹慎地答道：「黃姑娘才貌雙全，溫柔賢慧，是位相夫教子的理想女人。」

「太好了！嫁給你做老婆怎樣？」

「我？」田世春大出意外：「胡老闆，你不要她了？」

「我根本就沒要過。」胡雪巖解釋道：「看在同鄉情份上，我照看她父女倆，也算盡了心意。如果黃姑能有你這樣的人托付終生，真是一樁功德無量的好事。」

田世春疑竇叢生：「你倆整天在一塊兒，大家早都把她當成胡太太啦。」

「哈哈，你放心。」胡雪巖爽聲笑道：「信不信由你，我沒動她一個指頭，她還是處女之身。」

田世春不由得激動萬分：老闆把心愛的女人送給自己，該是多麼大的信賴和關照。便結結巴巴道：「若能與黃姑娘成婚，田某感念老闆恩惠，定效犬馬之勞，萬死不辭！」

胡雪巖要的就是這句話，他感慨道：「人非草木，孰能無情。黃姑待我多情，我豈能不知。但她與你郎才女貌，更能相配。只要你不負我厚望，便十個黃姑也不足惜。」

於是，胡雪巖暗中叫來黃姑養父，許以重金，要把黃姑嫁給田世春。黃姑養父見胡雪巖主意堅決，田世春也非一般人物，年歲相當，也就應允了，只是瞞著黃姑一人。按照杭州人家嫁閨女的規矩，胡雪巖差媒人前去黃家下聘，黃姑從

此便不得出門，等候成親日子的到來。

　　此時，黃姑仍然蒙在鼓裡，沈浸在巨大的喜悅當中。她以為胡雪巖兌現諾言，將娶她為妻。擇吉迎娶的日子到了，黃姑頭頂紅蓋頭，在鼓樂聲中被伴娘攙扶著離開家門，坐進花轎，走向夫家。朦朧中她看到胡雪巖的身影在前後晃動，張羅忙碌，心中便充滿甜蜜。進夫家，拜天地，拜祖宗，夫妻對拜，一切行禮如儀。黃姑懵懵懂懂，全然不知，被擁進洞房，獨自一人坐在婚床上，聽著門外喧嚷的人聲，只盼望喜筵早些結束，好和胡雪巖洞房相見。

　　延至午夜，洞房門開，田世春喝得醉醺醺地，被人擁入。「喀喀」一聲落了鎖，房裡只剩一對新人。田世春見新娘美豔絕倫，顧不得去揭紅蓋頭，摟住黃姑親吻起來。黃姑早有許身之意，便任由他輕薄，身子軟如一團泥。不過，女人的敏感使她很快便覺得有些不對勁兒：這男人溫存不足，粗魯有餘，動作未免太野蠻了些。黃姑就著燈光細看，差點昏死過去：哪是什麼胡雪巖，分明是田世春。

　　「啊！」黃姑驚叫一聲，推開田世春，柳眉倒豎，杏眼圓睜，怒聲喝道：「好個大膽的狗賊，竟敢來調戲你家主母，該當何罪？」

　　田世春笑嘻嘻道：「黃姑娘誤會了！胡老闆做媒，把你嫁給我做老婆，這是大家都知道的。」

　　聞聽此言，黃姑一陣天眩地轉，不相信似地說道：「胡說！當初胡老闆親口告訴我，要來下聘娶我。」

　　「沒錯，起初是這樣，後來他改變主意，把你送給我，作為獎賞。」

　　黃姑細想一遍，回想近幾日來胡雪巖躲避不見的舉動，以及他對田世春的稱頌，只覺血沖腦頂門兒，恨從心頭起，顫聲道：「你、你、你們，怎麼連感情都可以轉讓！」話未

說完，便昏厥過去。田世春酒氣上沖，色心萌動，放肆地抱起黃姑撲向婚床。一番瘋狂的發洩過後，田世春才相信胡雪巖的話，黃姑果然是處女。黃姑清醒過來，生米做成熟飯，木已成舟，一切都無可挽回。

此事過了許多天，傳到王有齡的耳朵裡，他大為驚訝，發自內心地讚歎道：「雪巖老弟深謀遠慮，不為色動，忍痛割愛，有古哲先賢之風，了不起，了不起啊！」從此之後，田世春可說是死心塌地為胡雪巖效力，忠心耿耿，宛如孝敬自己的父母，直到胡雪巖破產，也從未有絲毫變心。

而對於黃姑，胡雪巖一開始的確是動了真感情。但他為了自己的事業，為了獎勵立下大功的人才，對這樣的真情說斬斷就斬斷，這決非尋常人所能做到的。不為兒女私情所困，真乃大丈夫所為也！

(3) 移花接木，套牢「小和尚」

生意與感情的關係，胡雪巖講得很坦率：「生意歸生意，感情歸感情，兩件事不能混在一起。」他這話裡所謂的「生意」，指的是支派小船主老張夫妻到湖州去開絲行一事。由於他到上海買漕糧時租過老張家的船，老張夫妻招待頗周，一路上老張的女兒阿珠與胡雪巖調情嬉戲，也使他感到快活滿意。老張老實本分，老張之妻卻精明曉事，對養蠶、繰絲、絲繭買賣等都非常熟悉。恰巧王有齡官運亨通，到湖州去任知府，胡雪巖就想做絲生意，但因他與王有齡的關係世人皆知，不好公開出面去收購蠶絲，便拿出一千兩銀子，派老張夫妻到湖州開絲行，代替自己收購蠶絲。

胡雪巖所說的感情，是指他與阿珠姑娘之間的那段情。他來往於杭州、湖州、上海之間，數次雇用阿珠家的船，日

久生情，自然與阿珠互生愛慕之心。雖然他已有妻小，但碰到俏麗多情的阿珠，也不免要風流倜儻一番，都已經打算將阿珠娶進門後，與原配平起平坐「兩頭大」。如果此事確實如此辦理了，那就成了胡雪巖是老張的老闆，而老張反過來又是胡雪巖的岳丈。對於這種有可能出現的尷尬關係，胡雪巖卻並不以為二者絕對對立。因為生意和感情，在他看來是兩個範疇、兩種場合的事，是不能相混的，否則生意做不好，還會傷害感情。

認清了二者的主次關係和相對獨立性，胡雪巖乾脆因勢利導，讓感情服務於生意，這就是向老張明確雙方未來的婿丈關係，讓老張一家感到與胡雪巖真正不是兩家人，從而定下心來，一心一意幹他委託的事務。如此一來，感情實際上又成了促使老張盡心盡力做好生意的一種激勵機制。生意不是感情，感情也代替不了生意，二者不能相混，但生意與感情並非絕對對立。重要的是既看到二者的不同，也要發揮感情在生意中的積極作用，因為人畢竟是感情的動物！

後來，隨著時間的發展，胡雪巖卻在阿珠這件事上有點進退兩難。因為照阿珠的脾氣，最好成天守在一起，說說笑笑。如果嫁個老老實實的小夥子，一夫一妻，必定恩愛。可像他這樣的情況，將來三妻四妾自是難免，阿珠一定吃醋。胡雪巖心想，與其將來鬧得雞犬不寧，倒不如另想他法。恰好在這時，他收了外號叫「小和尚」的陳世龍。

陳世龍原本是一個整日遊手好閒，混跡於湖州賭場街頭，吃喝玩賭無一不精的「小混混兒」。這樣的人，在別人眼裡自然是不值的一提。況且郁四本來就不太喜歡他，甚至都不讓他上自己的門，所以當胡雪巖提出要將他帶在身邊時，郁四就對他說：「小和尚這個人滑得很，你不可信他的話。」並勸阻道：「我有點討厭小和尚。不過，討厭歸討

厭，管我還是要管。這個人太精，吃喝嫖賭，無一為精，你把他帶了去要受累的！」

胡雪巖卻對「小和尚」頗為欣賞，認為他雖不是做檔手的材科，卻是一個跑外場的好手，因而決意要好好栽培他。

胡雪巖主要欣賞「小和尚」的三個優點：

第一，這小夥子很靈活。胡雪巖與「小和尚」的認識，其實非常偶然，是他在湖州認識的恒利絲行檔手讓「小和尚」帶他去找郁四，才使他與這小夥子有了一面之緣。但就是這一面之緣，胡雪巖已發現他與人交往時既不露怯，又對答得體，第一印象就覺得這小夥子可以造就。

第二，這小夥子不吃裡扒外。胡雪巖對郁四說：「吃喝嫖賭，都不要緊，我只問郁四哥一句話，小和尚可曾有過吃裡扒外的行為？」對這一點，雖然郁四不喜歡「小和尚」，還是很肯定地說：「那他不敢！要做出這種事來，不說三刀六洞，起碼湖州這個碼頭容不得他。」有了這一點，郁四說的「小和尚」太精，反倒恰好證明了胡雪巖認為這小夥子很機靈的第一印象不錯。

第三，最難得的是，這小夥子很有血性，說話算數。這是胡雪巖自己試出來的。胡雪巖在正式決定將「小和尚」收到自己身邊之前，和他談了一次話，臨分手時給了他一張五十兩的銀票，要他拿去隨便用。此前「小和尚」已經答應郁四和胡雪巖要戒賭，胡雪巖知道好賭的人身上有錢，手就會癢癢，他要試試這小夥子是不是心口如一。

當天晚上，「小和尚」雖然忍不住還是到賭場轉了一轉，但終歸還是拒絕了別人的蠱惑，沒有出手下場。這一點更讓胡雪巖看重。胡雪巖本來就有一個說法：看一個人怎麼樣，就是看他說話算不算數。

在胡雪巖看來，一個小夥子吃喝嫖賭都不要緊，只要有

了上面這三條，也就有了很大的再造的餘地。吃喝嫖賭，人很滑頭，這自然不是什麼優點，但它卻也從反面說明這個人在場面上「玩」得轉。而他能心口如一，說明他還是有向善之心，這些短處也就有可能促他改掉。比較而言，培養一個人的外場能力比促一個人改掉毛病要難得多。

另外，陳世龍還在牙行幫過忙。「牙行」是最難做的一種生意，就憑手裡一把秤，要把不相識的買賣雙方撮合成交易，賺取傭金。陳世龍在牙行幹過，說明他的才幹不可輕視。胡雪巖越發中意了，便決定把陳世龍帶到自己的身邊，讓他跟古應春學「洋文」，讓他跟自己跑市面。

後來，通過幾次考察，胡雪巖有意好好栽培重用，便想把阿珠嫁給他。只是阿珠一心想做「胡家人」，不會想到陳世龍身上。倘若一方面慢慢與她疏遠，一方面儘量讓陳世龍跟她接近，兩下一湊，這頭姻緣就大功告成了！胡雪巖心想，這件事絕對是好事。阿珠的父母必定喜歡這個機靈能幹的女婿，他們小夫妻也必定心滿意足，飲水思源，都是自己的功勞。別的不說，起碼陳世龍就會死心踏地幫自己好好做生意。

所以，有一天，陳世龍對胡雪巖說：「張小姐她一片心都放在胡先生身上。」胡雪巖趁機暗示他：「這我知道，就為這點，我只好慢慢來。好在我跟她規規矩矩，乾乾淨淨，不會有什麼太大的麻煩。」

照這樣一說，胡雪巖是決定不要阿珠了！這為什麼？

陳世龍深感詫異：「胡先生，有句話，我實在忍不住要問。」他眨著眼說：「張小姐哪一點不好？這樣的人才，說句老實話，打了燈籠都找不著的。」

由這兩句話，可見他對阿珠十分傾倒。胡雪巖心想：自己這件事做對了，而且看來一定會有圓滿結局。所以他相當

高興。但表面上卻不露聲色，反而歎口氣說：「唉！你不知道我的心。如果阿珠不是十分人才，我倒也馬馬虎虎安個家，不去多傷腦筋了。就因為阿珠是這樣子打著燈籠都難找的人，我想想，於心不忍。」

「於心不忍？」似乎越說越玄妙了。陳世龍率直地問道：「為什麼？」

「第一，雖說『兩頭大』，但別人看來總是個小，太委屈阿珠。第二，我現在的情形，你看見的，各地方在跑，把她一個人冷冷清清擺在湖州、心裡過意不去。」然後，胡雪巖又低聲說道：「我真正拿你當自己小兄弟一樣，無話不談。你人也聰明，我的心思你都明白。剛才我跟你談的這番話，你千萬不必給阿珠和她爹娘說。好在我的意思你也知道了，該當如何應付，你自己總有數。」

陳世龍這才恍然大悟，喜不可言：原來是這樣子「推位讓國」！怪不得口口聲聲說跟阿珠「規規矩矩，乾乾淨淨」，意思就是，他並非把一件濕布衫脫了給別人穿。這番美意，著實可感。不過，胡先生既不願明說，自己也不必多事去道謝，反正彼此心照不宣就是了。

為撮合「小和尚」與阿珠姑娘的婚事，胡雪巖的確下了不少功夫，甚至請出了漕幫老大尤五幫助自己演好這出「移花接木」，勸阿珠嫁陳世龍的好戲，讓阿珠曉得給人做小是委曲的，並且意識到給胡雪巖做小，更不會有什麼好結果，從而心甘情願地嫁給「小和尚」。

在胡雪巖看來，一個人感情的事不可能不考慮，但不論怎樣，「生意歸生意，感情歸感情」，決不能因為感情而影響到生意。胡雪巖對於阿珠這件事的處理，一開始想弄成「兩頭大」的局面，固然是為了生意考慮，但後來又撮合她與「小和尚」成婚，同樣也是出於生意上的考慮。由此，他

不僅終於撮合成了一對好姻緣，同時也為自己造就了一個生意上的好幫手。

(4) 親疏之間，自己要掌握好分寸

在胡雪巖看來，朋友之間的合作，不能損害雙方的利益，否則就會使朋友關係解體。朋友關係的維繫，最好的辦法是能給雙方帶來好處和利益。在朋友之間的交往中，一時出於感激或衝動，慷慨過度，從而損害自己的利益，這種情況在他看來，雖是出於自願，但終究會使自己吞下一個難言的苦果，最後反而會使朋友關係緊張乃至崩潰，其後果是失去了朋友，還可能危及前程和事業。所以，他才說：「親疏之間，自己要掌握好分寸。」他的這句話是有具體所指的。

王有齡本是湖州知府，進省城時卻落了個「好」差事：不歸他管的新城縣有百姓造反，巡撫黃泉漢派他去處理此事。王有齡不敢帶兵去剿。因為，一來這些清兵把剿匪當作發財的機會，到了地方肯定會大肆搶掠，兵甚於匪，不但剿不成，反而有可能激起大規模民變。二來這些兵也打不了仗，一旦打敗了，他王有齡還可能命喪新城，即使不丟命也會被革職查問。思來想去，決定先安撫，實在安撫不了再去剿。但他自己卻不肯親自去安撫。這是要冒大風險的，弄不好也會丟命。物色來物色去，選中了嵇鶴齡。

嵇鶴齡本是一個窮困潦倒的候補知縣，因為為人耿直，恃才傲物，不善於應酬場面上的事，所以一直是「候補」還不曾掌過官印。雖然有勇有謀，但因心懷一肚子怨氣，不肯替王有齡效勞。胡雪巖經過一番攻心，解決了嵇鶴齡的債務、婚配問題，並讓他感到去新城安撫反民，正是他官運轉折的一個機會。嵇鶴齡接手了這個苦差，想好了對策，做好

了思想準備，便向變幻莫測、動盪不安的新城縣進發了。

王有齡在嵇鶴齡蠻有把握地走後，十分高興，便對胡雪巖說，待嵇鶴齡功成回來，要保他當歸安縣令。歸安縣本由王有齡兼管。俗話說，「三年清知府，十萬雪花銀。」歸安縣卻一年能給知縣帶來五萬兩銀子的進項！如果讓嵇鶴齡當了歸安縣令，不就是相當於從王有齡的荷包裡硬生生挖走五萬兩銀子麼！胡雪巖覺得，王有齡一時慷慨，到後來定會後悔。損害他的利益，他與嵇鶴齡的朋友關係也就難以維繫了。

於是，胡雪巖否定了王有齡的一時慷慨，而建議王有齡把兼領的浙江海運局坐辦的位置讓給嵇鶴齡。這樣一來，王有齡既可以省點事，還可以在嵇鶴齡掌管下，把海運局原由王有齡和胡雪巖經手的幾筆海運局墊款、借款，料理的圓圓滿滿，真可說是一舉數得。

胡雪巖確實是人情練達，他阻止王有齡的一時慷慨，其實是出於人與人之間交往「度」的把握。在他看來，嵇鶴齡和王有齡的關係，無論如何也還沒有達到分以如此大利而不會產生不良後果的程度，王有齡的一時慷慨，也就有些失去分寸了。而親疏之間，如果分寸把握不好，必然會影響日後的相處。其實，胡雪巖的這一考慮，用之生意場上的人際交往，特別是合作夥伴之間、老闆與部屬之間關係的調適，也是必要的。如何把握好適當的分寸，直接影響到相互之間沒有障礙的溝通和默契，的確是一個不可忽視的大問題。

那麼，如何才是適度，才是不失分寸？這卻是一個很難用一兩句話說清楚的問題，需要當局者根據當時的具體情況靈活處置。應該注意的是，胡雪巖的不能過分慷慨中所體現出來的，以不損害自己和對方利益為前提來維繫朋友關係的思路，對商務經營者應該是有啟發。

(5) 因勢利導，讓感情服務於生意

　　胡雪巖雖然認為：「生意歸生意，感情歸感情，兩件事不能混在一起。」但他卻並不以為二者是絕對對立的。生意和感情，在胡雪巖看來是兩個範疇、兩種場合的事，二者是不能相混，否則生意做不好，還會傷害感情。認清了二者的主次關系和相對獨立性，如果因勢利導，讓感情服從和服務於生意，肯定能成為做好生意的一種激勵。在胡雪巖一生中遇到的女人當中，具有「幫夫命」，能在事業上助他一臂之力的不乏其人。

　　杭州的「奇繡行」物美價廉，很受遊人的青睞，「奇繡行」的老闆陽琪卻是一個長相出眾的妙齡少女，長得眉清目秀，楚楚動人。一天陽琪正在繡制定貨，在緞面上繡一朵碩大的牡丹，卻見走進來一個青年，雙眼定定地注視著她，欣賞著她嬌嫩的細手在繡架上龍飛鳳舞。陽琪被看得耳根發熱，凝眸一視。青年急忙避開目光，說道：「你有多少繡製品，我全要。」

　　陽琪一驚，大買主上門了，連忙答道：「除了貨櫃上的陳品，另外還可以定制。」於是第一批貨全部脫手，她淨賺了十兩銀子。當她把繡製品按青年的囑咐送到楓橋路阜康錢莊時，才知道那個青年人叫胡雪巖，是錢莊老闆，另外還經營絲綢及蘇繡、顧繡和蜀繡的買賣。她不由多看了一眼，心中佩服不已。

　　如此幾次交往，陽琪和胡雪巖熟識起來。彼此都談得來，說活也投機，兩人心中都有一種莫明其妙的感覺。胡雪巖常常借遊六和塔的名義來陽琪店中閒聊，陽琪也很希望他能到店中來玩。兩人的頻頻交往，被陽琪的母親看在眼裡。

　　一天，陳氏把陽琪叫到房中，對她說道：「閨女，你已十七芳齡，該出嫁了。男大當婚，女大當嫁。我看胡先生一表人才，又精明能幹，他佩服你心靈手巧，對你非常愛慕，不知你對他如何呢？」母親的問話羞得陽琪臉頰緋紅，低頭不語。陳氏又繼續說：「胡先生與你很般配呢！」

　　一朵紅雲直上陽琪眉稍，就像兩朵綻開的花蕾，異常嬌豔。她低聲道：「此事全憑母親做主。」說完便走開了。

　　哪知正在「奇繡行」生意蓬勃發展之時，陳氏的丈夫陳定生不幸染上風寒，一命嗚乎。母女倆痛不欲生，整天以淚洗面，就連春節都是在悲哀的氣氛中度過。此時「奇繡行」已小有名氣，繡製品供不應求。清明節這一天，淫雨霏霏，杭州城裡人聲鼎沸，錢塘江邊遊人如織。只見錢塘江上畫舫雲集，整裝待發，簫聲悠悠，攝人心神。錢塘大堤俊男靚女，老婦稚童站得滿滿的。特別是一個個深鎖閨房的富家小姐，也出來觀看放河燈的壯觀場面。她們或姿容媚麗，或體態輕盈，或濃妝豔抹，或輕描淡寫，風姿綽約，成為比放河燈更好看的一道風景。胡雪巖沒有心思觀看，他心中惦記著陽琪。

　　胡雪巖悄悄穿過大街來到「奇繡行」。店門緊關，他伸出手輕輕敲了敲鋪板。裡面沒有聲音。他正欲再敲，門卻慢慢開了。陽琪見是胡雪巖，心中喜悅。她把胡雪巖讓進屋裡。胡雪巖說給她送錢來了；前些時他還欠陽琪五百兩銀子。胡雪巖雙手把銀票遞給陽琪，順勢握住了陽琪的小手，胡雪巖一雙火辣辣的眼睛直直地盯著她。陽琪忙低垂雙目，輕輕說道：「你坐吧！」胡雪巖像沒聽見似的，卻把她拉入懷中。陽琪也不掙扎，她幸福地偎依在胡雪巖的懷中。輕啟紅唇，吻得胡雪巖春心蕩漾，心搖神馳。兩人正在忘情之時，後院突然傳來「陽琪、陽琪」的喊聲！

　　二人大驚！莫不是陳氏看燈歸來？陽琪一把推開胡雪巖，叫他躲起來，然後理了理頭髮，扯了扯衣角走出屋來。原來是鄰居王嬸前來借東西。打發走王嬸，陽琪仍然驚魂未定，對胡雪巖說：「險些被人撞見，說出去多不好聽！母親也快回來了，你走吧！」胡雪巖一步一回頭，終於走出小院。

　　誰成想，就在這一年的初夏，太平軍攻打杭州城，陽琪攜母親流落到了上海。一到上海，陽琪發揮自己的一技之長，用積攢的錢在十里洋場開了家繡行。因為繡行位於上海灘的繁華地段，生意十分興隆。

　　時間過得真快，一晃十一年過去了。這天，一群人走進繡行，一見櫃裡擺著各種精美的繡品，讚不絕口，然而其中一個臉色紅潤，身體魁偉的男子突然被「胡雪巖」三個字喚住。陽琪發現他正用雙目望著她，似乎若有所悟，未挑選任何繡品，便隨他人匆匆出店。次日一早，店裡來了位中年婦女。只見她身著紅色緞面旗袍，體態豐腴，頭戴金簪、耳墜寶石，一望便知是來自富貴人家的闊太太。笑著問這問那。陽琪耐心回答。最後貴婦只買了一床緞面被子。陽琪接過銀票一看——阜康錢莊！心中一愣。杭州阜康錢莊醒目的牌匾金光閃爍，琉璃屋頂輝煌燦爛，門前石獅氣勢凌人，這一切都記憶猶新。她不由得又打量了一下貴婦。

　　下午，一頂轎子在繡行門前停下來。貴婦走出轎子，邁入店門。由於有了上午的交情，陽琪熱情地招呼，把她迎進店中，端凳讓坐。貴婦問道：「這些手工活都是你一人所為麼？」陽琪答道：「只有少數是我繡制，其他是請人代繡的。」兩人一問一答，不知不覺間縮短了距離。貴婦問起陽琪的身世，陽琪又不免傷心落淚。聽完陽琪的身世，貴婦問道：「你還記得一個叫胡雪巖的人麼？」陽琪愣了一下，說

道：「不太記得。」貴婦便沒再往下說，只是揀了些繡品告辭回家。

又是阜康錢莊！陽琪望著銀票上的阜康錢莊四個字，心潮起伏，十一年前胡雪巖的音容笑貌又浮現眼前。她怎麼會忘記當初使她魂牽夢繞的初戀情人呢？前日他一來到店中就已經認了出來，只是生活的磨煉使她不便相認。但是靜心一想，這貴婦是誰呢？他的夫人？心念至此，內心無限淒苦，淚水奪眶而出。

第二天，貴婦藉故到店中閒坐。現在她們彼此已經熟悉。貴婦說她姓李，排行老三，人稱李三姐，她來店中所購之物都送給親戚胡雪巖了。陽琪不失時機地問起胡雪巖，李三姐把胡雪巖的近況著實渲染了一番，欽佩之情溢於言表，最後又說道：「胡雪巖還記得你哩！你們見見面吧！」陽琪心想，如果他還念舊，就會欣然前來，到時可以瞭解得更確切；不來，則萬事作罷。便柔聲說道：「你引他一見吧！」

次日，胡雪巖如約前往。兩人相見少不了驚喜。問候寒喧過後，胡雪巖說他在杭州淪陷後一年就來到上海，當時生意順暢。後來太平軍被鎮壓，他又回到杭州。現在主要的生意都在杭州，此次到上海來，是為左帥借洋款。

這話聽得陽琪心中歡喜。她問道：「這麼多的事情都要你做，不累麼？」胡雪巖頓時眼睛灰暗失色，他唔唔細語，歎氣道：「唉，有什麼辦法呢？她又幫不上什麼忙？」「她」像針似的刺了陽琪的心，她失望地低下頭，再也提不起談話的興致，只是簡略地把自己的遭遇講出來，平平淡淡，毫無誇張之詞。胡雪巖仍然聽得眼圈濕潤。兩人隨便閒談一會兒，胡雪巖便告辭回家。此次見面後，胡雪巖常常見縫插針，來到陽琪繡行。他們的心漸漸被往事喚起，熱情像從前一樣熾烈，情深意長。

一天，胡雪巖對陽琪說：「你目前境遇較差，我資助你一萬兩銀子，切莫推辭。」

陽琪推辭不過，便說道：「好，我暫時替你收下。」接過銀票，揣進衣包。然後兩人開始促膝談心，其樂融融。

胡雪巖走後，陽琪懷揣胡雪巖給的銀票，興沖沖來到江海關。由於陽琪每月都要替他們繡一面大清黃龍旗，與江海關的人很熟悉。江海關守門的士兵得到好處後放她進去。陽琪敲了敲總署大人的門，總署見是貌美的陽琪，態度和善地問道：「什麼事？」聽陽琪說明來意後，忙道：「南京路那段目前看起來離城遠，但馬路一通，洋房修到那裡就熱鬧了，地皮一定看漲，你真是有眼光。只是這酬勞嘛……」陽琪順手掏出五百兩銀票遞給總署大人。得到銀子的總署與陽琪一同到了洋人那裡「掛號」。洋人見是海關總署領來的人，當即按照陽琪的要求，一切手續照辦。

辦理好手續後，陽琪高興地回到家裡。胡雪巖已在家恭候了。陽琪春風拂面，得意洋洋，把買地皮的手續憑證一古腦推到他面前。胡雪巖打開一看，全是買地皮的契單，不解地問：「這是誰的？」

「你的。」見胡雪巖面露疑惑，她又補充道：「我擅做主張，用你給的一萬兩銀票替你買了南京路東段的地皮。」胡雪巖一聽，方才釋然。但他說：「我對炒地皮一竅不通，更何況要辦理權柄單，真叫人佩服。」

聽了胡雪巖的誇獎，陽琪便把買這段不起眼的地皮的緣由分析給胡雪巖聽。胡雪巖雖是門外漢，但也不得不被陽琪的遠見卓識所折服。一介女流，竟有如此眼光，生意門道超過自己，實在難得！一種希望陽琪幫他的念頭油然而生。

看著眼前的陽琪，他沈思良久，說道：「陽琪姑娘籌劃有方，實在敬佩！只是，贈送給你的銀子怎好意思收回，這

片土地當屬於姑娘。」

陽琪正色道：「胡老闆非親非故，卻把許多銀子慷慨送人，如此奢華浪費，縱然金山一座也會被掏空的，那時悔之晚矣！」

聽她如此說，胡雪巖越發下定決心，非娶回她不可。胡雪巖的大太太係父母包辦，大才尚可，肚中無貨，且不善應酬客人。每有客至，胡雪巖嫌她上不得檯面，都不讓她見客。作為成功的商人，家無賢妻支撐，不免感到遺憾。所以胡雪巖常常有知音不遇的感歎，心中十分孤寂。現在好不容易與陽琪重逢，娶來家中，便有幫夫運，怎肯輕易捨棄。他甚至認定，自己後半生事業的發展，陽琪可作自己的左右手。天下間，除了夫妻倆，還有幾個值得信賴的人？因此，陽琪一定要成為自己的人！可是，自己在杭州已有妻室，她肯答應嗎？於是，他尋找機會，博取陽琪的愛戀。

事情的發展果不出陽琪所料。一個月後，洋人開始在南京路大興土木，胡雪巖所購地皮不斷看漲。他樂得合不攏嘴，決定邀請李三姐夫婦和陽琪一同在「天星」賓館吃大菜。

四人興趣盎然走進飯廳，酒菜備齊開始享用。席間，胡雪巖不斷稱讚陽琪的「豐功偉績」。李三姐夫婦也用敬佩的目光面對陽琪。席散，李三姐把陽琪拉入自己的轎中，十分親熱地問道：「你聽見胡雪巖說的什麼嗎？他是多麼希望得到你的幫助啊！」

對於李三姐開門見山的詢問，陽琪不知怎麼回答才好。她緘默不言，心中激起了萬丈波瀾，如果跟了他無疑做小，不跟他則孑然獨處。但做小老婆不知要受多少罪？她內心矛盾重重，猶豫不決，便把自己的心事告訴了李三姐。李三姐暗想，她有嫁與胡雪巖之心，但顧慮太多，就不以為然

地說：「你是他事業上的幫手，唇齒相依，哪會當作『小』看待呢？更何況你身在上海，照顧胡先生起居，誰人又會責難？胡先生離不開才你是有目共睹哩。」李三姐的一番勸說，讓陽琪心動了。

一回到家，李三姐便把詢問陽琪的情況全部說給胡雪巖聽。胡雪巖聽後心花怒放，趕緊托李三姐為媒，向陽琪求婚。胡雪巖如願以償，終於和陽琪拜堂成親，仿照湖州芙蓉「兩頭大」的方法，陽琪成了在上海的「胡太太」。此後，胡雪巖有了陽琪的幫助，生意如虎添翼，事業更加輝煌。

由此可見，雖然胡雪巖認為——「生意歸生意，感情歸感情，二者不能相混」，但同時他也認為生意與感情並非絕對對立。重要的是既要看到兩者的不同，又要發揮感情在生意中的積極作用。因為，人畢竟是有感情的。

3. 人用得不好，受害的是自己

「你看了人再用，不要光是看人家的面子。因為人用得不好，最終受害的是自己。」這是胡雪巖在選擇劉慶生為阜康錢莊「檔手」時囑咐劉慶生的話。胡雪巖在起用劉慶生的時候，是著著實實看了再用的。而等到劉慶生去找幫手時，他又如此囑咐劉慶生，由此可見，胡雪巖對如何選人和選擇什麼樣的人是多麼地重視！

「棟樑之材，不應用作筷子。」這句老百姓經常掛在嘴邊的口頭語兒，對追求幹一番事業的商人也有很大的啟發。中國古代有一位天資聰穎的年輕人因為冒犯了一位在朝廷任職的有權有勢的親戚，被發落到邊遠的地方掌管一座小縣城。他就任新職以後，所做的事情就是飲酒、睡覺。他對工

作不聞不問，任憑公文事務堆積起來。

　　一年之後，朝廷派了一位欽差大臣到縣城巡訪。他一到，就聽到百姓們抱怨這位年輕人如何怠忽職守。欽差大臣發現這位年輕人跟往常一樣酗酒，便責問他不理政務。年輕人答道：「你三天以後回來，一切公務都會辦妥。」

　　三天過後，那位欽差大臣重返縣衙，發現一位身著官服，儀錶堂堂的年輕人坐在一間整齊清潔的公堂內，所有公務全部處理完畢。這位年輕人僅用三天時間就幹完了一年的工作。

　　欽差大臣後來得知，這位年輕人被發落到那個偏遠的縣衙，是因為他成了個人泄私憤的受害者，返回朝廷後馬上向皇上秉奏，陳述一位傑出的人才被誤用對國家是一大損失。這位年輕人於是被召到宮中，重新委以重任。

　　這個典故對胡雪巖如何用好人影響很大。在胡雪巖幾十年的「官商之道」中，他除了絕不大材小用外，還特別注意用好不同的人。

(1) 不遭人妒是庸才

　　俗話說：「木秀於林，風必摧之；行出於眾，人必非之。」一個人如果才識過人，必將令他人顯得平庸，這種才識一旦付諸行動，就會辦成別人辦不成的事，獲得別人得不到的好成績，使得與別人的平衡關係被打破，造成與其同僚的差異，這樣就難免引起周圍人的妒忌。

　　平庸之人雖然不會有什麼作為，但卻不會對周圍人的利益構成威脅，因而他們一般情況下也不會引起旁人的妒忌。

　　胡雪巖腦子裡始終有一個觀念：「不遭人妒是庸才。」這話反過來推理：遭到人們嫉妒的多是能幹之人。因此，他

選人的時候，並不限於別人對某一人才的評價，卻往往對那些在別人口中頗遭非議的人物更加注意。因為他知道，能夠成就大業之英才，往往是不見容於人。從這裡既可看出胡雪巖識人用人的簡單有效的方法，更可以看出他不拘世俗，較之一般人遠為深遠的眼光。

當年胡雪巖私自把錢莊的錢借與王有齡進京「投供」。事情傳開之後，老闆又氣又恨。按規矩，出了這種事，肯定是要把胡雪巖趕出「信和」，毫無商量的餘地。但老闆想到胡雪巖是自己一手栽培起來的，確實是個難得的人才，又於心不忍。

這時，錢莊的夥計可不幹了。他們平素就恨透了胡雪巖，只是苦於沒有機會施以報復，如今有此良機，他們怎肯放過？於是，這些人整天在老闆面前慫恿，說胡雪巖如此無法無天，這次不把他趕出錢莊，說不定會留下後患，要是別的夥計也競相效仿，那錢莊還不得早晚關門？

老闆一聽，知道胡雪巖犯了眾怒，自己即便有心留他，只怕他以後的日子也不好過。於是狠下心來，把胡雪巖炒了「魷魚」。就這樣，胡雪巖這樣一個難得的人才便失於「人妒」之中。

然而，後來的情況又怎樣呢？胡雪巖跟隨王有齡，控制了浙江海運，賺了數十萬的銀子。他們把這筆鉅款不存在別人那裡，而偏偏存在「信和」。信和老闆這時才發覺自己幹了一件多麼愚蠢的事。雖然自己當時已經知道胡雪巖是個難得的人才，但卻礙於眾人的非議，不敢把他留下來，如今看他短短幾年之內，竟然擁有萬貫家財，自己真是有眼無珠啊！始知遭人妒者，方是英才。

胡雪巖從自己的親身經歷中，深知「不遭人妒是庸才」的真諦，因而在發跡後的用人問題上，特別注意這句話，為

自己發現了許多人才，把「人勢」做得紅紅火火。

　　古應春是上海洋場的「通事」，也就是今天我們說的外語翻譯。他一表人才，洋朋友多，對英國人尤其熟悉，英語翻譯水平很高。更難能可貴的是，他雖然混跡洋場，卻十分維護中國人的利益，對中國人內部的自相爭鬥，讓洋人撿便宜的現象非常不滿。胡雪巖與他頭一次見面，就感到特別談得來。

　　這天，在尤五的安排下，胡雪巖與古應春一同到「怡情院」吃花酒。他發現古應春極講「外場」，因而一上來便用請教的口氣說：「應春兄，我總算運氣不錯，夷場上得有識途老馬指點，以後要請你多多指教。」

　　「不敢當！」古應春答道：「尤五哥是我久已慕名的，他對你老兄特別推重。由此可見，足下必是個好朋友。我們以後要多親近。」

　　「是，是！四海之內皆弟兄，況且海禁已開，我們自己不親近，更難對付洋人了。」

　　「著！」這話說到了古應春的心坎兒上，他興奮地說：「雪巖兄，你這話真通達。說實在的，我們中國人，就是自己弄死自己，白白便宜洋人。」

　　「這話就有意思了。」胡雪巖心想，出言要謹慎，可以把他的話套出來。

　　「現在新興出來『洋務』這兩個字，官場上凡是漂亮人物，都會『談洋務』，最吃香的也是『辦洋務』。這些漂亮人物我見過不少，像應春兄你剛才這兩句話，我卻還是第一次聽見。」

　　「哼！」古應春冷笑著，對胡雪巖口中的所謂「漂亮人物」，做了個鄙夷不屑的表情，「那些人是閉門造車談洋務。一種是開口就是『夷人』，把人家看做茹毛飲血的野

人。再一種就是聽見『洋人』二字，就恨不得先跪下來叫一聲『洋大人』。這樣子談洋務、辦洋務，無非自取其辱。」

「這話透徹得很！」胡雪巖把話繞回剛才的話頭上，「過猶不及，就『自己人弄死自己人』了。」

「對了！」古應春兩手比劃著說：「恨洋人的，事事掣肘。怕洋人的，一味討好，自己互相傾軋排擠。洋人腦筋快得很，有機可乘，決不會放過。這類人尤其可惡。」

胡雪巖看古應春那種滿臉憤慨的神情，知道他必是受過排擠，有感而發。突然，「不遭人妒是庸才」這句話冒出心頭。胡雪巖心想：凡是受傾軋排擠的人，必是能幹的居多。看他說話，有條有理，見解亦頗深遠，可以想見其人。又心想：自己正缺少幫手，尤其是辦洋務方面的人才，如果古應春能為己所用，豈不大妙？

這個念頭，幾乎在他心裡靈光一閃，就已決定。但他知道不宜操之過急。他想了想，又提出一個自信一定可以引起古應春興趣的話題。

「應春兄，我有點不大服氣！我們自己人弄死自己人，叫洋人占了便宜，難道就不能自己人齊心一致，從洋人手裡再把便宜占回來？」

果然，古應春聽了胡雪巖的話，深思了好久才說：「雪巖兄，從來沒有人跟我說過這種話。上次開了兩兵輪軍火去下關販賣，價錢都談好了，眼看就要成交，有個王八蛋會洋文，跑去告訴洋人，說洪秀全的軍隊正急需洋槍火藥，多的是金銀珠寶。就這一句，洋人就翻悔了，重新談價，漲了一倍還不止。這就是洋人占的大便宜！我也一直不服氣。能夠把洋人的便宜占回來，哪怕我沒有好處也幹。於今照你所說，自己人要齊心一致，這句話要怎麼樣才能做到，我要請教。」

　　「這話倒是把我問倒了。」胡雪巖說：「事情都是談出來的，現在我還不大知道洋人的情形，說不出個所以然來。不過，既說齊心一致，總要有個起頭。譬如說你、我，還有尤五哥，三個人在一起，至誠相見，遇事商量，哪個的主意好，就照哪個的做，就像自己出的主意一樣，這樣子一步一步把人拉攏來，洋人不跟我們打交道則已，要打，就非得聽咱們的話不可！」

　　「好！三人同心，其利斷金。就從你、我、尤五哥起頭，咱們大幹一場。」古應春一下子來了興趣。

　　「我在想，」胡雪巖望著古應春，躊躇滿志地說：「你剛才所說的『三人同心，其利斷金』，這句話真正不假。我們三個人各占一門，你是洋行方面，尤五哥是江湖上，我在官場中也還有點路子。這三方面一湊，就有得混了！」

　　古應春想一想，果然！受了胡雪巖的鼓舞，他也很起勁地說：「真的，巧得很！這三方面要湊在一起，說實在的，真還不大容易。我們好好談一談，想些與眾不同的花樣來，大大做它一番市面。」

　　此後，胡雪巖與洋人做軍火交易，比如同英商哈德遜談判，以合適的價格及時地買到兩百支槍、一萬發子彈，小試牛刀；生絲銷洋莊，比如第一筆幾萬包生絲在上海賣給洋人，一舉賺得十八萬兩銀子；後來，替左宗棠向洋行借款和大規模地採購洋槍洋炮等，古應春都是功不可沒。

　　能不為世俗的成見所左右，積極吸納形形色色的各種人才為己所用，這樣才能人才濟濟，形成幹大事的「人勢」氛圍。而且，在招攬人才的時候，一定要注意那些遭人非議而又確實有才幹的人。因為這些人遭嫉，自然免不了被人說閒話，如果僅憑人言，一定會失去一些有能力的幹才。胡雪巖不以人非而非，獨具慧眼地證實了他「不遭人妒是庸才」這

種用人觀的高明。

(2) 看人不能拘泥於一點，不能只看一面

胡雪巖用人，不計其短，單看其長。若有一技之長，即使有些其他的小毛病，也有用的必要。因為他認為，人不可能十全十美，如果用求全責備的態度來要求，那未免太苛刻，在現實中也不易實現。他更看重的一點是，這個人是否有決心、有毅力。人只要有恒心，就沒有改不掉的毛病。所以「看人不能拘泥於一點，不能只看一面。」這是胡雪巖用人的一個很有啟發性的經驗。

胡雪巖在蘇州收了阿巧的弟弟福山跟著自己學做生意，見他人才得很機靈，就問道：「你是學布生意的，對綢緞總識貨囉？」

「識是識。不過那家布店不大，貨色不多，有些貴重綢緞沒有見過。」福山有一是一，有二是二，回答得很誠實，胡雪巖很滿意。

「那倒不要緊。我帶你到上海，自然見識得到。」他說：「做生意最要緊的是一把好算盤。聽說你算盤打的好，我倒要考考你。」

等福山準備好，胡雪巖隨口出了一個題目：四匹布一共十兩銀子，每匹布的尺寸不同，四丈七、五丈六、三丈二、四丈九，問每尺布合多少銀子。胡雪巖說得很快，用意是考考福山的算盤之外，還要考考他的智慧和記憶。如果這些囉哩囉嗦的數字，聽一遍就能記得清楚，便是可造之材。

福山不負所望，五指翻飛，將算盤珠撥拉得清脆流利，只聽那「大珠小珠落玉盤」似的聲音，就知道是一把好手。等聲音一停，報告結果：「四匹布一共一百八十四尺，總價

十兩，每尺合到五厘四毫三絲四忽掛零。」

胡雪巖親自拿算盤核了一遍，果然不錯，深為滿意。便點點頭說：「你做生意是學得出來的。不過，光是記性好、算盤打得快，別樣本事不行，只能做小生意。做大生意是另外一套本事，一時也說不盡。你跟著我，慢慢自會明白。今天我先告訴你一句話：想吃得開，一定要說話算話。所以答應人家之前，先要自己想一想，做得到，做不到？做不到的事，不可答應人家，答應了人家就一定要做到。」

胡雪巖一邊說，福山一邊深深點頭。等胡雪巖說完，他恭恭敬敬地答一聲：「謝謝先生，我記牢了！」

考查完福山坐店的「內裡」本事，胡雪巖還想考考他的「外場」。正好劉不才與裘豐言為運軍火的事也到了蘇州，兩人閑來無事便到山塘一個有名的「堂子」裡去吃「花酒」。於是，為了試試福山的「外場」本事，胡雪巖便問福山：「你蘇州城裡熟不熟？」

「城裡不熟。」

「那麼，山塘呢？」

「山塘熟的。」福山問道：「先生要去山塘啥地方？」

「我自己不去，想請你去跑一趟。有個姑娘叫黃銀寶。我有兩個朋友，一個姓裘，一個姓劉，你看看他們在那裡做什麼，回來告訴我。」

胡雪巖說：「你不要讓他們知道，有人在打聽他們。」

「噢！」福山很沈地答應著，站起身來，似乎略有躊躇，但還是很快地走了。

讓一個小小年紀的後生到煙花柳巷去找人，這種考察人的方法也實在特別，就連隨胡雪巖到蘇州的周一鳴，也覺得如此做法似乎不妥，以為雖說是要考察他的「外場」本事，但讓一個年青後生到那種地方，總是不大相宜。他怕福山小

小年紀，一時控制不住自己，落入那種「迷魂陣」。

　　胡雪巖則對周一鳴的擔心不以為然，他對周一鳴說：「不要緊的。我看他那個樣子，早就在迷魂陣中闖過一陣了，我倒不是考他，就是要看看他那路門徑熟不熟。少年人入花叢，總比臨老入花叢好。我用人跟別人不同，別人要少年老成，我要年紀輕的有才幹、有經驗。什麼事都看過經過，到了緊要關頭，才不會著迷上當。」

　　不僅考察人的方法特別，古雪巖看人用人的角度更特別。就一般人看來，年輕後生「闖」煙花柳巷肯定是不學好，這樣的人即使有才，大概也不會被重用的。他倒是通達得很，他覺得年紀輕輕「闖」過那種地方反而是一個長處。其實，如果不是就事論事，胡雪巖看人用人的角度，實際上是一個很必要的角度。認為年紀輕輕到過那種地方不好，自然不能說沒有道理，但那只是一個方面。對於那時的人來說，稍稍有些身分、錢財的人，又有幾個從來沒有到過那種地方呢？再說，那個時候許多生意的最後敲定，都是在那種地方談妥的。而且，「食色，性也。」那種地方對於像福山那樣的後生，誘惑力總是存在的。「闖」過，見過，就有了經驗，也就不足為奇，「到了緊要關頭，才不會著迷上當。」這當然比沒有經驗，卻在緊要關頭著迷上當好得多。

　　看人不能拘泥於一點，只看一面，這也是胡雪巖用人方面一個很有啟發性的經驗。

　　比如劉不才，純粹一個嗜賭如命的花花公子，一個規模相當不錯的藥店被他輸得精光。在別人眼裡，這絕對是一個不可救藥的「敗家子」，甚至就連他的親侄女芙蓉都認為他三叔：「除掉一樣吃鴉片，沒有出息的事，都做絕了。」胡雪巖卻看到了他的另一面：他賭得再狠，手上幾張祖傳的秘方卻決不當賭注押上，這說明他心裡還存著振興家業的念

頭；第二，雖然吃喝嫖賭樣樣都來，但決不抽大煙，這說明他還沒有墮落到自踐自戕、不能自拔的地步。

就憑這別人不注意的兩條，胡雪巖看出劉不才：「此人不但有本事，也還有志氣，人雖爛汙，只要不抽鴉片，就不是無藥可救。既然還有藥可救，那麼他會玩，卻正是自己用得著的地方。胡雪巖打定主意，讓劉不才充當一名特殊的「清客」角色，專門培養，用來和達官闊少們打交道。

胡雪巖非常自信地對芙蓉說：「別人不敢用，我敢用，就怕他沒有本事。」當時，劉不才最怕有人算計他的那幾張「祖傳秘方」，胡雪巖就想出個「以方參股」的方法，具體設想是：劉不才的祖傳秘方當然要用，可是不要求他把方子公開。將來開藥店，讓他以股東的身分在店裡坐鎮，這幾張方子上的藥，請他自己修合（調配）。「君臣佐使」是哪幾味藥，分量多少，如何炮製，只有他自己知道，何慮秘方外泄？

只有不是圖謀自己的秘方，劉不才自然是諸事皆好商量。陳世龍乘機說：「我再告訴你，人家提出來的條件，合情合理。藥歸你去合，價錢由人家來定，你抽成頭。你的藥靈，銷得好，你的成頭就多。你的藥不靈，沒人要，那就對不起，請你帶了你的寶貝方子捲舖蓋走人。」這種處處為他考慮的方案，對自己來說「穩賺不賠」的生意，劉不才自然是無話可說。

(3) 籤片有籤片的用途

籤片，在江浙一帶是對幫閒一類人的稱呼。這是一個帶有明顯蔑視意味的稱謂。這類人受富豪官宦豢養，長於吃喝玩樂，能夠察言觀色、巧言善辯，善於照應場面，能夠陪著

主子吃喝玩樂，捧著主子開心，被富人用作幫閒陪侍。他們
不是棟樑之材，撐不起大局，也當不了「乾柴」，幹不得實
實在在的事務。但他們在奉陪有錢的大錢吃喝玩樂的場合應
酬中，卻起著重要的作用。沒有他們，那些愛吃會玩的主
兒就玩不起勁兒、玩不出味道，場面也就「鬧」不起來。因
此，稱他們為撐起富人應酬玩樂之類的「篾片」，是頗為形
象的。

　　劉不才就是這樣一個典型的「軟條無骨，立不起來，因
而也當不得大用」的「篾片」。但胡雪巖有自己的看法：
「篾片有篾片的用途……好似竹簍子一樣，沒有竹篾片，就
撐不起空架子。自己也要幾個篾片，幫著交際應酬。」這正
是胡雪巖在用人上的獨特之處。因此，「篾片」往往在關鍵
的時刻能夠派上大用場。

　　如果說胡雪巖僅僅用劉不才的秘方開辦一家藥店，那還
體現不出他用人的高超，那麼胡雪巖巧妙地抑止劉不才的
「毛病」，發揮其「長處」，用此人過人的賭技與龐二「以
賭會友」，並在關鍵的時刻說服龐二幫助胡雪巖，為「銷洋
莊」的成功立下大功，則是其用人藝術高超的最好體現。

　　第一批生絲運到上海時，恰逢小刀會起事。胡雪巖通過
官場管道了解到，兩江總督已經上書朝廷，因為洋人幫助小
刀會，建議對洋人實行貿易封鎖，教訓洋人。他心想：只要
官府出面，上海的生絲就可能搶手，所以這時候只要按兵不
動，待時機成熟再行脫手，自然就可賣個好價錢。但要想做
到這一點，那就必須控制上海絲生意的絕對多數。由於自己
勢單力薄，只有與絲業巨頭龐二聯手，才能有可能形成「一
手抓」的壟斷局面，操縱整個上海的絲業行情。

　　然而，龐二財大氣粗，一般人很難接近，更難於合作。
胡雪巖了解到這一點後，不敢貿然前往。後來聽說龐二好

賭，他想到了劉不才。

這天，胡雪巖一大早就來找劉不才，見面的第一句話就是：「三叔，我要請你陪一位客。這位客嫖賭吃喝，無所不精，只有你可以陪他。」

劉不才一下愣住了，好半天沒有開口。第一，覺得突兀。第二，覺得胡雪巖違反了自己的本意，本來要求人家戒賭的，此刻倒轉頭來請人去賭。第三，自己說了戒賭，而且真的已經戒掉，卻又開戒，這番來之不易的決心和毅力輕易付之東流，未免可惜。

「三叔！」胡雪巖正色說道：「你心裡不要嘀咕，這些地方就是我要請你幫忙的。說得再痛快一點，這也就是我用你的長處。」

那就沒話好說了。「既然是幫你的忙，我自然照辦。」劉不才不放心地問道：「不過，是怎麼一回事，你先得跟我說清楚。」

胡雪巖略微躊躇了片刻才說：「說來話長。其中有點曲折，一時也說不清楚。」停了停又說：「總而言之一句話，只要陪這位公子哥兒玩得高興了，對我的生意大有幫助。」

「嗯，嗯！我懂了。你要請我做清客？」

「不是清客，是做闊客。當然，以闊客做這位公子哥兒的清客，就更加夠味了！」

這一來，劉不才方才真的懂了。他點點頭，很沈重地說：「只要你不心疼，擺闊我會，結交闊客我也會。」

劉不才果然不愧是賭場頂尖兒好手，一場豪賭下來，竟然替龐二贏了七萬兩銀子。按照事先約定的分成比例，龐二把三萬二千兩銀子的銀票遞給劉不才：「這是你的一份。原說四六成，我想還是『南北開』的好。」

劉不才當年豪賭的時候，也很少有一場賭三萬銀子進出

的手面，而此時糊裡糊塗地贏了這麼一大筆錢，有些不大相信其為實，因而愣在那裡，說不出話來。

龐二不免覺得奇怪。他心想：莫非他意有不足，嫌少？這個疑惑念頭一閃即滅：那是絕不會有的事，肯定是在想一句什麼交代的話。這交代，並非道一聲謝就可以了事的。畢竟三萬二千銀子不是一個小數目，龐二對自己能給人帶來這麼大的好處，覺得很是得意。當然還想再聽兩句「過癮」的話。大少爺的脾氣就是這樣。

劉不才的感動自然是不言自明。不過他倒也沒有讓這筆飛來之財沖昏了頭腦。胡雪巖的意思是要自己爭取龐二的信任，最好還能叫他見自己的情。現在分到了這筆鉅款，就得見人家的情了。再說，賭場裡講究的就是「現錢」兩個字。當時既然講好按比例合夥，就該先出本錢，把身上的三萬銀票交了過去，到此刻分紅，就毫無愧作了。雖然龐二是有名的闊少，不在乎這一點，但人家漂亮，自己也要漂亮，這才是平等相交的朋友，不然就成了抱粗腿的篾片，說話的分量大不相同。

道理是想通了，要交龐二這個朋友，替胡雪巖辦事，這筆錢就不能收。可畢竟是三萬二千銀子啊，加上前一天贏的一萬多，要把「敬德堂」恢復起來，本錢也足夠了。

因為關係實在太大，決心當真難下得很。但此時不容劉不才從容考慮，他咬一咬牙，心裡說：銅錢銀子用得光，要想交胡雪巖和龐二這樣的朋友，今後未見得再有機會。於是他做出為難而歉然的神色，笑一笑說道：「龐二哥，你出手之闊是有名的，這等於送了我三萬二千銀子，我不收是不識抬舉，收了心裡實在不安。我想不如這樣，做朋友不在一日，以後無論是在一起玩，還是幹啥正經，總還有合夥的機會。這筆錢，我存在你這裡。」說著，把銀票放回龐二面

前。

劉不才的舉動大出龐二意外，覺得劉不才是真夠朋友。所以，當後來劉不才提出胡雪巖與龐二聯手壟斷上海生絲的建議時，儘管龐二對胡雪巖還有些不放心，還是爽快地對劉不才說：「老劉，不看僧面看佛面，你第一趟跟我談正經事，又是彼此的利益，我怎麼能不買你的賬？」並且非常大度地把自己在上海的全部絲生意全權委託給胡雪巖代理。那龐二是闊少作風，遇事需要拿出果斷時，都是全權委託胡雪巖辦理，所以江南一帶的絲業實際上操縱在胡雪巖一人之手。

本來，有了龐二的支援，兩人已占了上海整個生絲70％以上的貨源，形成了「一把抓」的有利局面，誰知中間又出了岔子。原來，洋人的門檻也很精，他們知道中國商場的規矩，三節結帳，年下歸總，需要大筆頭寸，有意想「殺年豬」，表示他們國內來信，存貨已多，暫時不想進貨，想逼胡雪巖壓價。

「事情麻煩了！」胡雪巖對劉不才說：「我自己要頭寸尚在其次，關鍵是有許多小戶不能過關，一定會倒過來懇求洋商。雖然他們這點小數，不至於影響整個行情，但中國人的面子是丟掉了。」

「那就只有一個辦法，」劉不才已經把胡雪巖佩服得五體投地，認為世上沒有能難住他的麻煩，所以語氣非常輕鬆，「你調一筆頭寸幫小戶的忙，或者買他們的貨，或者做押款，叫他們不要上洋人的圈套，不就完了嗎？」

胡雪巖最初的想法就是如此，可難就難在缺頭寸，所以聽了劉不才的話，惟有報以苦笑。

這一下，劉不才馬上看出了問題所在，「老胡，我看龐二也是吃軟不吃硬的脾氣，聽見洋人如此可惡，一定不會服

帖，你何不跟他商量一下看看？他的實力雄厚，如果願意照這個法子做，豈不就過關了？」

按現在的實際情況，除了自己可以調動的十五萬銀子外，至少再需要十五萬。如果缺時間內弄不到這筆款項，就只能向洋人屈服。胡雪巖想想實在心有不甘：多少心血花在上面，就為的是要弄成「一把抓」的局面，如今有龐二的支援，局面已經做成，但「一把抓」卻抓不住，仍舊輸在洋人之手，這是從何說起？

想到劉不才的話，覺得龐二是個可以共患難的人，與其便宜洋人，不如便宜自家人。於是，他對劉不才說：「三叔，此事還得你辛苦走一趟。」

劉不才南潯一行，果然不負胡雪巖重託。看在彼此「投緣」的份兒上，龐二對劉不才說：「我來想辦法，一定可以辦得了。你就不必管了，先玩一玩再說。」

劉不才則說：「龐二哥，我受人之托，要忠人之事，本來應該趕回去，不過你留我陪你玩，我也實在捨不得走。要玩咱們就玩個痛快，不要叫我牽腸掛肚。這樣吧，龐二哥，你把雪巖託你的事籌畫好，我到湖州找個人回去送信！」

「好！」龐二很爽快地答應，「你先坐一下，我到帳房裡去問一問。」

功夫不大，龐二就籌畫出在上海的二十五萬銀子給胡雪巖用。諸事妥當，然後兩人就在牌九桌上混天霧地擺開了戰陣。事後我們可以發現，假如沒有劉不才的「以賭會友」，龐二不一定會答應在絲業上與胡雪巖聯手。他這種紈絝子弟，僅靠說理往往行不通，因為他即使明白其中的道理，也未必願意去做。關鍵還在於討其歡心。只要能投其所好，他就什麼事情都願意做。而劉不才在牌桌上的暗中相助，恰到好處地達到了這種效果。這就體現出胡雪巖善於用人。在別

人眼裡，劉不才是個令人鄙夷的賭棍，卻被胡雪巖變成了一個善於交際的人才。

(4) 水幫船，船幫水

嵇鶴齡功成回來，王有齡自然是禮敬有加，萬分親熱，送來五百兩銀子的謝禮。開頭嵇鶴齡怎麼也不肯收，王有齡又非送不可。「到後來眼看就要吵架了，」嵇鶴齡對剛從上海趕回來的胡雪巖說：「我想，你跟他的交情不同，我跟你又是兄弟，就看在這一層間接的淵源上，收下來算了。」

「你真是取與捨之間，一絲不苟。」胡雪巖點點頭：「用他幾個也不打緊。這且不去說它，你補缺的事呢？雪公說過，補實缺的事包在他身上，現在怎麼樣了？」

「這件事說起來，真是有點氣人。」嵇鶴齡急忙又加了一句，「不過，雪公對我，那是沒說的。他先保我署理歸安縣，黃撫台不肯，又保我接海運局，他也不肯，說是要等『保案』下來再說。」

當時的慣例，地方上一件大案子，或則兵剿，或則河工，或則如漕運等大事，辦妥之後，向上邊出奏時，照例可以為有功人員請獎，稱為「保案」。保有「明保」和「密保」之分，自然是密保值錢。

「黃撫台給了我一個明保，反而雪公倒是密保……」

「這太不公平了！」胡雪巖打斷他的話，說道：「莫非其中有鬼？」

「咳！」嵇鶴齡一拍大腿，「真正機靈不過你！黃撫台手下一文案，要我兩千銀子。我也不知道這銀子是他自己要，還是替撫台要。反正別說我拿不出，就是拿出來，也不能塞這個狗洞。」

「那麼，雪公怎麼說呢？」

「雪公根本不知道，我也沒告訴他。」嵇鶴齡說：「我跟他說了，他一定為我出這兩千銀子，我何必再欠他一個人情？」

官場中像這樣耿直的人實在不多見，胡雪巖不由得肅然起敬。但他可以這麼想，自己卻不能不管。一定要設法把海運局的差使拿下來，哪怕「塞狗洞」也先塞了再說。

「大哥！」胡雪巖說：「這件事你不必管了。雪公必有個交待，等我來跟他說。」

「其實也不必強求。」嵇鶴齡搖搖頭，「官場中的炎涼世態，我真看厭了。像我現在這樣也很舒服，等把那五百兩銀子花光了再說。反正世界上絕沒有餓死的。」

「大哥真正是個漢子。」胡雪巖笑道：「不是我說句大話，像你這樣的日子，我也供得起。不過，你一定不肯，我也不願意讓你閒下來不做事。人生在世，不是日子過得舒服就可以心滿意足的。」

「一點不錯！」嵇鶴齡深深點頭，「我自然也有我的打算。如果浙江混不下去，我準備回湖北去辦團練。」

見嵇鶴齡萌生去意，胡雪巖趕緊勸說道：「那不必！我們在浙江著實有一番事情好做，待我再與雪公好好談一談。」

誰知胡雪巖一見到王有齡，還不曾開口，王有齡首先訴苦道：「雪巖，為嵇鶴齡這件事，我睡覺都不安枕。我也正要等你商量。黃撫台不知打的什麼主意？」於是，就把幾次為嵇鶴齡的事跟黃宗漢打交道的經過告訴了胡雪巖。先是請示，沒有明確答覆；改為保薦，依舊不得要領。就只好力爭，可至今還是不得名堂。

「雪巖，你倒是看看這是什麼道理？」

「無鬼不死人！」胡雪巖說：「其中必定有鬼！」

「我也想到了這一層。」王有齡答道：「問過文案上的人，說要不要有所表示？文案上的人回話很誠懇，說這件事全看撫台大人的意思。他們此刻還不敢受好處，怕受了好處，事情辦不成，對不起人。等將來嵇某人的委扎下來了，自然少不得要討他一杯喜酒吃。雪巖，你聽，這話不是說到頭了嗎？」把嵇鶴齡和王有齡兩人的話一比較，胡雪巖馬上明白了：兩千銀子是黃宗漢要的好處費，卻又不肯叫王有齡出，所以才有這樣的話。如果是文案上要錢，管你銀子是姓嵇還是姓王的，只要成色足就行了。

對於胡雪巖來說，只有知道了癥結所在，那就沒有什麼辦不到的事了。然而，王有齡接下來談到的話題，卻使他不得加快辦理嵇鶴齡的事。「現在浙江各地都有土匪滋事。星星之火，可以燎原。黃撫台對這方面非常認真。因為新城的案子辦得不錯，所以這些差使以後怕都會落在我頭上。海運局的事又不能不拖在那裡，實在有點心餘力絀。」

這就見得嵇鶴齡的事格外重要，不能再拖了。說實話，王有齡比嵇鶴齡本人還要急，但他在黃宗漢面前卻是有勁使不上。因為論功行賞，王有齡走錯了一著棋，或者說這一著棋他沒有去走。在黃宗漢，對新城一案的酬勞，是早就分配好的了，王有齡和嵇鶴齡兩人，一個明保，一個密保，誰密誰明，他沒有意見。當初出奏的時候，如果王有齡說一句：「嵇鶴齡出的力多，請撫台賞他一個密保。」也沒問題。就因為少了這句話，把自己弄成了密保。

如果再力薦嵇鶴齡，似乎有投機取巧之嫌，他怕黃宗漢心裡不高興，因而始終不敢多說。這一層苦衷，甚至在胡雪巖面前都難以啟齒，因為時間越拖，自己近似「冒功」的愧疚越深，渴望著胡雪巖能想個辦法，趕快把這件事擺平。

胡雪巖瞭解到事情的原委之後，很有信心地說：「雪公，我請你緩一緩，快則明天，遲則後天，請你去見黃撫台，肯定有結果。」

還是老辦法，胡雪巖馬上封好幾張數量不一的銀票，用嵇鶴齡的名義送到巡撫衙門。果然是錢能通神。第二天，巡撫衙門就來人請王有齡前去。

談到為江南大營籌餉的事，本來態度模棱兩可的黃宗漢主動對王有齡說：「湖州方面關係甚重，通省的餉源，主要的就靠你在那裡。我看，海運局你還真有點兼顧不到了！」

見撫台大人這樣說，王有齡不由心裡直犯嘀咕：莫非撫台有了人選。，如果那樣，嵇鶴齡豈不是就落空了？萬一換一個不相干的人，立即就得辦移交，海運局的虧空，除非能找一筆錢補上，否則立馬就會原形畢露，那可怎麼得了？

「那個姓嵇的，我看倒有點才氣。」聽到這一句，王有齡馬上明白胡雪巖已打通了關節，趕緊答道：「大人目光如炬，凡是真才，都逃不過大人的眼睛。」

這一聲恭維，相當得體，黃宗漢瘦削的臉上有了笑容，便用徵詢的口氣說：「讓他接你的海運局，你看怎樣？」

「那是再適當不過。」王有齡乘此機會答道：「嵇鶴齡此人，論才具是一等一。有人說他脾氣太傲，也不見得。有才氣的人，總不免恃才傲物，不過所傲者，是不如他的人。其實他也是頗懂好歹的。大人能夠重用此人，我敢打包票，他一定會感恩圖報，讓大人稱心如意。」

最後一句話意在言外，不盡外乎公事妥帖，也包含了巡撫的腰包。當然，黃宗漢哪裡需要他的「打包票」，胡雪巖的銀票可比王有齡的空口「包票」更管用，所以他點點頭說：「我知道！你就回去準備交卸吧！」

已與胡雪巖拜把子的嵇鶴齡得到消息後，問胡雪巖：

「二弟，可是你走了門路？」

嵇鶴齡不願讓人說他是花錢買官。胡雪巖含糊地說：「也不過是託人說過一聲。」

「怎麼說法？」

「無非拜託而已。」

嵇鶴齡靜靜想了想說：「我也不多問了，反正我心裡知道就是了。」正說到這裡，劉慶生已奉胡雪巖的指示，帶著一千兩銀票、五百兩現銀，另外一張存摺，上面約有三千五百兩，前來幫著招呼放賞。

「二弟！」嵇鶴齡把存摺托在手裡，「我覺得欠你的太多，真有點不勝負荷。」

「自己兄弟，何必說這話？」胡雪巖答道：「而且水幫船，船幫水，以後仰仗大哥的事還很多。」

「這用不著你說，今後，你的事就是我的事。海運局的內幕，我還不大清楚，要你幫我的忙，才能頂得下來。」

自從與王有齡結識以來，胡雪巖辦了許多得意的事，而以「收服嵇鶴齡」最為自豪。因為第一，免了新城地方一場刀兵之災；第二，幫了王有齡一個大忙，使他的「行情」繼續看漲；第三，使得嵇鶴齡不致有懷才不遇之歎；第四，促成了瑞雲與嵇鶴齡的一段良緣。更主要的是，自己結交了一個親如骨肉的好兄弟，又多了一個在官場可以依託的靠山，真可謂一舉數得。

嵇鶴齡雖然為人比較傲，但有了胡雪巖的「情」，他掌管海運局後，自然會為胡雪巖的生意竭盡全力效勞，實際上成了在海運局替胡雪巖辦事的「坐辦」。

第三章

善謀時勢之變，乃能成大事

「做事情要如中國一句成語說的：『與其
待時，不如乘勢。』許多看起來難辦的大事，
居然都順順當當地辦成了，就是因為懂得乘勢
的緣故。」

——胡雪巖

1. 把大環境裝在心中

置身商海的生意人，要想在風雲多變中穩操勝券，必須具有根據社會變化而變化的新思維和新觀念，絕不能對日新月異的社會變化產生恐懼，相反地還應有一套切實可行的應變計劃，以備急時之需。另外，時勢變化，不僅決定著經商的成敗，同時也決定著官員宦海的沈浮。因而，時局的風吹草動，對於靠官場勢力發跡、撈銀子的「官商」來說，可謂攸關利害。胡雪巖不愧為善於洞察時勢的頂尖兒高手，他時時刻刻注意從時勢的變化中尋找突破點，並一步步打開市場局面。「善謀時勢變化，乃能成大事也。」此乃一代官商胡雪巖靈活變通官商之道策略中的「乘勢」技巧。

人們常說：「時勢造英雄。」胡雪巖則說：「做生意，把握時事大局是頭等大事。」沒有相應的社會環境、氣候，就沒有英雄成長的土壤和其他條件。真正的英雄人物必須能夠駕馭時局。

被稱為「中國商人祖師」的白圭認為，成功的商人必須具有「智」、「勇」、「仁」、「強」等素質，要求商人既有薑子牙的謀略，又要有孫子用兵的韜略，否則經商是很難有大成就的。我們現在看來，胡雪巖就具有白圭所說的商人成功的素質。白圭經商理財，常從大處著眼，通觀全局，而胡雪巖則善於「把大局裝在心中」。

(1) 做生意，把握時勢大局的趨勢

「五穀生在肥沃的土地上，不生在石頭田裡。」這句

話的意思是說，人在尚未碰到機會時，就好比在石頭上求穀，哪能求得到？等到運氣來了，就好像在自家的園子裡摘果實，隨取隨得。胡雪巖所處的時代就是他經商大成的「運氣」，因為這種時代為其大行官商之道，奠定了堅實的社會基礎。

胡雪巖十八歲那年，即道光二十年（一八四〇年），鴉片戰爭爆發。大不列顛軍隊挾堅船利炮，打敗了中國裝備落後的八旗和綠營，於道光二十二年七月二十四日，逼迫清政府簽訂中國近代第一個不平等條約──中英《南京條約》。第二年，又訂立中英《五口通商章程》和《五口通商附粘善後條款》（又稱《虎門條約》）。通過這些條約、章程和條款，英國侵略者強佔香港；勒索二千一百萬元賠款（不包括六百萬元廣州「贖城費」）；逼迫中國開放廣州、福州、廈門、寧波、上海五口為商埠；規定「值百抽五」的低稅率；還攫取了領事裁判權（又稱治外法權，即外國人在華犯罪由本國處理，不受中國法律制裁）和片面最惠國待遇。繼英國之後，美、法兩國分別脅迫清政府簽訂中美《望廈條約》和中法《黃埔條約》，擴大領事裁判權的範圍，並獲得在通商口岸自由傳教的特權。「牆倒眾人推。」中國遭遇國難時，西方其他一些國家，如葡萄牙、比利時、瑞典、挪威、荷蘭、西班牙、普魯士、丹麥等也乘虛而入，與英、法、美「共同分享」侵略特權。

此後十年間，本來就深受封建統治之苦的中國百姓又加上了帝國主義壓榨這一沉重的負擔，生活境況更加惡化，紛紛鋌而走險。僅《清實錄》道光、咸豐兩朝所載，公元一八四二至一八五二年，全國大大小小的武裝起義就有九十二起。

一八五一年一月十一日，廣東花縣人洪秀全在廣西桂平

縣發動中國歷史上最大的一次農民起義──太平天國革命運動。不到三年時間，太平軍勢如破竹：先在永安建國；繼而迅速挺進兩湖，建都南京；接著又溯江西征，揮師北伐。在相當長時間內，佔有大片地盤，與清廷分庭抗禮。在此期間，上海與福建的小刀會、兩廣天地會、紅巾軍、北方捻軍、貴州苗民、雲南彝民和回民、陝甘回民、山東白蓮教、浙江天地會等也紛紛舉起反清大旗，與太平天國遙相呼應。

中國內亂，使列強有隙可乘。他們趁火打劫，先後迫使清政府簽訂《天津條約》和《北京條約》。經此變故，外來勢力從沿海擴大到長江流域，從華南伸展到東北，中國的領海和內河主權、海關和貿易主權、司法主權受到侵害。特別是公使駐京這一條，意味著官派入京的洋人再不是康乾盛世時行面君之禮的「貢使」，而是以條約為護符、恃武力為後盾的公使。這對向來以「萬邦來朝」的「天朝大國」自居的清王朝不能不說是個致命的打擊。

道光以後內戰外禍的結果，使社會生產遭受嚴重破壞。素稱「魚米之鄉」的東南地區兵燹之後，死亡枕藉、流離皆是。與此同時，全國各地的旱、澇、蝗、饑、疫等自然災害也頻繁發生，鴉片走私、戰爭賠款、內戰軍費，再加之各地官員貪污成風，使得清政府財政狀況極端惡化。

國庫空虛必使百業受困。十九世紀中、下葉正是舉辦洋務、籌邊固防之時，常有請款之奏，而清政府因財政捉襟見肘，錯失良機。任何一個政權都需要物質基礎為統治基礎，晚清財政的窘態為擁有殷實資本的商人介入國事，提供了客觀前提。

其次，商品經濟發展和西方列強大量商品的輸入，強烈地衝擊著傳統的農本商末觀，為商人施展抱負創造了較前寬鬆的氛圍。

　　中國封建社會大一統的專制政權是建立在小農經濟基礎之上的，這一本質決定了封建政府對極易引起人口流動、破壞小農經濟穩定性的商品經濟採取苛刻的態度，奉行「以農稼為本、以工商為末」的政策。

　　秦漢兩代已確立輕商的傳統，以後各朝均奉行不變。傳統的「崇農抑商」的政策和儒家「不患寡而患不均」的教化，更是導致了「商為末業」、「商人為四民之末」的觀念深入人心，無論政府立國施政還是民間世俗生活，一直被「末修則民淫，本修則愨」的原則所左右。

　　但是，商品作為一種特定的社會經濟載體，起著溝通人與人之間、地區之間聯繫的紐帶作用。社會發展需要商品經濟，誰也無法回避這個客觀事實。加上封建政權租賦仰給農田，往往竭澤而漁，導致種田勤苦而利薄，經商安逸而利厚，受實際功利的驅使，總有那麼一批人會不顧政府的貶黜，去闖蕩商海，所以商品經濟在封建高壓下，依然有緩慢的發展。

　　到明朝中、後期，已在磨難中出現資本主義萌芽，中國封建社會母體內的變革已悄悄萌動。進入晚清，偏離傳統軌道的進程因為鴉片戰爭的爆發而呈現跳躍式的軌跡。戰後，由於門戶洞開，各國大量輸銷工業品，掠奪農副產品和工業原料，中國被迫捲入世界市場，男耕女織的自然經濟結構，首先在東南沿海和長江流域受到衝擊。

　　第二次鴉片戰爭以後，列強通過控制海關、航運、財政、金融等經濟樞紐，把經濟活動拓展到中國廣大腹地，並深入窮鄉僻壤，從而進一步加速了中國封建經濟的解體。十九世紀六〇年代以後，中國舉辦洋務新政，開辦一批近代軍事、民用工業。這就促使傳統以手工勞動為基礎的自然經濟，向以大機器生產為基礎的社會化商品經濟過渡，社會出

現「力田稀、服賈繁」的局面。

此外，晚清以來，西方物質文明、生活習俗、自然科學和社會科學知識通過洋貨輸入、傳教佈道、租界展示、出洋考察和大眾傳播等各種管道傳入中國，這至少從以下兩方面對中國產生潛移默化的影響：

一方面，歐潮東漸與商品經濟聯合衝擊傳統社會安貧守道、默奢尚儉的固有觀念，致使去樸從豔、鬥富競奢成為愈演愈烈的社會時尚。由此導致了從商獲利成為了一種趨勢。

另一方面，西學，即西方資產階級民主主義文化，包括那時的社會科學和自然科學，廣泛傳入中國，伴隨著民族危機日益加深，人們通過考察中西政教，探究強弱之本，越來越感到學習西方的必要，其中有一條即是借鑒西方國家以商立國的經驗。

人在創造環境的同時，環境也造就了人。晚清的局面是胡雪巖遊走官商兩界的一個社會平臺。但僅有這一條那是遠遠不夠的。重要的是，胡雪巖能在這個時代中把握變幻莫測的時勢大局。這一點是他能夠成為商界鉅子的重要因素。

胡雪巖善於駕馭時局，首先體現在與洋人打交道這件事情上。隨著交往的增多，他逐漸領悟到洋人也不過利之所趨，所以只可使由之，不可放縱之。最後發展到互惠互利，其間的過程都是一步一步變化的。但胡雪巖的確有一種天然的優勢，就是對整個時事有先人一步的瞭解和把握，所以能先於別人，籌畫出應對措施。有了這一先機，他就能開風氣，占地利，享天時，逐一己之利。

當我們說胡雪巖對時事有一種特殊駕馭才能時，我們的意思正是：他因為占了先機，故能夠先人一著，從容應對。一旦和紛亂時事中茫然無措的人們相比照，胡雪巖的優勢便顯現出來。

　　清朝發展到道光、咸豐年間，舊的格局突然受到衝擊。洋人的堅船利炮，讓一個至尊無上的帝國，突然大吃苦頭，隨之引起長達十幾年的內亂。

　　這一突然變故，在封建官僚階層引起分化。面對西方的沖擊，官僚階層起初均採取強硬措施，一致要維護帝國之尊嚴。隨後，由於與西方接觸層次的不同，引起了看法上的分歧：有一部分人看到了西方在勢力上的強大，主張對外一律以安撫為主，務使處處討好，讓洋人找不到生事的藉口。這一想法固然可愛，卻可憐又可悲。因為欲加之罪，何患無辭，以為一味地安撫就可籠住洋人，無非是一廂情願而已。當然，這些人用心良苦，不願以雞蛋碰石頭，避免一般平民受大損傷。

　　另一部分人則堅持以理持家，主張對洋人採取強硬態度。他們認為，一個國家斷不可有退縮怯讓之心，免得洋人得寸進尺。這一派人以氣節勝，但在實際事情上仍然難以行得通，因為中西實力差別太大，凡逢交戰，吃虧的盡是老百姓。還有另外一部分人，因為和洋人打交道多，逐漸與洋人合為一家，一方面借了洋人討一己私利，另一方面借了洋人之勢，為中國做上一點好事。這一部分人就是早期的通事、買辦商人，以及與洋人交涉較多的沿海地區官僚。

　　對於洋人的不同理解，必然產生政治見解上的相異。與胡雪巖有關的，在早期，何桂清、王有齡見解相近，都是利用洋人的態度。這與曾國藩等的反感態度相對，形成兩派在許多問題上的摩擦。利用洋人，這是何、王的態度。表示擔憂和反對，則是曾國藩的態度。胡雪巖因為投身王有齡門下，自己也深知洋人之船堅炮利，所以一直是何、王立場的策劃者、參與者，同時也是受惠者。

　　到了後來，曾國藩、左宗棠觀點開始變化。特別是左宗

棠,由開始的不理解到理解和欣賞,進而積極地要開風氣之先,使胡雪巖之洋人觀得以有了更堅強的依託。

基於這種考慮,胡雪巖從來都緊緊依靠官府。從王有齡開始,運漕糧、辦團練、收厘金、購軍火,到薛煥、何桂清,籌劃中外聯合剿殺太平軍,最後,還說動左宗棠,設置上海轉運局,幫助他西北平叛成功。由於幫助官府有功,胡雪巖得以使自己的生意從南方做到北方,從錢莊做到藥品,從杭州做到外國。官府承認了胡雪巖的選擇和功績,也為他提供了他從事商業活動所必須具有的自由選擇權。假如沒有官府的層層放任和保護,在這樣的一個封建帝國,胡雪巖處處受滯阻,他的商業投入也必然過大。而且由於投入太大和消耗太多,他的經營也不可能形成如此大的氣候。

由此可見,胡雪巖對那個時代的時事大局,必有獨到且超出一般人的把握和應對,從而直接決定了他事業上的巨大成功。

(2) 幫官場的忙,就等於幫自己的忙

一代官商胡雪巖認定自己做生意都與時局有關,自然是他靈活變通官商之道的切身體會。縱觀胡雪巖在清末的個人成功的機遇,離不開時勢。但「英雄」也絕不是時勢的被動產物。在胡雪巖的心中,善於明察時勢,看準時局,維持市面,是保護其事業成功的重要條件。他的生意成也好,敗也好,確實都與時局有關。

比如他的錢莊向太平軍逃亡兵將吸納存款,就與太平天國走向敗局的大勢有關;比如他的生絲銷洋莊,即與太平軍殺向浙江,阻斷上海生絲來源有關……正因為如此,胡雪巖也總是把幫助維持市面的平靜和安定,放在一個重要的地

位；即使因此自己要付出一些代價，也在所不惜。比如杭州
戰後的善後賑濟。杭州被清軍收復的消息一傳到上海，他就
立即動身趕往，參加杭州繁忙的戰後賑濟工作。

　　為了儘快穩定時局，胡雪巖首先做的一件事就是將一萬
石大米無償捐獻給杭州官軍，用於軍糧和賑濟災民。一年多
以前，杭州被太平軍包圍，歷時數月，以至彈盡糧絕，甚至
到了人吃人的地步。胡雪巖受當時已任浙江巡撫王有齡的委
託，冒死出城，到上海籌款，購得兩萬石大米，又冒死將其
中的一萬石運往杭州。卻因杭州城被太平軍圍得鐵桶一般，
又沒有足夠兵力打開一條入城的通道，他帶來的運糧船隻能
停在杭州城外的錢塘江望城興歎。絕望中，胡雪巖只好將米
運往當時也剛剛經過大戰劫難的寧波。胡雪巖捐獻給杭州的
就是這批大米。

　　胡雪巖將這批大米運往寧波時，寧波剛剛被官軍攻下，
城中難民無數，糧食奇缺，這一萬石大米剛好救急。當時接
受這批大米的米行開價付款時，他卻分文未要，僅僅提出一
個要求：這批大米算是臨時出借，將來不管什麼時候，只要
杭州收復，無論如何，必須在兩天之內，以等量大米歸還。

　　用商人的眼光看，這等於將一大筆錢白白地「擱」在那
裡。可就當時的實際情況看，太平軍在東南地區勢頭正猛，
杭州收復似乎是遙遙無期。即便三、五年內杭州可望收復，
這麼長時間，利上盤利，一石米也可能變得不止兩、三石
了。但胡雪巖有自己的想法和打算：一方面，在他的心中，
這一萬石米是杭州軍民百姓的救命米，雖說自己盡了力，但
終歸沒能運進城裡去救活人，他不能拿著等於是杭州軍民性
命的大米去賺錢。另一方面，他相信不管怎樣，杭州總有被
官軍收復的一天。那時，早一天運去糧食，也就可以多救活
一些人。他要留著米在那裡，杭州一旦收復，就可以隨時啟

用，以防萬一到時如果糧食不湊手，誤了大事，自己又會留下極大的遺憾。

胡雪巖如此行事，從他個人的角度來說，確實也是出於盡心鄉梓的誠意而做出的義舉。當初冒死出城採購大米，又冒死將大米運抵杭州城下，就是希望能為賑濟鄉梓饑民盡一份力，這誠意確實不容懷疑。也正是從這裡，我們可以看到他的為人。不過，客觀說來，從商人的用心來看，他要用這一萬石大米，為自己能重新在杭州站穩腳跟「墊」底，也是不爭的事實。事實也確實如此，胡雪巖把這一萬石大米捐獻杭州，立即使他在杭州士紳和百姓中名聲大振，甚至還得到了倔強敢為，素有「湖南騾子」之稱的左宗棠的賞識，被委以負責杭州善後事宜的重任。而在此之前，左宗棠本來是準備上奏朝廷，以貪污糧款的罪名嚴懲胡雪巖的。

中國古代有一句很流行的商人戒語，叫：「功自誠心，利從義來。」從胡雪巖的所作所為和成功來看，可以說，這種說法決非虛妄，它比那種所謂「馬無野草不肥，人無橫財不富」等庸人之論更符合世道人心，也高明許多。更為重要的是，胡雪巖捐米杭州的舉措，無論從主觀還是客觀上看，都有儘快安定杭州市面、振興杭州市場的用意。在他看來，杭州戰後的當務之急就是振興市面。而市面要振興、要興旺，關鍵在於安定人心。安定了人心，市面也就隨之安定了。不用說，民以食為天。杭州戰後糧食缺乏，只要糧食不起恐慌，人心就容易安定。人心安定，市面平靜，五行八作又恢複了自己的秩序，人們才能放心大膽地出來做生意。身為一個商人，能為安定市面盡一些力，於公於私，都有好處。所以，對於胡雪巖來說，獻出這一萬石大米，「這是救地方，也是救自己」的大好事。

這也就是胡雪巖不同一般的洞察時勢的眼光之所在。正

因為有這樣不同一般的眼光，他總是十分熱心公益。比如他定下的藥店送藥的規矩；比如他把典當當成窮人的錢莊；比如他要求劉慶生只要能幫助朝廷平息戰亂的事情都要做。其中都有幫助維持市面平靜的存心。胡雪巖就是要通過自己的努力，幫助維持局勢的安定，保持市面的平靜，以從穩定的局勢和市面中，利用自己的關係大賺其錢。

當然，局勢是否安定，許多時候並不是商人可以做得了主的，也不是光靠商人就能維持得了的。但是，商人應該有幫助市面安定平靜的自覺，要能夠想到在可能的時候，特別是自己賺了錢，甚至賺了大錢，有能力去做的時候，去做一點幫助維持市面的事情。胡雪巖認為──做生意就要這樣。幫官場的忙，就等於幫自己的忙。

一般來說，有錢人都想維持市面的平靜，窮人則有不少人希望乘亂起事，趁火打劫。

歷史上的人禍戰亂，差不多都起源於星星之火。因此，對於商人來說，幫助維持一方市面的平靜，既是幫官府和地方，也是幫自己。深明此理的胡雪巖常說：「做生意賺了錢，要做好事。我們做好事，就是求市場平靜。」他說要做好事，絕不玩虛的，而是真的常做好事。他對於行善做好事，常常是能做就做，而且從來都是不遺餘力，絕不吝嗇。而他盡力去做的，往往都是有利於平民百姓，實實在在且非常實惠的好事。

比如湖州的大經絲行開張不久，七月裡他到了湖州。一到湖州，他就吩咐他的絲行「檔手」黃儀做一件能夠給人以實惠的好事：「做生意第一要市面平靜，平靜才會興旺。我們做好事，就是求市面平靜。現在正是『秋老虎』肆虐的時節，施茶、施藥都是很實惠的好事。」他向來做事果斷，所以馬上吩咐黃儀，「老黃，說做就做！今天就辦。」

　　黃儀知道胡雪巖的脾氣，做事要又快又好，錢上面花多花少不在乎，於是當天就在大經絲行門前擺出了一座木架子，木架子上放了兩口可裝一擔水的大茶缸，裝在茶缸裡的茶水還特意加上清火敗毒的藥料。茶缸旁邊放上幾個安了柄的竹筒當茶杯，路人可以隨便飲用。另外，絲行門上還貼了一張嶄新的梅紅箋廣告，上寫：「本行敬送辟瘟丹、諸葛行軍散，請內洽索取。」

　　如此一來，大經絲行門前一下子就熱鬧起來，一上午就送出去兩百多瓶諸葛行軍散、一百多包辟瘟丹。負責絲行經營的黃儀深以為患，晚上專門來找胡雪巖訴苦：一怕如此下來花費太多，難以為繼；二怕前來討藥的人太多，影響絲行生意。

　　但胡雪巖卻仍然堅持照此辦理不輟。他的意思很明確：施茶施藥是件實惠的好事，既已開頭，就要堅持做下去。再說，「絲已收得差不多了，生意不會受太大影響；前來討藥的人雖多，實際也花不了多少錢。第一天人多是一定的，過兩天就好了，討過藥的人，不好意思再來討。再說，藥又不是銀子，越多越好，不要緊！」

　　事實上，堅持施茶送藥，不僅成了胡雪巖的絲行收絲時節必有的節目，後來還擴大到藥店。而且不僅如此，他還做了許多好事，比如他出資修建碼頭，就是一大善舉。

　　他曾在杭州城裡修建義渡碼頭。這是一樁施惠於四方百姓的善舉。當時，杭州錢塘江沒有一座橋樑，與杭州隔江相望的紹興、金華等統稱「上八府」一帶的人要到杭州城，必須從西興擺渡船，到杭州望江門上岸進城。從西興擺渡過江，不管是「上八府」的人到渡口，還是下船上岸的人進城，陸路都要繞道而行；而從西興到望江門碼頭，水路航程長，風浪大，很容易出事。

　　胡雪巖生長在杭州，這些情況當然是知道的。據說，他早就有設義渡的想法。但在他發跡以前，自然不會有力量來完成這椿心願。胡慶餘堂開辦之時，他的資產已達數千萬兩白銀，這時他做的第一件事就是修義渡。胡雪巖親自查勘選址，親自監督施工，在杭州三廊廟附近江面較窄的地方，修起一座義渡碼頭，讓過往的人直接由鼓樓就近入城。而且還出資修造了幾艘大型渡船，既可載人，還可載渡騾馬大車。他規定，所有客船過渡，全部免費。百姓無不拍手稱好。

　　據史料記載，胡雪巖的一生的確做了許多好事，有些事情都變成成規定例。比如戰亂年景開設粥場，發米票，天寒地凍之時施棉衣……直到他面臨破產的那一年，也沒有中斷。他做的這些好事，使他在江浙一帶獲得一個響噹噹的「胡大善人」的名聲。

　　為一個「善人」的名稱如此散財施善，似乎有些讓人不好理解。因為生意人將本求利，一分錢的用度總是有一分利的回報才是正理。連他自己都說：「商人圖利，只要划得來，連刀口上的血都敢舔。」而且，「千來百來，賠本買賣不來。」散財施善，分文不取，用自己從刀口上「舔」來的血，僅僅換來一個「善人」的虛名，何苦來哉！社會上，真正像胡雪巖那樣賺了錢能去做好事、善事者，實際上為許多生意人所不為。

　　其實，胡雪巖說做生意賺了錢要做好事，正顯示出他的超出於一般人的見識和眼光。他做好事，無疑有他的行善求名，以名得利的功利目的。比如他自己就說過：「好事不會白做，我是要借此揚名。」他做好事，也的確並不是與自己的生意一點聯繫都沒有。比如他修建義渡，實際上就是與他的藥店生意有關。他的胡慶餘堂藥號建在杭州城裡河坊街大井巷，原來光顧藥店的都是杭嘉湖一帶所謂「下三府」的顧

客。義渡碼頭建成後，從碼頭進杭州城，必須經過河坊街。這義渡碼頭不僅為胡雪巖揚了名，也為來來往往的「上八府」民眾，直接到胡慶餘堂購藥創造了條件，等於是無形之中擴大了胡慶餘堂的市場。

不過，他做好事還有一個十分明確的目的：「做生意第一要市面平靜，平靜才會興旺。」因此，他做好事也是在「求市面平靜」，是為他利用官場勢力賺錢創造條件。

從做生意的角度來看，生意人有了錢，想著去做點助窮濟困的好事，其實也是為自己更好地做生意創造條件。比如因為自己的幫窮濟困，使一部分陷入饑寒，落入困頓的人得到某種必要的救助，起碼能起到一定的安定社會、平靜市面的作用，為自己商務活動的正常開展創造一個較好的外部環境。俗話說：「饑寒起盜心。」處於饑寒交迫之中，找不到正常生路可走的人，在一種求生本能的驅使之下，自然要千方百計為自己謀一條生路，這是很正常的。比如歷史上的農民起義。而失去生路又無指望的人一旦起了「盜心」，真正「吃虧」的還是有錢人，因為窮人已經沒有什麼可失去的了。所謂「光腳的不怕穿鞋的」，就是這個理兒。

(3) 貴乎盤算整個大局，看出必不可易的大方向

商場多變，商機更是稍縱即逝。因此，一項投資能否最終經營成自己的一道財源，要做出準確的判斷，並非是一件輕而易舉的事。這其中的關鍵是要有全局的判斷能力，能在整個局勢的盤算中看出必不可易的大方向的眼光。正如胡雪巖所說：「做生意貴乎盤算整個大局，看出必不可易的大方向，照這個方向去做，才會立於不敗之地。」這才叫看得準，這才叫看得遠。

　　胡雪巖在他的鼎盛時期，能夠縱橫商場，保持不敗，很大程度上就在於他有於複雜局勢中見出必不可易的大方向的過人眼光。比如在生絲銷洋莊的生意中，就顯示了他這種過人的眼光。

　　為了結交絲商巨頭，聯合同業，以達到能夠順利控制市場，操縱價格的目的，他在湖州收購的生絲運到上海，一直囤到第二年新絲上市之前都還沒有脫手。這時出現了幾個情況：一是由於上海小刀會的活動，朝廷明令禁止將絲、茶等物資運往上海與洋人交易；二是外國使館聯合會銜，各自布告本國僑民，不得接濟、幫助小刀會；三是朝廷不顧英、法、美三國的聯合抗議，已經決定在上海設立內地海關。

　　這些情況對於胡雪巖正在進行的生絲銷洋莊生意來說，應該是有利的，而且其中有些情況是他事先「算計」過的。一方面新絲雖然快要上市，但由於朝廷禁止絲、茶運往上海，他現有的現有囤積也就奇貨可居；另一方面，朝廷在上海設立內地海關，洋人在上海做生意必然受到一些限制，而從洋人佈告本國僑民不得幫助小刀會，和他們極力反對設立內地海關的情況看，洋人是迫切希望與中國保持一種商貿關係的。此時他聯合同行同業操縱行情的格局已經大見成效，繼續堅持下去，迫使洋人就範，將現有存貨賣出一個好價錢，應該說，不是太難。

　　但正是在這個節骨眼兒上，他竟出人意料地突然決定將自己的存絲，按洋人開出的並不十分理想的價格賣給洋人。做出這一決定，就在於胡雪巖從當時出現的各種情況，看出了整個局勢發展必然會出現的前景。

　　當時太平天國已成強弩之末，洋人也敏感地意識到這一點。從他們的態度和採取的行動來看，洋人事實上已經決定與朝廷接續「洋務」了。而且，雖然朝廷現在禁止本國

商人與洋人做生意，但戰亂平定之後，為了恢復市場，復蘇經濟，「洋務」肯定還得繼續下去，因而禁令也必會解除。按歷來的規矩，朝廷是不與洋人直接打交道的，從事貿易活動，與洋人做生意，還是商人自己的事。

正是從這些一般人不容易看出來的蛛絲馬跡中，胡雪巖看出了一個必不可易的大方向：他遲早要與洋人長期合作做生意。在他看來，中國的官兒們從來不會體恤為商的艱難，不能指望他們會為商人的利益，與洋人去論斤爭兩。因此，與洋人的生意能不能順利進行，最終只能靠商人自己的運作。既然如此，也就不如先「放點交情給洋人」，為將來留個見面與合作的餘地。出於這種考慮，他覺得即使現在自己暫時無法實現控制洋莊市場的目標，也在所不惜了。

這就是胡雪巖眼光精明之所在。這一票生意做下來，他雖然沒有賺到錢，但由於有這票生意「墊底」，他確實為自己鋪就了一條與洋人做更大生意的通途。事實上，他在這一筆生意「賣」給洋人的交情，馬上就為他賺來了與洋人生絲購銷的三年合約，為他以後發展更大規模的洋莊生意，為他借洋債發展國際金融業，總之，即為他馳騁十裡洋場，留下了一個良好的開端。

(4) 做小生意遷就局勢，做大生意就要先幫公家把局勢扭過來

通常情況下，做生意都講究順勢進招，即先看準大勢，然後乘勢而行。可胡雪巖靈活變通官商之道卻認為：順勢進招，乃做小生意之舉，做大生意就要設法幫朝廷把不利的局勢扭轉過來。這樣做既幫了朝廷，自己也可大賺一把。當然，做大生意，需要大的氣魄和膽量。

也就是說，做大生意，一定要敢於大膽向前，大膽開拓。一個畏首畏尾的人，只能做一個日入日食的小商販，而不可能成為一個大實業家。所謂大膽向前，大膽開拓，用今天的話說，就是要敢於進行風險投資。在這方面，胡雪巖的「膽」可說大的驚人。

第一樁銷洋莊的生絲生意做成之後，在籌畫投資典當業和藥店之際，他馬上就想到另一項與能賺大錢的新行當──利用漕幫的人力、漕幫在水路上的勢力以及他們現成的船隻，承攬公私貨運，同時以淞江漕幫在上海的通裕米行為基礎，大規模販運糧食。

胡雪巖為什麼如此急著搞糧食販運呢？「亂世米珠薪桂，原因有好多，要一樣樣去考究。兵荒馬亂，田地荒了，出產少了，當然是一個原因。再有一個原因是交通不便。眼看有米的地方因運不出去，賣不掉，多麼可惜！這還不算，最可惜的是糟蹋了。有些人家積存了好多糧食，但打起仗來，燒得精光；或者秋收到了，戰事迫近，有稻無人割，白白作踐。能夠想辦法不糟蹋，你們想，於公於私多麼好。」

「有道理！」聽完胡雪巖的話，尤五蹶然而起，「前面兩個原因，我懂；後面說的這一層道理，我還是第一次聽到。還要請教小爺叔，怎麼樣才能不糟蹋？」

「這就要看局勢了。眼要明，手要快。看啥地方快靠不住了，我們多調船過去，拿存糧搶運出去。能割的稻子，也要搶著割下來。」胡雪巖回答：「這當然要官府幫忙，或者派兵保護，或者關卡上格外通融。只要說好了，五哥，你們將來人和、地利都具備，是獨門生意。」

尤五和古應春都沒作聲。兩個人將胡雪巖的話細細品味了好一會兒，都覺得這的確是一項別人搶不去的好生意。但做起來並不容易。關鍵是：得有官場的支援。「官場的情

形，小爺叔你曉得的，未見得肯幫我們的忙。」

對兩人的疑慮，胡雪巖信心十足地說：「肯，一定肯！只看怎樣說法。其中還有個道理：打仗兩件事，一是兵，二是糧，叫做足食足兵。糧食就這麼多，雙方又是在一塊地方，我們多出一分糧食，長毛就少一分糧食，一進一出，關係不輕。所以，我去一說這層道理，上頭肯定會贊成。」

說到這裡，他站起身來，很用勁地揮著手說：「做小生意遷就局勢，做大生意就要先幫公家把局勢扭過來。大局好轉，我們的生意就自然有辦法。你們等著，看我到了杭州，重起爐灶，另有一番轟轟烈烈的事業。」

原來，胡雪巖不僅看到了上海的天然地理優勢和大局變化將有利於該行的發展，更看到了這一行可以「幫公家把局勢扭過來」。換句話說，他要利用「地利」和「天時」，為自己打開水路貨運和糧食買賣這兩片前景廣闊的天地。

翻翻歷史，我們不難知道，上海能夠成為中國近代最大的貿易口岸，實際上也就是以海運、河運的大力發展為龍頭的。當年中國商辦公司與洋商之間第一次最大規模的「鬥法」就發生在中國「官督商辦」的輪船招商局和英國怡和、太吉輪船公司，美國旗昌輪船公司之間，「鬥法」的焦點即是爭奪水運利潤。僅從這一點，我們就可以想見投資水路貨運在當時的巨大前景。

撇開這一點不說，要投資大規模糧食販運，本身也是一樁有大利可圖的事業。這樁生意有利可圖，是因為此時已經具備了三個有利條件，它們都與時勢大局相關：

其一，當時，太平軍正沿長江一線，大舉進攻東南。戰亂中，大片田地撂荒，糧食出產銳減，正是亂世米珠薪桂之時，販運糧食肯定是有利可圖。

其二，兵荒馬亂，戰事迫近，或稻熟無人收割，或收起

來了又因交通不便，無法運出來，白白糟蹋。而漕幫既有人手，又有水路勢力，此時組織起來販運糧食，天時、地利、人和都占全了，弄好了，就是沒有競爭對手了。

其三，官軍與太平軍必有一戰。常言道：「兵馬未動，糧草先行。」糧食對於交戰雙方都是大事。雙方在同一塊地面上拉鋸，如果搶運出糧食，不讓太平軍得到，進出之間關係極大，必然會得到官軍的支持，糧食販運也會順利許多。

有如此三個條件，特別是胡雪巖一向主張：「只要有利於官軍打勝，即使賠錢也要幹。」再加上這樁生意已經註定了穩賺不賠，他能不儘快抓住機會大幹一場嗎？

通常情況下，在兵荒馬亂的年月，一般商人大約更多地想到是收縮和自保。而胡雪巖卻始終想到的是發展，並且總能在亂世夾縫中為自己開出一條條的財路。他不斷為自己尋找投資方向，並且敢於大膽投資的氣魄，的確讓人欽佩。

他曾經有過一種很大氣的宣示：「我有了錢，不是拿銀票糊牆壁，看看過癮就完事。我有了錢要用出去！」

生意人就應該有這股子大氣。有了錢就用出去，也就是用錢去賺錢，用錢去「生」錢。用現代經濟眼光來看，就是要學會並且敢於投資，在不斷賺錢的同時，也要不斷地以投資的方式去擴展經營範圍，去獲取更大的利潤。沒有能力準確發現投資方向，或者不敢大膽投資的人，換句話說，有了錢卻不想著用出去或不敢用出去的人，絕不可能成為一個能夠在商場上縱橫捭闔、叱吒風雲的大實業家。

縱觀胡雪巖的發達過程，他能由白手起家，不幾年間便成富可敵國的超級富豪，乃至成為中國歷史上第一位也是惟一的一位「紅頂商人」，很大程度上就是因為他總是不限於一門一行，總在不斷地為自己開拓著新的投資方向，並且看準了就大膽投資，沒有絲毫的猶豫。比如在錢莊剛剛起步

時，便開始以有限的財力籌畫投資生絲業務；而生絲「銷洋莊」正在節骨眼兒上，又根據上海向國際貿易金融大都市發展的趨勢，毫不猶豫地買地建房，投資房地產。此後又根據世情和時局變化，相繼投資藥店、典當業……鼎盛時期，他的生意範圍幾乎涉及到他所能涉足到的所有行當，長線投資如錢莊即金融、絲茶生意即貿易、藥店即實業，以及典當業和房地產等，短線投資如軍火、糧食等。所有這些生意，在當時條件下都是能賺錢，而且能賺大錢的生意。

很顯然，如果沒有那種有了錢，一定想方設法用出去的大氣，如果死守著自己熟悉的錢莊生意而不思開拓進取，他的事業決不可能做得如此轟轟烈烈。

當然，胡雪巖的超人經商膽略不是從天上掉下來的，而是自己磨練出來的。他之所以膽識過人，氣吞山河，完全是因為他內心深處那股敢爭天下的激情和豪邁，善於在各種情況下看出頭緒來。

他曾說：「頂要緊的是眼光。」也就是說，「做生意怎樣精明，十三檔算盤，盤進盤出，絲毫不漏，這算不得什麼！」只有眼光才是「頂要緊的」。

這話中道理很深。胡雪巖所說的眼光，從常理上看，不外乎：一是要看得「準」，能在別人看不到「戲」的地方看出「戲」來。比如他由戰事起落影響糧食生產，看到販運糧食的前景，就可謂看得準。二是要看得「開」，不能只把眼睛盯在自己熟悉的行當上。比如他做錢莊和「銷洋莊」，卻在糧食販運一行看到了自己可以一為的天地，就得之於他的眼界開闊。

從經營範圍的選擇和拓展的角度來說，「看得開」就更是特別重要。不過，胡雪巖過人的氣魄和膽識，給人們的啟發是：一個沒有在商場上開疆拓土氣魄的商人，絕不可能在

本業之外看到自己還有可以一為的天地，因為他的氣魄本身就會限制了他的見識，他也就既不會有眼光的「準」，更不可能有眼光的「開」。

2. 與其待時，不如乘勢

想真正把握住自己遇到的機會，除了行動迅速，敢想敢幹之外，還有很重要的一點，那就是要學會乘勢而行。不少商人總希望以一己之力搖旗納喊，造成對自己有利的態度，殊不知這樣做往往得不償失。真正高明的商人必然是順流而動，乘勢而行。

有利態勢對於生意人來說，就是商機，它稍縱即逝。因此，有利態勢的形成，對於生意人來說猶為可貴，它直接決定著成功的步伐來得早，還是來得晚。「勢未成，不可輕動；勢已成，不可錯過。」胡雪巖說：「做事情要如中國一句成語說的：『與其待時，不如乘勢。』」

許多在別人看起來很難辦的大事，居然都被他順順當當地辦成了，這都是因為他掌握了靈活變通官商之道中的乘勢技巧。因此，不懂得「取勢」的人，不可能做大生意；而不會「乘勢」的人，就做不好大生意。

(1) 把機會變成實實在在的銀子

胡雪巖說，會做生意的人，除了精通取勢用勢外，還要特別善於發現機會，能夠很得當地把握和利用機會，要學會把機會變成實實在在的銀子。因為，歸根結底，機會只有對那些善於發現機會，並且能夠很好地抓住機會和利用機會的

人，才能成其為機會。

如果說，取勢靠本事的話，那麼乘勢則要靠眼光及時發現機會，靠手腕牢牢抓住機會，靠精神力氣把一個個被發現的或遇到的商會經營成一個個實實在在的財源。因此，胡雪巖如是說：「做生意要有機會，更要靠過硬的本事。」

胡雪巖剛開始做生絲生意的時候，正是西方資本主義工業生產，特別是紡織工業大發展的時期，絲綢紡織需要的原料大幅增加，洋人就需要從中國大量進口蠶絲，因而無論是做內貿，還是銷「洋莊」，都能賺大錢。他做生絲生意，確實有些偶然的機會在起作用。比如王有齡得到海運局坐辦的官缺，上任伊始便遇到解運漕米的麻煩，請他幫助自己渡過難關，使他有了一個奔走於杭州與上海之間的機會。他們奔走於杭州、上海之間，僱請的正是阿珠家的船。阿珠的娘恰好懂一些蠶絲生意，又使他有了一個非常方便的請教機會。

在解決漕米解運問題的過程中，他又得遇良機，與漕幫建立良好的關係，並且結識了十分熟悉洋場生意門道的古應春。

對他來說，最大的機會就是王有齡恰好調任湖州知府，湖州又是蠶絲的主要產地。

這一切恰好都好像安排好了一般，一環扣一環地發生了，使他這個完全不懂蠶絲生意的門外漢也就順利地做起了蠶絲生意，進而又銷起「洋莊」，做起了蠶絲「外貿」。這一個個「巧合」，實在是他的「運氣」。

可是，如果在這一個個「運氣」面前，胡雪巖沒有識勢乘勢的本事，比如沒有一眼就看出蠶絲生意大有可為的眼光，或者看到了卻不懂得如何利用眼前的有利條件呢？再比如，如果他沒有那種當機立斷，說幹就幹的膽識和氣魄，或者雖然知道要幹，但卻沒有合理調配人力、資金的能力，不

知道怎麼去幹呢？

　　一個明顯的反證就是：信和錢莊的張胖子與胡雪巖同行於杭州、上海，甚至比胡雪巖更熟悉江浙一帶的蠶絲經營。而且當時的信和還是杭州城裡最大的錢莊之一，資本比胡雪巖要雄厚得多，但他就是沒有想到去做這一注定能發大財的生意。

　　還有一個例子，胡雪巖經營蠶絲生意，無論是歷史的長短、經驗的豐富，還是實力的雄厚，都不如作為絲商巨頭的龐二。但他一上手就想到聯合同業控制市場，操縱價格，在銷「洋莊」的生意中迫使洋人就範，而龐二做了那麼長時間的生絲「洋莊」，卻沒有想到如此去做。

　　張胖子、龐二都沒有想到去做的事情，胡雪巖想到了，並且毫不猶豫地做了。他利用阿珠家就在湖州並且熟悉蠶絲生意的便利，馬上出資，由阿珠的父親在湖州開設絲行；他利用王有齡外放湖州知府，可以代理湖州官庫的便利，採取「借雞生蛋」的方法，立即著手生絲收購；然後聯繫洋商，結交龐二，大張旗鼓地做起了蠶絲銷「洋莊」的生意。如此一來，他想不發財都不可能了。

　　實際上，機會對於所有的人都是均等的，關鍵就要人有本事去把握。沒有本事，這機會就不能成其為機會。胡雪巖能牢牢把握住一個又一個的機會，這就是他的本事。這種本事，不僅需要牢牢抓住生意場上的機會，還因為他敢於承擔必要的風險。他的「阜康」錢莊開業後，正逢太平天國兵敗，通過接受太平天國兵將的存款進行融資的舉措，就擔了極大的風險。但是這筆「買賣」風險大獲利，也大，因為這樣的存款不必計付利息，等於是人家白白送錢給你去賺錢。因此他仍然決定要大膽去做。這就是他說的：「商人圖利，只要划得來，刀頭上的血也要舐。」

　　當然，胡雪巖的敢想敢幹，絕不是閉著眼睛瞎幹，而是因為有能夠為他擋風遮雨的官場勢力，真出了什麼事，也有人給他兜底兒。也就是說，他的乘勢，是建立在前面取勢的基礎之上。這一點切切注意，否則「東施效顰」，只能被摔得鼻青臉腫。

(2) 越到危急關頭，越要善於乘官場之勢

　　能夠順乎大勢，騰挪應對的一招一式都能乘勢而行，不僅能使機會真正變成財源，而且，即使身處逆境，也能順利擺脫困厄，絕處逢生。因此，胡雪巖才認為：「用兵之妙，存乎一心！做生意跟帶兵打仗的道理差不多，除了看人行事，看事說話和隨機應變之外，還要從變化中找出機會來，那才是一等一的本事。」

　　商戰與兵戰一樣，其環境與態勢都是瞬息萬變的：時而天高雲淡，風和日麗，秋月映湖；時而山雨欲來風滿樓，黑雲壓城城欲摧；時而電閃雷鳴，急風驟雨，天昏地暗。對於環境的劇烈變化，久經沙場的戰將或歷經起落的大商人往往習以為常，因為他們深信變化是絕對的，不變是相對的。只有無窮的變化，才會有無窮的機緣、無窮的魅力，才會引來無數英雄競折腰。然而，變化之中有機緣，只能說明機會的存在。更重要的是在變化之中發現機緣、把握機緣。古人說：「識時務者為俊傑。」不難解釋：時務就是指世事的發展變化態勢。識時務，就是指根據這種發展變化態勢去尋找、把握機緣，決定自己何去何從。

　　我們說，任何世事的構成或運動變化都是由系統內外條件和多種因素決定的。當某些條件和因素達到一定的排列組合和結構狀態時，只要從系統外部再加入一定的能量、資訊

或物質，整個世事就會發生結構上的重大變化，身處局內之人可能就會因此而被捲入這一變化之中。即將發生變化的這一轉折點，可以稱為「事機」。世事的事機對應著的時間數軸上的某一點，被稱為「時機」。事機和時機統歸於「時務」的範疇之中。時務在事機和時機之上更具有待選擇、決策和行動的意味。抓住時機和事機選擇、決策和行動，能出現更高的工作效率，不僅時效高，效能大，運動的勢能強，而且實現預期目標的可能性最大。

任何世事在其發展過程中都存在時機和事機，尤其對人生選擇、經營決策、計畫實施等至關重要。能夠較準確地識別時機和事機的到來，並據此做出人生抉擇，即為識時務的俊傑。毫無疑問，胡雪巖就是善於從商場變化之中尋找出機緣的識時務之俊傑。

清咸豐年間，太平天國運動席捲江南，佔領了浙江省城杭州，巡撫王有齡上吊身亡，以身殉職。胡雪巖隻身得免，逃至上海。這次變故，使生意正處於蒸蒸日上的胡雪巖幾乎被逼入絕境。其變故主要有三：

第一，他的生意基礎如最大的錢莊、當鋪，胡慶餘堂藥店，以及家眷都在杭州，杭州被太平軍佔領，等於他的所有生意都將被迫中斷。不僅如此，他還必須想辦法從杭州救出老母、妻兒。

第二，由於他平日裡遭人妒忌，如今戰亂之中，頓時謠言紛傳。有人說他打著為遭太平軍圍困的杭州購米的幌子，騙走公款，滯留上海；也有人說他手中有大筆王有齡生前給他經營的私財，如今死無對證，全被他獨吞了；甚至還有人策劃向朝廷控告他騙走浙江購米公款，貽誤軍需國食，導致杭州失守。

第三，即使不被朝廷治罪，胡雪巖也不能順利返回杭

州，因為失去了王有齡這個官場靠山，他的生意也將面臨著
極大的困難。他的錢莊本來就是由於王有齡這個官場靠山得
已代理官庫而發跡，而他的生絲銷「洋莊」、軍火買賣等，
每一樣都離不開官場大樹的庇護。那個時代做生意，特別是
像胡雪巖那樣做大生意，本來就不能沒有官場靠山。

　　平常人要是碰到這等劇變，大概也就沒什麼轍兒了，可
胡雪巖面對這一變故，並不驚慌失措。為什麼？原來他已從
這些不利的變化中，發現了可以利用的有利因素：

　　其一，如今陷在杭州城裡的那些人其實已經在幫太平軍
做事，他們之所以造謠生事，是因為太平軍也在想方設法誘
招胡雪巖回杭州幫助善後，而那些人並不願意放他回杭州。
他們造謠，雖然對他不利，卻並非不可以利用。

　　胡雪巖根據這一分析，確定了兩條計策：首先，他不回
杭州，避免與這些人正面交鋒。胡雪巖知道，他的這一態度
一旦明確，那些人就不會進一步糾纏。其次，他不僅滿足他
們不讓自己回杭州的願望，還利用官場朋友，走了更高明的
一招兒。他走門路，請人寫了一紙公文，以他「浙江候補道
兼團練局委員」的身分，上書閩浙總督。公文裡說：「我因
為人在上海，不能回杭州，已經派人跟某某人、某某人聯
絡，請他們保護地方百姓，並且暗中佈置，以便官軍一到，
可以相機策應。這批人都是地方公正士紳，秉心忠義，目前
身陷城中，不由自主；將來收復杭州，不但不能論他們在長
毛那裡幹過什麼職司，而且要大大地獎勵他們。」

　　這樣，如果那批人不肯就範，甚至真的不利於胡家眷
屬，他就可用這件公事作為報復，向太平軍告密，說這班人
勾結清軍，衙門的回文便是鐵證。那一來，後果就可想而知
了。這一著的確是狠！但本意是為了報復，甚至可以作為防
衛。如果那批人瞭解到這道公事是一根一點便可轟發火藥，

炸得粉身碎骨的藥線，自然不敢輕舉妄動。

　　胡雪巖的這一招還是受王雪齡給他講過的一個故事想出來的。這個故事說：康熙年間有位李中堂，他的同年陳翰林是福州人。這年翰林散館，兩個人請假結伴回鄉。不久就有三藩之亂。耿精忠回應吳三桂，在福州也叛變了，開府設官。陳翰林被迫在耿軍中擔任職務。

　　一開始，李中堂也想到福州討個一官半職。陳翰林卻看出耿精忠恐怕不成氣候，便勸李中堂不必如此。而且兩個人閉門密談，定下一計：由李中堂寫下一道密疏，指陳方略，請朝廷速派大兵入閩。這道密疏封在蠟丸之中，由李家派人取道江西入京，請同鄉代為奏達御前。當初，李中堂與陳翰林約定，如果朝廷大兵到福建，耿精忠垮臺，李中堂當然就是大大的功臣，那時候他就可以替陳翰林洗刷，說他投賊完全是為了要打探機密，策應官軍。

　　如果耿精忠成了功，李中堂這首密疏根本沒有人知道，陳翰林依舊可以保薦他成為新貴。這真可說是「刀切豆腐兩面光」的打算。

　　計策已定，胡雪巖便走門路，請閩浙總督快速批示該公文，並由他取得副本，再請人將公文副本帶到杭州，交給「地方士紳」。這封公文可說是將不利轉化為有利極高明的一招，既狠又賊。表面上看是給了這些人一個交情：我胡某人已經替你們在官軍那面講了好話，將來要是官軍收復杭州，他們可保無虞。暗地裡卻是將這些人推上一個隨時都可以引爆的火藥筒：如果他們膽敢與胡家老少過不去，那麼，對不起，他只要把這封公文的副本送給太平軍，光是「相機策應官軍」，罪名就足夠被太平軍抄家滅門。

　　其二，胡雪巖此時手上還有杭州失陷前為杭州軍需購得的一萬石大米。當初這一萬石大米運往杭州時無法入城，只

好轉道寧波，賑濟寧波災民，並約好杭州收復後以等量大米歸還。這也是一個可以利用的有利因素。為此他決定，一俟杭州收復，馬上就將這一萬石大米運往杭州。這樣既可解杭州賑濟之急，又顯出他做事的信義，誣陷他騙公款的謠言自然就不攻自破。實際運作中，他不僅杭州一被清軍收復，便將一萬石大米運至，而且直接向帶兵收復杭州的左宗棠手下將領交接，不單是收到了預期效果，更一子得到了左宗棠的信任，將他引為座上客，並委他鼎力承力杭州善後事宜。由此，他又拉上了一位比王有齡還要有權勢的官場靠山。後來，胡雪巖的紅頂子就是這一舉措的直接收益。

能像胡雪巖這樣，從變化中找到機緣，並最大限度加以利用，正是一個大商人成功的必備素質。一次，胡雪巖與朋友古應春聊天，談起一樁早該辦而卻一直沒有機會去辦的往事，就發了一番很有意味的感歎。他說，有許多事情該辦而沒有辦成，其實並不是不想去辦或沒有想好如何去辦，而只是因為沒有讓你去辦這件事的機會。想到了，但可惜「不是辰光不對，就是地點不對」，終於沒法去辦。「譬如半夜裡醒過來，在枕頭上想到了，總不能馬上起來辦這件事，這是辰光不對；再譬如在船上想到了，也不能馬上回去辦，這是地點不對。凡是這種時候，這種地方想到了，總覺得日子還長，一定可以了卻心願。想是這樣想，想過忘記，等於沒想。到後來日子一長，這件事想起來，也是無動於衷了。」

胡雪巖的這番話，確實講透了機會在能不能最終辦成一件事的過程中，起著至關重要的作用。商場上確實特別講究機會。一個生意人在商場上是否能夠獲得絕大的成功，要看客觀形勢是否提供了讓他成功的機遇；具體到某一筆生意的運作是否能夠成功，也要看機會是不是合適。換句話，也就是要盡可能在合適的時間、恰當的地點，再選以合適的方式

去辦那件可辦的事情，才有把握辦成。

(3) 與其待時，不如乘勢

　　一個人要真正能夠把握機會，讓機會變成實實在在的財源，除了出手迅速，敢想敢幹之外，還有更重要的一點，那就是要學會「乘勢而行」。胡雪巖為幫助左宗棠籌辦船廠和籌措軍餉，向洋人借款成功，就是乘勢的結果。

　　胡雪巖是中國歷史上第一個以商人身份代表政府，向外國引進資本的商人。而在他之前，清政府不僅還沒有向洋人借款的先例，並且還明確規定，不能由任何人代理政府，向洋人貸款。

　　例如，曾是首輔軍機大臣的恭親王就曾擬向洋人借銀一千萬兩，用於買船，所獲諭批卻是：「其請借銀一千萬兩之說，中國亦斷無此辦法。」胡雪巖最初向洋人借款的提議，甚至讓一向果敢、決斷的左宗棠，對能否獲朝廷批准也心存猶豫，還是胡雪巖一番關於當下時勢以及辦大事要懂得乘勢而行的剖析，才使他得以堅定。

　　他說：「做事情要如中國一句成語說的：『與其待時，不如乘勢。』許多看起來難辦的大事，居然都順順當當地辦成了，就是因為懂得乘勢的緣故。

　　同樣是向洋人借款，那時要辦，斷不會獲准，而這時要辦卻極可能獲准。這是時勢使然，一則那時向洋人借債買船，受到洋人多方刁難，朝廷大多數人不以為然。恭王亦開始打退堂鼓，自然決不會再去借洋債；而此時洋人已經看出朝廷決心鎮壓太平天國，收復東南財賦之區，自願借款以助朝廷軍務，朝廷自然不大可能斷然拒絕。二則當時軍務並不十分緊急，向洋人借款買船尚容暫緩，此時軍務重於一切，

而重中之重又是鎮壓太平天國，為軍務所急，向朝廷提出向洋人借款的要求，朝廷也一定會聽從。三則此時領銜上奏的左宗棠本人手握重兵，且因平定太平天國有功而深得慈禧太后信任，由他向朝廷提出借款事，其份量自然就不一般了。借助這三個條件形成的大勢，向洋人借款不辦則罷，一辦準成。

事情的發展也果真如胡雪巖所料，幾乎一點不差。

胡雪巖在這裡所說的勢，就是指那些促成某件事成功的各種外部條件同時具備，即是恰逢其時、恰在其地，幾好合一，好的機會彙集而成的某種大趨勢。

具體說來，這種「勢」，也就是由時、事、人等因素相互作用形成的一種可以助成「畢事功於一役」的合力。

這裡的「時」即時機。所謂「此一時，彼一時也」，同樣一件事，此時去辦，也許無論花多大的力氣都無法辦成，而彼時去辦，可能「得來全不費功夫」。這裡的「事」是指具體將辦之事。一定的時機辦一定的事，同樣的事情此時該辦亦可辦，彼時卻也許不該辦亦不可辦。可辦則一辦即成，不可辦則絕無辦成之望。這裡的「人」即具體辦事的人。一件事不同的人辦會辦出不同的效果，即使能力不相上下的兩個人，這個人辦得成的某件事，另一個人卻不一定能辦成。所謂「乘勢而行」，也就是要在恰當的時機，由恰當的人選去辦理該辦的事情。

當然，作為一名出色的商人，想做大生意，更應該清楚，在諸多因素中，對時機的選擇與把握是至關重要。它可以說是「乘勢」的靈魂。這就猶如我們平常發表對某件事情或對某件事做一個決策的看法一樣。在許多事情的處理與運作過程中，特別是在商場的行事中，即使你是一個身高位顯、舉足輕重的大人物，即使是你的意見很合乎理性，很正

確，決策十分果斷，想讓你的意見或決策起到更大更有力的作用或影響，你也必須選擇恰當的時機，乘「勢」而發。否則，說早了沒用，說遲了徒然自誤；說的場合不對，難以生效，更有甚者還會帶來負作用。其中的決竅，就是「乘勢」的奧妙之所在。

一招之出，能順乎大勢而使事功圓滿，這樣的招術，大約應該可以稱之為「仙招」吧！胡雪巖遊刃官商之間，之所以能左右逢源，縱橫捭闔，就是與他深得「乘勢」之妙，精通「仙招」之理分不開。胡雪巖靈活變通官商之道策略中，「乘勢」是其最高明的手段。

(4) 事緩則圓，不必急在一時

胡雪巖經常說：「做事不能碰運氣，要想停當了再動手。」他的第一椿生絲生意的運作成功，可以說是事緩則圓，在等待中尋找戰機，得以成功的範例，是完全想停當了再動手，從而大獲其利。

在湖州收到新絲，運到上海後，他並沒有急於脫手，本來，根據他當時的實際狀況，他是應該儘快脫貨變現的，因為阜康錢莊剛剛開張，並沒有多少可以周轉的資金。但他仍然將這批生絲囤積了起來。他沒有把這批生絲馬上脫手的原因，除了洋商開價不夠理想之外，更重要的是他要聯合同業控制洋莊市場的條件還沒有成熟。當時，胡雪巖覺得他運到上海的生絲數量很少，實力還不足以與洋商討價還價。他必須聯合同業，才能與洋商相抗衡。更重要的是，即使自己暫時壓下一筆資金，面臨很大的困難和壓力，他也不願意讓自己的籌畫落空。

他需要等待最有利的時機。用他的話說，就是「事緩則

圓，不必急在一時。」

生絲運到上海之後，胡雪巖一方面請新結識的洋買辦古應春加緊和洋商談判，另一方面則由劉不才出面拉攏龐二，做聯絡同行的工作。

到這一年年底至第二年年初，上海絲商大戶龐二已經聯合，散戶控制也已見成效，洋商開價也開始鬆動，他還是沒有將自己已經收購的生絲急於脫手。主要原因是，他覺得洋商開出的價格還不夠理想。本來當初集結散戶時，為了說服大家一致行動，就說是只要團結一致，迫使洋人就範，大家必可大獲其利。如果按洋人此時開出的價格脫手，這個許諾就成了一句空話，受到大家的責難事小，影響以後控制市場的計畫事大。

就這樣，胡雪巖的第一批生絲，直到第二年新絲快要上市，洋人因朝廷決定將要設立內地海關，增加釐捐，為情勢所迫，不得不低頭，開出了雙方都可以接受的價格之後，才最後脫手，這批生絲，胡雪巖淨賺了十八萬白銀。

商事運作中，經營者的主動性自然很重要的。優秀的商人一定要懂得從不同的角度來利用已有的條件，等待最佳的時機。甚至要善於在各種因素不利於自己的時候，設法改變不利因素，使之對自己有利。這就是我們常說的所謂「創造條件」。

不過，商業運作中所需要的各種條件，有的是可以創造的，比如胡雪巖要控制洋莊市場必須有的聯絡同行的條件，就可以通過自己的努力創造出來；但有些卻往往是人力無法創造的，比如在大多數情況下，政局的變化、市場的整體格局，就並不是一個或幾個商人所能決定的。這時候所能做的，往往也只能是像胡雪巖所說的那樣：「不必急在一時」，等待時機，待機而動。

第四章

站在高處，
將眼光放遠

「現在風氣變了！從前做生意的人讓做官的看不起，真正叫看不起。哪怕是揚州的大鹽商，捐班到道台，一遇見科舉出身的，服服帖帖，惟命是從。自從五口通商以後，看人家洋人，做生意跟做官的沒有啥分別，大家的想法才有點不同。這一年吧，照我看，更加不對了，做官的要靠做生意的！」

——胡雪巖

1. 做生意要將眼光放遠

戴爾‧卡內基說：「想擁有巨大的財富，就必須具有獨特的眼光、敏銳的觀察力和預見力，想前人之所不敢想，為前人之所不敢為，大膽創新，去尋找一片新的天空，開拓一片新的領域……」

廣東人喜歡喝老火靚湯，生意場上卻講究喝頭啖湯。所謂頭啖湯，就是第一撥兒出鍋的湯。頭啖湯好喝，鮮。最重要的是，喝頭啖湯得起早，不能起早的人沒法兒跟你搶。當然，頭啖湯是永遠可喝，永遠好喝的，關鍵是你要有眼光，知道在哪裡能夠找得到頭啖湯，而且知道怎樣才能將這頭啖湯喝到嘴裡。否則，拿個碗亂跑，只能讓人把你當成個要飯的。

由此可見，大生意人的眼光往往能夠看到十年二十年後的機會；而小生意人則只會留意眼前的機會。這種情形，就好像看水中的冰山一樣。眼光短淺的人，只看見露出水面上的小小山尖兒；眼光遠大的人卻可以看到尖端及其水下的整座冰山。有眼光的人看到了森林；短視的人卻只能見到單棵樹木。

因此，想成為一個大手筆的生意人，眼光「頂要緊」。這種眼光除了要比一般人所說的看得準、看得開之外，更要看得遠，從別人看不到的地方發現自己的財路。

所以，胡雪巖說：「做生意要將眼光放遠。生意做得越大，目光要放得越遠。不要怕投資過大。只要能用在刀刃兒上，投資都會收到事半功倍的效果。因此，做大生意，一定要看大局。你的眼光看得到一省，就能做下一省的生意；看

得到一國，就能做下一國的生意；看得到國外，就能做下國
外的生意；看得到天下，就能做天下的生意。」

(1) 善借東風，壯大自己的聲勢

　　胡雪巖幼年即入錢莊，從倒馬桶幹起，仗著自己腦瓜兒
靈光，在錢莊很受重用，沒幾年就獨當一面，升遷至相當於
現在銀行主任辦事員的位置。少年得志，日子過得好不逍遙
自在。然而，他沒有其他錢莊檔手那樣的小家子氣，更不滿
足於一輩子替人打工。好在天機使然，通過資助王有齡進京
捐官，他的人生發生了轉折。

　　他在商場上的成功，無論如何也離不開與他結成生死之
交的官場朋友王有齡的奧援。別的不說，沒有王有齡的幫
助，他的錢莊無論如何也不可能那樣順利就開起來，至少不
可能開創之初就那樣轟轟烈烈。

　　王有齡之所以能與胡雪巖結成生死之交，就是因為在他
窮困潦倒之時，胡雪巖伸過援手。雖然胡雪巖給王有齡的援
手，看起來是一場勝算不大的賭博，但確實成為一種極好的
感情投資，並為自己栽下一棵日後縱橫商海時可以依託的官
場大樹。

　　胡雪巖真不愧是善於借東風的好手。他利用王有齡在浙
江官場的勢力，把官商結合的妙處運用到極致。王有齡當了
海運局「坐辦」，他倒買倒賣，賺取差價，掙到了「第一桶
金」；王有齡升為湖州知府，他利用「人和」和「地利」，
開錢莊、辦藥店，做起了生絲生意；王有齡當上浙江巡撫，
他不僅生絲生意越做越大，「銷洋莊」，而且從軍火生意中
猛賺了大把銀子，成了名震東南半壁的「東南大俠」。另
外，王有齡還有浙江巡撫麟桂的通令：全省凡解糧餉，必須

由胡雪巖開辦的「阜康」錢莊匯兌，否則不予接納。這不僅使他及他所開的錢莊獲得了戰時省庫的壟斷經營權，更重要的是使他及他的錢莊形成獨家「坐大」的壟斷局面。

在胡雪巖借勢的過程中，他巧妙地借助左宗棠的影響與勢力，使自己成為富可敵國的「胡財神」，可謂「借東風」手段中的一絕。

同治元年正月（一八六二年二月），胡雪巖初識左宗棠。當時左宗棠是新任浙江巡撫。俗話說：「天高皇帝遠。」「縣官不如現管。」胡雪巖明白，想在浙江這塊地皮上賺錢，並謀求向外發展，當然要與眼前這位「父母官」套上關係。特別是王有齡死後，失去了官場靠山，他更需要靠上左宗棠這棵大樹。因此，他便把受王有齡委託，從上海採辦回來而未能運入杭州城的糧食，作為晉見左宗棠的見面禮，從此開始了兩人長達二十年的密切合作和傾心交往。

左宗棠在青年時代就曾寫聯明志：「身無半畝，心憂天下；讀破萬卷，神交古人。」可以說，他取得上述這樣高的地位是靠多年奮鬥得來。而比左宗棠小十二歲的胡雪巖在他施展抱負，建功立名的過程中給予了莫大的支持。胡雪巖通過購買軍火、採購軍糧、籌辦錢餉，參與左宗棠鎮壓太平軍、捻軍、陝甘回民起義的行動，在當時可是大清朝了不得的重大國事。此外，他還為左宗棠協理洋務。更加難能可貴的是，在左宗棠以六十多歲高齡掛帥出征，與新疆阿古柏等分裂勢力逐鹿於西北蠻荒之地時，左宗棠的政敵冷嘲熱諷，各省觀望拖延，只有胡雪巖精心選購西洋軍火，奔走籌借洋款，在幫助左宗棠收復新疆這麼一件中外矚目的大事上出了大力。因而，在左宗棠眼裡，當時的胡雪巖恐怕已成了春秋時犒師救鄭的弦高、西漢時輸財助邊的卜式一類的良商益友了。

　　胡雪巖為左宗棠效犬馬之勞的結果是獲得了對方的高度信任和倚重。他透過公事，與左宗棠建立了私交。左宗棠於光緒七年（一八八一年）調兩江總督兼通商事務大臣之後，派差官護送侄女赴浙，先從南京搭乘輪船至滬，由滬至浙的船隻就託給胡雪巖照料。光緒九至十年，胡雪巖瀕臨破產，還吃了官司，左宗棠從南京三次到上海他的住處探望。

　　胡雪巖對左宗棠的幫助，換來了左宗棠對他的鼎力支持，為他撐起了一把能夠「遮天」的大保護傘。有出將入相的左宗棠作靠山，在總辦糧台、勸捐、軍火買賣、借款中上下其手，撈了不少好處。更重要的是，有了洋務派左文襄公的手下紅人這塊招牌，他在商場更能左右逢源了，就連洋人也不得不對他刮目相看。

　　此外，他代營權貴贓款，壯大自己的聲勢，更是把借「東風」這一手兒玩得滴水不漏。善於算計的胡雪巖心想：與其讓貪吏勒索，不如自己識趣，主動「孝敬」這些官老爺。這樣還可算個人情，到時候這些官員自會「心有靈犀一點通」，在他做生意時給予「方便」。

　　胡雪巖「孝敬」官吏的一個重要手段就是吸納他們的贓款，代為營運，讓他們坐收厚利。

　　早在太平天國時期，胡雪巖就接受清軍官兵的存款。這些錢財多是在攻城搶掠中得來的不義之財。據史料記載，曾接受胡雪巖資助的一位湘軍營官在和他重逢時說：「今我有資十萬，皆得自賊中者，固不足告外人。」結果他的這筆浮財就成了胡雪巖開設錢莊的原始資金。隨著戰局的推進，「諸將既得賊中貨多，而克城皆置局榷稅，餉入亦豐，莫不儲之光墉所。」到左宗棠鎮壓陝甘回、捻起義時，「肆中湘人存資過千萬。」

　　後來，胡雪巖的錢莊開遍南北，各省大吏、京城顯貴紛

紛到他的錢莊託存私款。其中就有大名鼎鼎的恭親王奕訢
（一八三二～一八九八年）。他是同治皇帝的叔叔、光緒皇
帝的伯伯。還有文煜，滿州正藍旗人，由官學生授太常寺庫
使，累遷刑部郎中，歷任直隸霸昌道、四川按察使、江蘇布
政使、直隸布政使、山東巡撫、直隸總督、福州將軍，署閩
浙總督。到光緒三年（一八七七年），擢刑部尚書；光緒七
年，做了協辦大學士。文煜的地位相當於副宰相，與奕訢還
是兒女親家（文煜的女兒是奕訢長子載徵的嫡福晉）。他在
宦海弄潮多年，自然搜刮了不少民脂民膏，在阜康銀號中存
銀就有七十萬兩。此外，福州布政使沈保靖在阜康的存款也
有三十八萬兩。

就這樣，胡雪巖通過各種「借勢」之法，提高了自己的
知名度，擴大了錢莊的影響，為自己的生意織成了密不透風
的保護網。

胡雪巖生活的那個時代是一個「官本位」的時代，中央
和地方的各級官員身為封建勢力的代表，掌握著對小民百姓
生殺予奪的大權。他們為了滿足自己的私欲，公然把權力當
作衍生財富的工具。而商人所處「四民之殿」的社會地位，
及其在流通領域的不穩定性（除了人身安全、買賣虧本等風
險之外，更有各地局卡的勒索、地痞流氓的敲詐、土匪盜賊
的掠奪等）決定著他們必須尋求超經濟力量──政治勢力
的庇護。這樣，官需要商的錢，商依靠官的權，兩者一拍即
合，導致官商相互依存和相互利用的必然結果。

在這種大的社會環境下，胡雪巖無論是轉糧購槍，還是
借款撥餉，全都是放開膽子，堂而皇之地做，憑藉著背後的
官場勢力和層層保護網，積累起鉅額的財富。

(2) 先賺名氣後賺錢

胡雪巖認為，想在商場獲得超人的成功，首先就要做出名氣。名氣一響，生意也就自然熱鬧起來。也正因為如此，他非常重視借助官場勢力做自己的招牌，而且絕不放開任何一個能夠打出名氣的機會。

八月初八，良辰吉日。裝修得富麗堂皇的阜康錢莊在陣陣爆竹聲中熱鬧開張了。櫃檯內四個年輕夥計身著嶄新的藍色長布衫，笑臉迎賓。劉慶生穿著湘綢長衫、蜀紗烏褂，頭戴一頂黑絲瓜皮帽，紅光滿面，精神抖擻地親自招呼顧客。信和錢莊的大東家和檔手張胖子、大源錢莊的大東家和檔手孫德慶以及鴻財錢莊的檔手等一批名聞蘇杭、富甲江南的錢莊業巨頭紛紛前來賀喜。他們出手「堆花」的存款都有好幾萬，而那些散放在櫃檯上的賀銀更是難以計數。其餘賀喜的同行也絡繹不絕，錢莊門前車水馬龍，直惹得行人駐足觀望，紛紛猜測，為什麼杭州城一個小小的錢莊「夥計」開錢莊會有此等風光！其實，這全是靠胡雪巖巧妙地在王有齡身上，和錢莊「大夥」身上的投資所換來的成果。大家都知道，胡雪巖在官場有朋友，今後難免有事相託，又加之他人緣極好，同行中都認為他是個誠實、有信用之人。

晌午擺宴款客之後，客人相繼離去。胡雪巖此時方靜下心來，盤算開業的情況。雖然來了個「開門紅」，看起來情形不錯，但他感覺自己走的是一條他人常踩的老路子，有步人後塵之嫌。做生意第一步最重要，不是謀名，就是取利。只有走準了第一步，以後的生意才會水到渠成，不斷做大。他低頭暗自思忖了好一會兒，明白做錢莊生意的第一步就是要闖出名頭，讓人感到在你這裡存錢不但安全，而且有利可

圖。如果能做出名氣，即使剛開始成本高一點，以後肯定也能財源滾滾。

但是，怎樣才能盡快闖出自己的名頭呢？

忽然，胡雪巖腦中靈光一現，立刻把總管劉慶生找了過來，說：「你馬上替我開立十六個存摺，每個摺子存銀二十兩，一共三百二十兩，掛在我的賬上。」

劉慶生見胡雪巖迫不及待地要開這麼多存摺，如墜五里霧中，莫名其妙。但既然東家吩咐了，只好照辦。

等劉慶生把十六個存摺的手續辦好，送過來之後，看著他仍然疑惑的目光，胡雪巖說：「世上有兩種有錢人：一種是大家都知道的有錢人；另一種是財不露白，雖然有萬貫家財，外表上看起來卻與窮光蛋沒什麼兩樣的有錢人。如今第一種人大都把錢存入錢莊，這筆生意肯定不好做。因此，阜康只好鎖定第二種人。」

劉慶生聽了，有些茫然地問道：「胡先生，你這話很有道理。可是，這種人既然財不露白，一定有他的顧忌，或許是偷來的，或許是騙來的，或許是受賄來的。」

「正是如此。」胡雪巖點頭道：「你想想，這些人的錢來路不正，平素一定不敢把大筆銀子存入錢莊，只好掘地三尺，藏在家中。」

劉慶生還是不解地問道：「胡先生，你越說我越糊塗了。既然你知道他們的顧忌，那你還想讓他們把銀子存過來嗎？」

胡雪巖說：「你想想，大筆銀子、金錠放在家中，埋在土裡，成天提心吊膽，怕小偷來偷，怕下人發現，怕強盜來搶，怕官府來查，這樣的生活，即便有再多的錢又有什麼意思呢？」

劉慶生點點頭：「的確如此。不過，你到哪兒去找這種

人呢？」

胡雪巖說：「依我看，這種人一種是官老爺。他們刮地皮、收賄賂，得了大筆銀子又不敢讓人知道。還有一種便是江湖強盜。錢是他們搶來的、騙拐來的，自然也不敢輕易示人。」

劉慶生道：「當然啦！這些人絕不敢把銀子拿出來。」

胡雪巖說：「我要做的便是主動出擊。」

劉慶生頗感興趣地問：「如何個出擊法？」

胡雪巖說：「江湖人物自然先掛不上邊，我們先從官老爺那兒著手。我剛才讓你開的存摺，都是給撫台和藩台的眷屬們立的戶頭，並替她們墊付了底金，再把摺子送過去，當然就好往來了。」

劉慶生一愣，說道：「給她們，有什麼用呢？」

胡雪巖哈哈一笑，說：「慶生啊，這你就不懂了。俗話說：男人當官，女人理財。這些官太太、姨太太每晚都在官老爺耳邊吹枕頭風，那些想求官老爺辦事的人，最有效的方法便是打通官太太、姨太太。她們手裡的銀子可不少！但這些官太太、姨太太平時足不出戶，這些私房銀子只好日夜放在閨房中。咱們這次把摺子發到她們手中，存款取款一律上門服務，不怕她們不動心。」

稍微停頓了一下，他進一步解釋：「再說，咱們給她們免費開了戶頭，墊付了底金，再把摺子送過去，她們肯定很高興，她們的碎嘴就會四處宣傳。這樣，和她們往來的達官貴人豈不知曉？別人對阜康的手面就會另眼相看了，咱們阜康錢莊的名聲豈不就打出去了！以後還怕沒生意做嗎？」

「原來如此！」劉慶生心領神會地點了點頭，心中暗自佩服胡雪巖的生意頭腦，「那我立即就把這些存摺給太太、小姐們送去。」

胡雪巖的作法有點類似今天「洗黑錢」的意味，但效果出奇地好。正如他所分析的那樣，劉慶生把那些存摺送出去沒幾天，就有幾個與官府有往來的大客戶前來開戶。

錢莊業的同行對阜康錢莊能在短短幾天內，就把他們結識多年的大客戶拉走頗感驚訝。不過，他們實在搞不清其中的原委。

另外，在那些存摺中，胡雪巖特意為巡撫衙門的守門人劉二準備了一份。他經常出入撫台，跟劉二也算是老熟人了，而今錢莊開業，送給劉二一份存摺，一則算是給老朋友準備的一份薄禮，二則劉二雖是個守門人，可從他眼皮底下來往的大人物不少，通過他的嘴，可以為阜康免費做宣傳。再說，那劉二資訊十分靈通，說不定以後會在某個方面得到他的幫助。

且說那劉二自從接了胡雪巖的贈禮之後，終日感激涕零，尋思回報之機。這天，劉二找到劉慶生，從身上取出兩張銀票交給他。劉慶生入眼便覺得異常，他感到這兩張銀票似乎不同一般。再仔細一看，果然如此，只見那銀票是皮紙所製，上面寫的是滿漢合璧的「戶部官票」四字，中間標明「庫平足色銀一百兩」，下面還有幾行小字：「戶部奉行官票，凡屬將官票兌換銀錢者，與銀一律，並准按部定章程，搭交官項。偽造者依律治罪。」兩張銀票一張一百兩，一張八十兩，共計一百八十兩。

平素劉慶生見識的銀票也不算少，但這種官票還是頭次見到，因而笑問道：「這是什麼銀票？怎麼在市面上還從未見過。」

「這銀票在京裡也是剛通行，聽說藩署已派人前往領去了，市面上不久就會流通。」

言畢，劉二又問道：「不知我可否將之存入貴錢莊？」

「當然可以。」劉慶生一面答道，一面將這兩張銀票揣入懷裡，辭別了劉二，直奔回阜康錢莊。

胡雪巖將兩張銀票翻來覆去看了好幾遍，也看不出個所以然。於是，他立即命劉慶生將大源錢莊和鴻財錢莊的大東家請來一同鑒賞，以期弄清其來龍去脈。

大源錢莊的孫胖子戴上老花鏡，反反覆覆地仔細端詳，然後放下銀票說：「我隱約聽說，京裡要發行新官票，沒想到這麼快就出來了。上面做事也真夠快的了。」

「近來長毛四處犯事，軍餉緊急，不快還行嗎？！」旁邊另一個錢莊東家說：「看來浙江也快通行了。」

「這種官票也不知道發行了多少。說的雖是『屬將官票兌換銀錢者，與銀一律』，但如果這種官票太多，現銀不足，那咱們錢莊豈不要蒙受損失了嗎？」鴻財的大東家搖了搖頭，憂慮地說。

事實也的確如此。表面上看，雖然朝廷規定「願將官票兌換成銀票，與銀一律」，但是，倘若朝廷節制，官票適度發行，倒還罷了，如果官票無限制濫發，則現銀有限，官票無數，屆時官票必然大幅貶值。

為了使發行順利，戶部規定各省布政司衙門，每省必須吃下官票若干。然後，再由各省布政司衙門通令省內錢莊或票號等民間金融機構強制分攤，全數吃下官票。也就是說，朝廷憑空發行紙鈔（亦即官票），強制兌換民間現銀。

然而，就在眾人猶豫擔心的時候，胡雪巖心裡已經拿定了主意。他認為：「亂世出英雄。越是亂的時候越有機會。凡事有其弊必有其利。最關鍵的是，一定要隨時抓住有利的一面，就會永賺不賠。」

他對劉慶生說：「京裡發放這種官票，只不過是想聚斂銀兩，充實軍餉，以對付長毛。我看長毛，勝則彌驕，敗則

氣餒，不拾人心，甘於守成，必不能成大器。現今官兵得西洋利器相助，左、曾二位大人又帶兵有方，故長毛必敗。因此，無論虧盈，我都要幫官兵打贏這場仗。只要官軍剿除了長毛，世間太平，朝廷必將感激。到時候，無論做什麼生意，朝廷必將一路放行，哪有不發的道理？你明白了嗎？記住，做生意要將目光放遠。生意做得越大，目光就要放得越遠。不要怕投資過大。只要能用在刀刃上，投資都會收到事半功倍的效果。因此，做大生意，一定要看大局。你的眼光看得到一省，就能做下一省的生意；看得到一國，就能做下一國的生意；看得到國外，就能做下國外的生意；看得到天下，就能做天下的生意。」

胡雪巖的這番話，劉慶生聞所未聞；聯想到胡雪巖在王有齡身上「投資」一事，不由得大為欽佩，暗自讚歎：「胡雪巖不愧是胡雪巖，其眼光之深邃，絕非常人所能及。」

兩天後，杭州錢業公所召集同行開會，商討如何處理上頭交下來的二十萬兩「戶部官票」。杭州城裡大大小小錢莊老闆無不哭喪著臉。

那次同業聚會，胡雪巖沒有參加。但他事前明白告訴「阜康錢莊」檔手劉慶生：「我們現在做生意，就是要幫官軍打勝仗。只要能幫官軍打勝仗的生意，我們都做。哪怕是賠錢生意，照樣做。這不是虧本，是提前放資本下去。有朝一日官軍打了勝仗，天下一太平，到時候什麼生意不好做？到時候，我們是出過力的，公家自然會報答我們，做生意便處處方便。」

正因為有了胡雪巖如此指示，劉慶生才敢在眾人猶豫觀望之際，主動站出來，一下子認購了兩萬。當時杭州城裡加上新開業的阜康，共有大同行九家、小同行三十三家，按大同行一份、小同行半份，阜康一下子就掛了頭牌。在阜康帶

動下，各錢莊認購踴躍，結果二十五萬「戶部官票」還不夠
分。在兵荒馬亂的年月，能出現如此景象，實在難得。阜康
的行為不僅得到同行的讚賞，而且得到朝廷的褒獎。阜康這
塊招牌一下子就在官商兩界響亮起來，透過阜康錢莊轉兌、
私蓄的朝廷官員也越來越多。

(3) 借助官銜的「虛名」，抬高自己的身價

　　「從政要看曾國藩，經商要學胡雪巖。」這是當時社會
的一句流行語。不管此語寓意如何，卻道出了胡雪巖在商人
心目中的地位，並且反映了他在社會上的影響。

　　胡雪巖遊刃商場，運用靈活變通官商之道，步步為營，
節節上升，最終登峰造極，以「紅頂商人」名播天下。清代
陳代卿這樣評述胡雪巖富於傳奇的一生：「遊刃於官與商之
間，逐追於時與勢之中；品嘗了盛衰榮辱之味，嘗盡了生死
情義之道。」那麼，身為一心追求富可敵國的商人，胡雪巖
為什麼非得弄個紅頂子戴呢？

　　原來，中國傳統是最輕視商人的。所謂士農工商，商人
排在最末一位。正因為商人地位低微，所以以富求貴，躋身
官場，一直是商人的夢想。而且舊式商人還有個普遍的心
理，那就是人有不如己有，求人不如求己，巴結大官顯要比
不得自己置身於官場來得便捷。商人重利，這「利」不僅指
錢財，當然也包括「功利」。

　　晚清時，雖然已有人發出「以商立國」、「商為四民之
綱」的吶喊，然而，由於傳統的惰性作用，邁向近代化的步
履還是相當沈重；又因為幾千年來代代承襲的官本位思想已
成為積澱於人們心中的價值取向，畸變成難以掙脫的惡性循
環。唐力行在《商人與中國近世社會》一書中舉光緒三十四

年（一九〇八年）蘇州總商會為例，其總理、協理兩人均有中書銜，十六個會董中，捐有二品職銜、候選州同銜、都事銜者各一人，試用知府、布政使司理同銜各二人，候選同知、同知銜，候選郎中、員外郎，候選縣丞、知事各三人。這說明近代商人都競相捐納報效，想方設法與官場沾上邊，以博取榮銜、求得封典，提高自身的地位。

自古以來，應舉考試中狀元是所有人的夢想。全中國幾乎所有的父母都這樣教育自己的孩子：「你一定要下功夫學習，將來爭取考上狀元。」

考狀元所為何事？不外乎升官發財。當然，對商人來說，考狀元升官的路很難走得通。他們只能花錢買官，又名捐官。捐官的始作俑者乃秦朝丞相李斯，目的在於應付非常之事，如邊境兵災、國庫空虛、發不出軍餉、國家無錢救濟等等。無奈之下，國家開始賣官，以解燃眉之急。

到了清代，戰亂不止，白銀又不斷外流，國庫時常處於虛竭的狀態。於是朝廷開始大量賣官斂錢，規定：京官郎中以下，外官道台以下，均可捐買。捐官者稱為候補，可以戴頂子，著官服，見面以官銜相稱，享受各種虛名，但無地可治、無公可辦，許多人以候補身分終其一生，從未上堂理事，執掌權柄。但捐官也並非全無出路。若捐了候補之後，再出一筆錢，買通關節，便可補缺，實授官職，可以掌握一地行政大權，名正言順地搜刮百姓。王有齡就是走這條由捐官到授實缺的路子。所以，一般走投無路的讀書人，即使砸鍋賣鐵，借高利貸，衝著這一線生機，也往往在所不辭。

說起胡雪巖的捐官，還得先從他的一次生意談起。那是浙江錢莊同業大會的一次集會，對胡雪巖早就聞名的新任浙江巡撫羅遵殿親自到會祝賀。巡撫大老爺到來，所有錢莊老闆立刻全都變了模樣：平素一律長袍馬褂，而今個個身著花

花綠綠的官服，頭戴頂子。這場面令胡雪巖尷尬不已。本來
他是這次同業大會的發起者，卻因為是「白丁」，不能坐主
席之位，只能站在眾多身穿官服的錢莊老闆之末位。

　　原來，清朝的規矩，只要是有官銜的人，巡撫大人都可
以安排他們入座，並不管這種官銜是中舉得來，還是花錢買
來。但是，商人在正式場合見了官老爺，是無論如何都不能
就座的，只能站著。所以許多錢莊老闆為了官場應酬方便，
都花了銀子，大小弄個官職。胡雪巖因一心想做個富可敵國
的大商人，雖然平素官場上也有一些朋友，大家熟不拘禮，
倒也沒遇過什麼麻煩。而今這位巡撫大人是新來的，從未見
過他，只是久慕其名，欲與之相見，才興沖沖地跑來祝賀。

　　巡撫大人坐在堂上，錢莊老闆各按捐官大小，兩邊坐
好。巡撫大人滔滔不絕地講了大半天，不外乎是標榜自我，
請求地方大力支持等等。興高采烈地說完之後，這才問道：
「聽說這次大會是胡老闆號召起來的，不知胡老闆人在何
處？怎的未見？」這時，在最末端站了半天的胡雪巖趕緊答
道：「回大人的話，小人在此。」這下倒弄得巡撫大人不好
意思，沒想到竟讓大名鼎鼎的胡財神乾站了半天。

　　有了這次教訓，胡雪巖趕緊去找王有齡，商議怎麼樣盡
快捐個官。王有齡聞言大笑，調侃道：「怎麼，我的財神
爺，是不是厭倦商場生涯，也想嘗嘗任官一方的味道？」

　　胡雪巖道：「哪裡！我是只求其名，而不取其實。」

　　王有齡大惑不解：「雪巖，有時真弄不明白你是怎麼想
的？做官有什麼不好？！如今天下人哪個不想入仕為官，只
恨無此機緣。以你的才幹，如果肯入仕途，絕非一般書呆子
可比。再者，以你的財力，捐一個五品官又有什麼問題？」

　　胡雪巖解釋道：「我善於為商，也樂於為商。別人盼著
出將入相，我只求富可敵國，大把花錢，享盡人間春色，又

能濟人貧困，自自在在，逍逍遙遙過一生。為官，案牘之勞不說，又要拘於禮法，不得放浪形骸，確非我之所願也。」

王有齡知道勸不動他，也就隨他去了。於是，兩人商議捐官之事。最後決定先捐一個六品的候補道台。花了幾千兩銀子，朝廷發下委任狀和官服頂子。胡雪巖穿上一試，在鏡子前一照，覺得自己就像個唱戲的小丑兒一樣，渾身不自在；便脫下順手一丟，重新換上他的長袍馬褂。就這樣，以後凡是見官的場合，胡雪巖都把官服套上，頂子戴起，看起來滿像那麼回事。不過，他的內心總覺得自己荒唐之至。

後來，隨著王有齡在官場一路攀升，由知府竟成為浙江巡撫，坐鎮一方的堂堂二品大員，胡雪巖不僅生意如日中天，從錢莊到絲綢業，到當鋪，再到藥店，名震東南，而且捐的官也越來越大；再後，甚至通過左宗堂的關係，不僅破天荒弄了個紅頂子，還被賞穿黃馬褂。

在清朝，賞穿黃馬褂可是件了不得的大事。《嘯亭雜錄》曾記載黃馬褂的定制：「凡領侍衛內大臣、御前大臣、侍衛、乾清門侍衛外，班侍衛、班領、護軍統領，前引十大臣，皆服黃馬褂。凡巡幸，扈從鑾駕，以為觀瞻。其他文武諸臣或以大射中侯，或以宣勞中外，上特賜之，以示寵異云。」

由此可見，只有皇帝身邊的侍衛扈從和立有卓著功勳的文武大臣，才有資格賞穿黃馬褂。即使是馳騁疆場大半輩子的左宗棠，也是在五十三歲那一年，即同治三年（一八六四年），從太平軍手中奪回浙江省城杭州之後，才被賞穿黃馬褂的。況且黃馬褂一向由皇帝主動特旨賞賜，哪有臣下指名討賞的道理。

但左宗棠為了胡雪巖的緣故，一不怕碰釘子，二是煞費苦心做文章。他一開始打算在賑案內保舉胡雪巖。後來經

過與陝甘總督譚鍾麟商議，覺得縱然獲皇帝特旨諭允，也
難過部驗一關。於是，在光緒四年二月二十三日（一八七八
年），左宗棠上疏請求皇帝飭令吏、兵兩部於陝甘、新疆
保案從寬核議。第二天又寫信給譚鍾麟，其中提到：「即以
時務言之，隴事艱難甲諸行省，部章概以一律，亦實未協
也……胡雪巖為弟處倚賴最久、出力最多之員，本朝廷所洞
悉，上年承辦洋款，贍我饑軍，復慨出重貲，恤茲異患，弟
代乞恩施破格本屬有詞，非尋常所能援以為例……如尊意以
陝賑須由陝西具奏，則但敘雪巖捐數之多，統由左某並案請
獎，亦似可行。」

　　光緒四年三月初十日，他再次寫信給譚鍾麟，說：「實
則籌餉之勞惟雪巖最久最卓，本非他人所能援照，部中亦無
能挑剔也。」

　　十天以後，左宗棠在給譚鍾麟的信中指出：儘管黃馬褂
非戰功卓著者不敢妄請，但它大致依照花翎的章法。胡雪巖
既然已得花翎，已類似戰功之賞。而且他對全國各地水旱災
害賑捐達二十萬，誰能比得上？由此他認為，替胡雪巖奏請
黃馬褂並不為過。

　　經過一段時間的醞釀，左宗棠終於在光緒四年四月十四
日（一八七八年），鄭重地上奏了《道員胡光墉請破格獎敘
片》，除記述胡雪巖辦理上海採運局務、購槍借款、轉運輸
餉、力助西征的勞績，還長篇累牘地羅列了他對陝西、甘
肅、直隸、山西、山東、河南等省災民的賑捐，估計數額達
二十萬內外，「又歷年捐解陝甘各軍營應驗膏丹丸散及道地
藥材，凡西北備覓不出者，無不應時而至，總計亦成鉅款，
其好義之誠、用情之摯如此。」

　　為了使皇帝相信自己所言，左宗棠在奏摺中還發誓：
「臣不敢稍加矜詡，自蹈欺誣之咎。」

　　這樣，胡雪巖既有軍功，又有善舉，還有被朝廷倚為肱股重臣的左宗棠鼎力保奏，朝廷不僅破例批准賞穿黃馬褂，皇帝還特意賜允他在紫禁城騎馬的無上榮耀。他在杭州城內元寶街的住宅也得以大起門樓。就連浙江巡撫到胡家，也要大門外下轎，因為正二品的巡撫也沒有穿上黃馬褂。乾隆時期的鹽商曾因鉅額報效而獲紅頂戴，但像胡雪巖這樣既有紅頂子，又穿黃馬褂，享有破天荒殊榮的卻是絕無僅有。難怪這位特殊的官商被人稱為「異數」。

　　胡雪巖是晚清時官商中最特殊的人物之一，他具有亦官亦商的雙重身分，既有官的榮耀，又有商的實惠。但他並不坐衙門，拍案升堂，而仍以經商為業。這表明他只是想借助於職銜和封典，抬高自己的身價，以提高自己在商業競爭中的力量。換句話說，他的紅頂子、黃馬褂都只服務於他的生意經。

2. 背靠大樹，刀頭舔血

　　生意場上，誰也不敢說自己永遠不會失敗，因為做生意本來就是機遇與風險並存的事。胡雪巖認為，生意場上向來是小險小利，大險大利。敢冒大險，所得到的好處才會多。想成為大商人，賺大錢，總需要有點勇氣湧上心頭。許多生意人往往忽略冒險在生意場上的作用，認為穩紮穩打才是做生意的基本原則。實際上，那些願意冒險並敢於冒險的人往往笑到最後。因為生意場上，風險與機遇總是成正比，想發大財，成為大商人，就要有敢於刀頭舔血的氣魄。所謂敢於刀頭上舔血，說穿了，就是敢於承擔風險。

　　胡雪巖說：「商人圖利，只要划得來，刀頭上的血也要

去舔。風險總有人背的，要緊的是一定要有擔保。」

胡雪巖為什麼不怕擔風險，就是因為有「擔保」──官場靠山。所以他才敢刀頭舔血。當然，敢冒大險，最要緊的是要有眼光，看得準，以求有驚無險。

(1) 勇於決斷，敢舔刀頭上的血

中國古代商人祖師白圭說：「商人四德，智、信、仁、勇，四者缺一不可。」而「勇」又支撐其他三者。商業經營中，常有寶貴的商機出現，等待人們發掘。然而，機遇出現的同時往往也伴隨著風險，機遇越好，風險越大。商機稍縱即逝，到底要不要抓住機會，並承擔必要的風險，這就要求決策者具有當機立斷的勇氣。

美國快遞大王、聯邦快遞公司的總裁弗雷德·史密斯說：「我認為，企業家一詞，在某種程度上應當賦予它賭徒的涵義。因為，在許多時候，他們都需要採取相當大的冒險行動。」

中國近代，身上有賭徒氣質的商人很多，他們中間最大的賭徒當屬胡雪巖。

胡雪巖在做生意之初，「賭」的第一把就是上海的蠶絲生意。當時，他的徒弟陳世龍打聽到，上海市面即將不平靜，幫會組織「小刀會」計劃在八月起事。起事了會帶來什麼影響？該如何應對？這就需要胡雪巖及時做出決斷。

比如說，如果小刀會在八月起事，此前專做絲生意，估計不會有太大的風險。但是，假定小刀會鬧成功了，上海肯定有好一陣兒混亂，外邊的絲很難運進。知道了這一情況，如果事先囤絲，大批吃進，它就是一筆好生意。但囤絲又有囤絲的風險。首先是要壓本錢，假定市面不出半月又平靜

了，囤絲也就意義不大。

在這種局勢難料的複雜情況下，因為誰也不可能盡知與下決斷相關的所有資訊，所以就有風險，就要賭。在最後時刻，只能根據大致的情況估算。至於估計是否準確，情況能否按你估計的方向發展，統統都是一個待卜的未知數。

正因為是未知數，才需要商人勇毅果敢的個性。

胡雪巖這一次做出的判斷是：大量買絲，囤在租界，必賺！高價亦不惜。他的理由是：洋人暗中支持小刀會，政府必然要想個法子治一治洋人。最好的法子就是禁止和洋人通商。所以，過不了三個月，洋人很可能有錢而買不到絲，致使絲價大漲。

果不出他所料，兩江總督上書朝廷，力主禁商而懲罰洋人。朝廷也回書答應這麼做。因而，他大賺了一筆。

這是胡雪巖自立門戶以來的第一筆大宗生意。為了這筆生意，他調集了幾十萬銀款，其中多半兒都是向錢業同行借貸的。因為大家都相信他的判斷。其實是相信他所下的判斷大致不會錯。回過頭想一想，假定這一次恰恰是他判斷錯了，或是生絲已經囤了三個月，利息已經吃進了幾千，忽然市禁大開，絲價大跌，恐怕我們一出場看到的就是終場的胡雪巖了。

幸好，結局甚為圓滿。勇和智結合、智和義結合，胡雪巖從官場、洋場和江湖朋友處得來的消息，全都千真萬確，沒有出現紕漏。這一決斷，最終變成了白花花的銀子。

身為商人，無非希望市場能沿著自己預想的方向發展，希望預知的一切都能被證明是正確的，各種意外越少越好。

那麼，勇是什麼？勇是厚利，勇是機會。白圭之所以把它列為商人四德之一，就是因為勇一頭連接了智，一頭連接了風險。它處在「人知」的邊緣。需要勇的時候，就證明：

我對此事的向前發展沒有完全確知。如果完全知道了事情的發展，就不需要勇。鑽入一個已被各種現代化設備整修完好的大溶洞，不需要勇，頂多需要智，以察清洞中所遇到的各種情況。但要踏入一個荒野中的山洞，哪怕這個山洞並不比前面所說的大溶洞危險，也特別需要勇，因為你根本不能預知裡面的情況：或許有猛獸，或許沒有；或許有毒蛇，或許沒有；或許有陷阱，又或許沒有……

因為是通向求知，所以就可能有機會，有厚利。不過，同時也可能什麼都沒有，只有無盡的災難。這本就是包括在裡面的風險因素。

想做一個能賺大錢的成功商人，必須具有過人的膽識和氣魄。簡單說來，也就是要敢做別人想不到去做，或者想到了卻不敢去做的事。特別是能察人所未察，在人所共見的風險中，見出人所未見的「划得來」，並且只要看準了，就敢於去承擔別人不敢承擔的風險。當然，勇毅並不是決斷的惟一因素，但這種勇毅是有基礎的，那就是對事情的各個方面有個徹底的了解、預見的眼光、正確的推斷。

胡雪巖之所以在做生意時能有「刀頭上舔血」的勇氣，首先源於他對時勢、對商情的充分了解。這種勇氣不是莽撞的一時衝動，而是經過深思熟慮之後做出的最後決定。所以，他才能在各個機會來臨時勇敢地把握住，並穩賺鉅額利潤。「兩利相權從其重，兩害相權從其輕。」如果需要承擔的風險實在太大，甚至可能「翻船」，把自己的老本搭進去，那恐怕再高明的商人也得好好思量思量，不一定敢出手。當然，如果有夠硬的靠山，能夠提供必要的擔保，在關鍵時刻為你遮風擋雨，起碼不至於賠上身家性命，那就可以冒大險。對於許多人來說，不是不敢冒險，而是你根本就冒不起這個險。

　　胡雪巖白手起家，終至成為一代豪富，就在於他巧妙地借助了官場靠山的保護，抓住了一個又一個機會。換句話說，因為他有夠硬的靠山，不怕冒險，所以能豪情萬丈地說：「商人圖利，只要划得來，刀頭上的血也要舔。」

　　敢於刀頭上舔血，這確實是一個希望獲得大成功的商人必備的素質。這裡頭的原因其實很簡單：沒有風險的生意人人會做，利益均霑，要在同行同業中出類拔萃實在是難之又難；弄得再好，大體上也不過只比保本微利，混個糊口好上一點點。用胡雪巖的話說，也就是：「不冒風險的生意人人會做，如何能夠出頭？」

　　從某種意義上說，所有能夠帶來滾滾財源的機會，都包含有風險的成分。即如胡雪巖要學山西票號借款給那些調補升遷的官員，表面看似乎沒什麼風險，實際上仍然擔著風險。那些新官上任，也可能到官途中或到官不久就出了事，比如病死，比如丟官。兵荒馬亂中，什麼事都可能出現。要是這樣，借出去的錢很可能血本無歸。

　　說到底，沒有不擔任何風險的生意。而且，商場上一筆生意能得利潤多少，往往與經營者應承擔的風險大小成正比，「富貴險中求」，所擔風險越大，所得利潤就越多。所謂「撐死膽大的，餓死膽小的」，這似乎是商界一條古今一理、中外相通的法則。

(2) 先安內再攘外

　　江南是中國蠶絲業發達的地區，在洋人入侵之前，一般都是手工染絲業，由當地一些小手工作坊加工。因此，與蠶絲業有關的人家數以萬計。一旦市場上出現什麼風波，往往就會使無數人家破人亡，淪為難民，甚至背井離鄉，流落四

方。清政府對江南，尤其是江浙一帶的蠶絲業，起初採取保護政策，禁止大手壟斷，哄抬價格，或賤價收購，所以這裡的情況一直發展得很好。

　　然而，洋人的勢力一侵入中國，形勢一下子就發生了變化。西方機器工業的生產效率遠遠高於落後的手工作坊，質量也超出傳統的手工技術。洋人先是大量收購生絲，再把生絲運回他們國內。這使得江浙一帶的手工作坊因缺乏生產原料，不得不關門。在許多手工作坊紛紛倒閉之後，洋人就控制了蠶絲市場。他們肆意壓低收購價格。剛出的生絲如果沒有特殊的保護措施，不出一個月便會由雪白變成土黃，從而分文不值。那些分散的蠶農看著剛出的雪白生絲，根本不敢久留。況且蠶絲業一直是江南一些地區的主產項目，維繫著千家萬戶的命運，如果絲質變壞，洋人拒收，蠶農一年的工夫就化為泡影。所以，儘管洋人把價格壓得特別低，蠶農也不敢在自己手裡保存，只能心頭滴著血，把生絲送往那些洋人開設的收購點。

　　胡雪巖在浙江多年，特別是王有齡出任湖州知府後，他對蠶絲業裡面的名堂看得十分清楚。他一直想在蠶絲業中分一杯羹，只是苦於力量不夠，暫時不能大幹一場。但小打小鬧畢竟不是他的性格，他的目標是「銷洋莊」，與洋人較量。當然，他心裡很清楚，自己的實力再大，如果沒有官場靠山的強力支持，也無法鬥過有政府背景的洋人。後來，隨著王有齡升任浙江巡撫，官場靠山越來越硬，他才得以大展拳腳，與洋人鬥法。按他的說法，就是：「官場擺平了，自然好與洋人鬥法。」

　　原來，何桂清在胡雪巖幫助下，於咸豐四年（一八五四年）四月，順利調補倉場侍郎，到秋天漕米海運事畢，又繼黃宗漢而成為浙江巡撫。

　　何桂清坐上浙江撫台的寶座，王有齡自然得意，咸豐五年（一八五五年）調補首府杭州知府，不久又兼署督糧道。同一年，賞戴花翎，並奉旨交軍機處記名，遇有道員出缺，請旨簡放。這稱為「內記名」，越過吏部那一關，是補缺最優先的「班次」。

　　咸豐六年（一八五六年），王有齡又奉委兼署鹽大使，護理按察使，集糧政、鹽務、司法於一身，為浙江第一能員，也是浙江第一紅員。半年後，兩江總督怡良因病免職，何桂清奉旨以二品頂戴署理兩江總督，又保王有齡為江蘇按察使，不久又署理布政使，就是藩司，掌管一省的財政與人事。咸豐十年（一八六○年），太平軍李秀成為解金陵之圍，出奇兵攻克杭州。城破之日，浙江巡撫羅遵殿「殉節」。在達到誘敵分兵的目的之後，李秀成主動撤離，一舉擊潰清軍江南大營。王有齡在何桂清保奏下，順理成章地升任了浙江巡撫。

　　有了浙江巡撫這個護身符，胡雪巖決定與洋人大幹一場。但僅憑他一人的資本，如何能夠收購完浙江一省的生絲？辦法無非還是借助官場靠山。他讓王有齡出面，由浙江巡撫牽頭，成立蠶業總商會，商會成員都是浙江的大富翁、鄉紳和告老還鄉的官員等。這些有錢人如果願意出錢，就出錢，不願出錢則提供擔保。向誰擔保？向那些蠶農。胡雪巖向那些前來賣生絲的蠶農講明：「我們先墊付你一部分錢，另一部分我出具欠條。這個欠條由蠶業總商會擔保，而且加蓋浙江巡撫的大印。這部分錢一般等到秋天就付給蠶農，而且另高過錢莊同期存款的利息。」

　　當然，胡雪巖說得再好聽，蠶農對這種方法還是半信半疑。畢竟好聽話不能頂銀子花。金黃銀白，是自己親眼所見；如果不是親眼所見，誰知道它是什顏色。於是胡雪巖又

召開商會，對那些有錢的富翁說：「你們負有責任，與那些蠶農當面解釋，讓他們確信他們完全可以從中得到好處。這是正常的商業交易，不是官府的訛詐。而且事成之後，每個股東都可獲取豐厚的利潤。」

商會那些有錢的主兒開始琢磨：「自己只出信譽擔保，以後即便有什麼閃失，絕不會損失一分錢，而且可以往官府頭上推。如果自己現在不答應，明顯是不給胡雪巖的背後靠山——浙江巡撫面子。況且以後事成，又可以獲一大筆錢，何樂而不為？」

於是他們在各地大力宣揚：胡雪巖是誠實的商人，絕不會欺騙蠶農，而且有官府和商會雙重擔保，更不可能有任何閃失。這些人都是富甲一方，在當地很有聲望的大戶，他們說的話有時甚至比官府還具有說服力。很快，蠶農便打消了心中的疑慮，紛紛把生絲交給胡雪巖。

胡雪巖這一「釜底抽薪」的招術確實夠狠，斷了貨源的洋人一下子慌了神兒。西方許多國家，尤其是英國，他們的絲廠都依賴中國絲源，這一來，胡雪巖把絲源壟斷了，他們國內的許多絲廠「無米下鍋」，紛紛告急。眾多外國洋務商辦於是都跑來找胡雪巖，要求把生絲賣給他們，哪怕價格高一點也無所謂。然而，此時胡雪巖的報價已不是高一點的問題，幾乎要比以往的生絲收購價高出一倍。洋商一聽，各自搖頭。

無奈的洋商轉而進行密謀，通過他們的洋務代表，進京賄賂京中一些高官，希望他們能制止浙江巡撫參與商業行為。然而胡雪巖對此早有預料，他在收購之初就說服浙江巡撫王有齡上了一道奏章，道：「江南絲業，其利已為洋人剝奪殆盡，富可敵國之江南大戶於今所餘無幾……民無利則國無利，則民心不穩，國基不牢。鑒此，本撫台痛下決心，力

矯蠹柔弊病。茲有商賈胡雪巖者，忠心報國……」

　　奏章中把胡雪巖的行為大吹特吹了一把，同時對洋商給政府經濟帶來的損害也做出了準確的剖析，所以奏章一到京中，許多大臣都認為有理，紛紛上奏皇帝，希望其他省份也效仿浙江。因此，那些受納外國洋務代表賄賂的大臣見風頭不對，誰也不敢貿然行事；加之指責浙江巡撫的證據也不夠，洋商靠皇帝下令制止胡雪巖的企圖明顯無望。

　　洋人們在中國的絲綢生意是通過他們在中國的經紀人做的。洋人出資，僱用一些精明能幹的中國商人，由他們出面把生絲收到上海，然後再給他們一筆佣金。與洋人的鉅額利潤相比，這些經紀人的佣金實在少得可憐，但他們自己沒有足夠的資金，因此不可能平等地與洋人討價還價。

　　胡雪巖的想法是：通過陳正心，聯絡那些洋人的經紀人，共同對付洋人。這陳正心家財萬貫，為人豪爽，素有「小宋江」之稱，在上海極有影響。對於胡雪巖的提議，他不僅慨然應允，還馬上廣發請帖，召集上海各絲行老闆商議。他並不讓胡雪巖出面，而是就浙江的作法徵詢意見。真是「一石激起千重浪」，眾絲行老闆紛紛抱怨洋人貪得無厭，並感歎上海沒有胡雪巖那樣的人物。甚至有人喊道：「陳老前輩若出來帶頭倡導，我等必定響應。」

　　陳正心見火候已到，把桌子一拍：「諸位兄弟，我陳某理解大家的心情。各位果真有心與洋人幹上一場，我陳某倒真的願意領這個頭。」

　　一聽此言，各商行老闆都變了臉色，有人露出喜色，有人面帶迷惑，有人則是面如土色。與洋人鬥法，稍有閃失，就砸了自己的飯碗，這可不是一件輕鬆的事。萬一與洋人鬥法翻了船，那又怎麼辦？自己的損失誰來承擔？這可不是光憑嘴巴說幾句漂亮話就能解決的。

　　片刻之後，有一老者站起身子，對陳正心道：「陳兄，小弟的商行你也曉得，當天賺錢當天吃，若有個什麼差錯閃失，全行十幾號人就非餓肚子不可。」

　　緊接著又人回應道：「是啊，陳老闆！你底子厚，功力大，跟洋人鬥，是不怕的。即使絲生意做不下去，還可以做別的生意，反正你門路也多。我們就不行了，絲行一關，就只有討飯的份了。」

　　陳正心坐穩了身子，品了一口香茶，慢條斯理地對眾人道：「諸位不要心慌！我陳某絕非莽撞之人，不會把大家扯進困境。跟洋人鬥法，我這次是鐵了心的。諸位都有所了解，我的主要生意並不在生絲上，但現在我決定把大宗款子用來做生絲生意。我並不要大家都把生絲囤積起來，只希望大家不要把生絲賣給別人，而是賣給我陳某。價格上，絕不比洋人少一分。」

　　這一席話聽得下面的洋行老闆悚然動容。此時他們方知陳老闆真的是下定決心要與洋人大幹一場。只是有人心中還在嘀咕：「洋人與我們合作這麼久，而且兩方面從未出過什麼差錯，洋人年收購穩定，而且需求逐年增大，如果你與洋人鬧翻了，那往後的年份，誰又來收購生絲呢？」

　　陳老闆彷彿看穿了眾人的這種心思，他哈哈一笑：「各位，今天有一位遠客，我給大家介紹一下。」

　　胡雪巖從內室中走了出來，向大家行個禮。

　　眾老闆心中暗自嘀咕：「這是何方神聖？」再一看他那身穿戴打扮和氣質風度，就知道不是一般人。陳正心起身給眾人引見：「這位是胡雪巖，浙江來的朋友。」

　　「胡雪巖！他就是胡雪巖？」下面七嘴八舌議論開了。

　　胡雪巖在浙江的作為早已風聞天下，更何況是絲行中的人，豈有不知的道理？而且他們當中還有許多人在生意上與

胡雪巖有過瓜葛呢！今日一見，才算睹其真容。

陳正心接著說道：「各位，胡兄弟的來意，想必大家也猜著了幾分。胡兄弟在浙江與洋人鬥法，大獲全勝，洋人又氣又憤。今日胡兄弟來上海，也是為了絲上的生意。」

胡雪巖道：「各位，在浙江，我能與洋人一較長短，全賴浙江各地的朋友幫忙。今日來上海，人地生疏，還望各位多多幫助，多多指點。」

這番禮節周全的開場白聽得各家老闆心中暗自欽佩。然後，胡雪巖就洋人的生意經大談起來。他道：「洋人的絲廠長期以來在中國進口生絲，進價便宜，製成的布、綢卻是昂貴無比，遂致洋人越來越富，國人越來越窮。其原因就在於我國民心不齊。在這些事關民族利益的生意上，從商之士理應同心協力，同舟共濟，而不應互相猜忌，彼此拆臺。只要大家一條心，聯合起來，把生絲壓一段時間，洋人的廠沒米下鍋，生絲的價肯定會大漲。」

沒過幾天，上海的絲行老闆一致要求提價。他們對洋人說：「胡雪巖已經答應出高價收購我們的生絲。」

洋人這才明白事態的嚴重性。他們還想私下分化拉攏，對某些商行許以高價，卻遭到拒絕。那些商行的老闆說，如果他們私下把絲賣給洋商，不僅會受到同行譴責，還會背上賣國的惡名，更會得罪上海的陳正心。他在上海可是個黑白兩道都吃得開的人。

在這種情況下，洋商知道除了同胡雪巖當面談判之外，其他方法都行不通了。加之國內生產廠家的告急電報雪片般飛來，使他們不得不給胡雪巖一個公平合理的價格。在與洋人的鬥法中，胡雪巖借助官府的勢力大獲全勝。

(3) 有官方背景，說起話來才硬氣

　　如果要問兵荒馬亂的世道，什麼生意最賺錢？人們肯定都會回答：「軍火！」但軍火生意並非一般人做得了。許多有錢的主兒看著別人倒賣軍火發大財，就是乾著急，沒辦法。為什麼？就是因為缺乏做軍火生意最基本的條件——官場靠山，或者說官方背景。在這方面，胡雪巖可謂具有得天獨厚的優勢，官場、商場和江湖勢力，幾乎一個不剩地占全了。

　　正因為有官場靠山，胡雪巖說話、行事才顯得很「大氣」，辦起事來極果斷。比如剛剛與古應春和尤五商定做一把軍火生意，一切還都沒有眉目，八字都沒有「一撇兒」，他心裡就估計情勢：憑自己在浙江官面兒上的關係，只要自己把洋槍弄回去，浙江當局肯定會買。既然如此，那就不妨來它個雙管齊下，一邊與洋人交涉，一邊帶著現貨回杭州。如果團練不用洋槍，實在沒辦法，就讓王有齡買下來，供他的府台小衛隊使用。反正爛不到自己手裡。

　　主意一定，胡雪巖馬上找到古應春，見他正穿戴整齊，準備與洋人商談。等胡雪巖說明了來意，他想了一下，問道：「你想買多少支？」

　　「先買兩百支。」胡雪巖說：「我帶了一萬銀子。」

　　「兩百支，有現貨。不過，你怎麼運法？」古應春提醒：「運軍械，要有公事。不然，關卡上肯定被扣。」

　　這個一般人根本沒法解決的難題，對胡雪巖卻是小菜一碟。他很輕鬆地說：「這方面我已考慮周全。從上海到淞江，由尤五的漕幫負責，不會出什麼麻煩。我一到杭州，立刻就請了公事，迎上來接貨。」

「小爺叔，你在官場上果然混得開，說起話來就是與別人不一般。好！我此刻就陪你去見洋人，與他們當面議價。」說著，古應春拉了胡雪巖的手就走。

一路上，古應春不斷向胡雪巖介紹洋人的禮節、習慣和規矩，不知不覺來到一座小洋房門前。長著滿臉大鬍子的哈德遜大踏步迎了出來。胡雪巖已打定主意，反正自己不懂洋規矩，古應春怎麼做，他也跟著照貓畫虎；看他起身，自己亦起身，看他握手，自己也握手，總不會錯到哪裡去。但古應春跟洋人談話時，他只能看他們臉上的表情。

表情很不好。洋人只管聳肩攤手，古應春則是大有惱怒之色，然後聲音慢慢升高了，顯然起了爭執。

「豈有此理！」古應春轉過臉來，怒氣沖沖地對胡雪巖說：「他明明跟我說過，貿易就是貿易，只要有錢，他什麼能賣的東西都願意賣，現在突然反悔了，說跟長毛有協定，賣給他們就不能再賣給官軍。我問他以前為什麼不說，他說是領事最近才通知的。又說，他們也跟中國人一樣，行動受官府約束，所以身不由己。你說氣不氣人？」

「你問他，知道他們跟誰簽了約嗎？那是一夥與合法政府做對的亂民。」

哈德遜聳聳肩，說自己是商人，商人只管做生意，不問對方是誰，哪怕他是魔鬼也不管。

胡雪巖再次反問道：「那就不對了。朝廷跟英國人訂了商約，開五口通商，反而我們不能跟他通商，朝廷討伐的叛逆倒能夠跟他通商，這是啥道理？」並威脅說，根據《五口通商》的規定，朝廷保護的是外國商人在華的合法經營，如果與反對朝廷的亂民做軍火生意，無異於反對中國政府，還能受到保護嗎？

這一招很厲害，哈德遜無言以對。胡雪巖抓住要害，進

一步說，如果朝廷得知這筆非法交易，派兵截獲軍火，那時你不但血本無歸，還要受到政府追究責任，利弊如何，不是很明白的嗎？哈德遜苦笑著，聳聳肩，兩手一攤，表示無可奈何。他狡辯說，槍支已經啟運，很快就到達上海，若中途毀約，將蒙受巨大的損失。胡雪巖告訴他，自己可以代表浙江地方當局買下這批軍火，並可提高出價。哈德遜兩眼一亮，連叫「OK」，表示可以重新考慮。胡雪巖盯住他說：「不是考慮，而是必須！」否則自己將運動所有力量，破壞他們同太平軍的交易。

哈德遜將信將疑，轉向古應春，詢問胡雪巖在中國官場上的影響和勢力究竟有多大，為什麼說話的口氣這麼硬。古應春告訴他，中國有句老話，叫做「有錢能使鬼推磨」，胡雪巖不僅與眾多官員有很深的交情，而且他的錢財足可以買下浙江半個省的地皮，相當於英倫三島中的一個。哈德遜驚得張大了嘴巴，連連伸出拇指比畫。胡雪巖的「硬氣」立刻降伏了他。

哈德遜明白，與胡雪巖這樣的官商打交道要比「亂民」來往有利得多。沒費多大力氣，他就放棄了原來的打算，與胡雪巖商談起購買槍支的具體細節。胡雪巖允諾把每支槍的價格提高一兩銀子。哈德遜高興得手舞足蹈，斟滿一杯酒，同胡雪巖碰杯，慶賀生意成交，並主動送胡雪巖一支最新式的「後膛七響」以表敬意。

現在看來，在當時那種特定的歷史條件下，假如胡雪巖沒有官方背景，見了哈德遜別說「硬氣」不起來，不當孫子才叫怪哩！

還有一事，也充分顯示出胡雪巖背靠官場靠山的「大氣」。左宗棠西征前，為了籌足先期必用的一百二十萬兩銀子，胡雪巖決定向洋人借款。平時向外國銀行借錢，十萬或

二十萬銀子，只憑他一句話就可以借到。因為一百二十萬兩不是個小數目，是銀行從來沒有貸放過的一筆大數目，因此難度很大。就連見多識廣的古應春也很坦率地對他說：「小爺叔，這件事恐怕很難。」

但西征大業的成敗和左宗棠封爵以後能不能入閣拜相的關鍵都繫於此，關係真個不輕。倘或功敗垂成，如何交代？所以，胡雪巖是志在必成。他對古應春說：「我也知道很難。不過，一定要辦成功！」

見胡雪巖決心已定，古應春不再勸阻了。胡雪巖從不畏難，徒勸無效；他知道自己惟一所能採取的態度便是不問成敗利害，盡力幫胡雪巖去克服困難。於是他問道：「小爺叔，你總想好一個章程了吧？比如如何借，如何還？出多少利息，定多少期限？且先說出來，看看行得通行不通？」

「借一百二十萬，利息不妨稍微高些。期限一年，前半年只付息；下半年分月按本，分六期攤還。」

「到時候，拿什麼還？」

「各省的西征協餉。」胡雪巖屈指算道：「福建四萬、廣東四萬、浙江七萬；這就是十五萬，只差五萬了。江海關打它三萬的主意，還差兩萬，這就好想法子了。」

「小爺叔，你打的如意算盤。各省協餉是靠不住的！萬一拖欠呢？」

「我的阜康錢莊擔保。」

「不可！」古應春大搖其頭，「犯不著這麼做！而且洋人做事講究直截了當，一聽說阜康要擔保，洋人一定會說：『錢借給你阜康錢莊好了。只要你提供擔保，我們不管你的用途。』那一來，小爺叔，你不但風險擔得太大，也太招搖。不妥，不妥！」

胡雪巖想想，果然不妥，便對古應春說：「外國銀行的

規矩，外國人的脾氣，你比我精通得多，你看，應該怎麼個辦法？只要事情辦得通，什麼條件我都接受。」

古應春解說道：「洋人辦事跟我們有點不同。我們是講信義通商，只憑一句話就算數，不大去想後果。洋人呢？雖然也講信義，不過更講法理，而且有點『小人之心』，不算好，先算壞。拿借錢來說，第一件想到的事是，對方將來還不還得起？如果還不起又怎麼辦？這兩點，小爺叔，你先要盤算妥當。不然，還是不開口的好。」

「我明白了。第一點，一定還得起，因為各省的協餉規定了數目，自然要奏明朝廷；西征大事，哪一省不解決，貽誤戰機，罪名不輕。再說，福建、廣東、浙江三省都有左大人的人在那裡，一定買賬。這三省就有十五萬；四股有其三，不必擔心。」

「好，這話我可以跟洋人說。擔保呢？」

「阜康既然不便擔保，那就只有請左大人出面了。」

「左大人只能出面去借，不能做保人。」

「這就難了！」胡雪巖靈機一動，「請協餉的各省督撫做保，先出印票，到期再向各少藩司衙門收兌？」

「不見得！但總是個說法。」古應春又說：「照我看，各省督撫亦未必肯。」

「這一層你不必擔心，左大人自然做得到。『挾天子以令諸侯』的花樣他最擅長。」

「好的。只要有把握，就可以談了。」

為了保持機密，古應春將英國匯豐銀行的麥林，約在新成立的「德國總會」與胡雪巖見面，一坐下來便開門見山地談到正題。麥林相當深沈，聽完究竟，未置可否，先發出一連串詢問：「貴國朝廷對此事的意見如何？」

顯然，他不相信胡雪巖一個商人能有如此氣魄和膽識。

「平定回亂，在中國視為頭等大事。」胡雪巖透過古應春的解釋，答道：「能夠由帶兵大臣自己籌措到足夠的軍費，朝廷當然全力支持。」

「據我所知，中國的帶兵大臣各有勢力範圍。左爵爺的勢力範圍似乎只有陝西、甘肅兩省，那是最貧瘠的地方。」

「不然！」胡雪巖不肯承認地盤之說，「朝廷的威信及於所有行省，只要朝廷同意這筆借款，以及由各省分攤歸還的辦法，令出必行，請你不必顧慮。」

「那麼，這筆借款，為什麼不請你們的政府出面？」

「左爵爺出面，即是代表中國政府。」胡雪巖說：「一切交涉，要講地位對等；如果由中國政府出面，應該向你們的『戶部』商談，不應該是我們在這裡計議。」

麥林深深地點了點頭；但緊接著又問：「左爵爺代表中國政府，而你代表左爵爺，那就等於你代表中國政府。是這樣嗎？」

這話很難回答。因為此事正在發動之初，甚至連左宗棠都還不知道有此借款辦法，更談不到朝廷授權。如果以訛傳訛，胡雪巖便是竊冒名義，招搖辱國，罪名不輕。但如若不敢承認，便失去憑藉，根本談不下去了。

想了一會，他含含糊糊地答道：「談得成功，我是代表中國政府；談不成功，我只代表我自己。」

「胡先生的詞令很精彩，也很玄妙，可是也很實在。好的，我就當你是中國政府的代表看待。這筆借款，原則上我可以同意，但還有一些細節需要商談。」

就這樣，經過胡雪巖的巧妙斡旋，以模稜兩可的「官方」身分，把這筆大借款做成功了。此乃中國借外債的開始，而左宗棠的勳業，以及胡雪巖個人的事業，亦因此而有了一個新的開始。

第五章

做生意就要
會隨機應變

「犯法的事，我們不能做。不過，朝廷的
王法是有板有眼的東西，他怎麼說，我們怎麼
做，這就是守法。他沒有說，我們就可以照我
們自己的意思做。」

——胡雪巖

1. 做生意一定要活絡

胡雪巖有一句至理名言：「做生意一定要活絡。」這話主要有兩層意思：一是不要死守自己熟悉的一方天地，要根據具體情況，做出靈活的反應；二是反應要迅速，想到了就立即著手去做，不放過任何一個機會。他不僅這樣說，他的生意也的確做得極為活絡。在他馳騁商場，一步步走向鼎盛的官商之途中，靈活機動，四下出擊，真可謂一步一個點子、一路一趟拳腳、一動一套招式，招招式式都能為他演化出一條新的財路。

(1) 不能死守一方天地

現在社會上有一句非常流行的話，叫做：「這世界不是缺少美麗，而是缺少發現。」指的就是人只要用心去找，必定可以成就自己。「發現」就是找到自己的財路。若能處處留心，善於發現，必定可以為自己廣開生財之路。

為自己開拓財源，要有精明的生意人眼光，看得準、看得遠，還要眼界開闊，頭腦靈活。所謂眼界開闊、頭腦靈活，簡單地說，就是不要死守著一個自己熟悉的行當，而是要善於在其他行當中發現可以開發的財源。說到底，也就是要時刻想著去不斷尋找新的投資方向，不斷擴大自己的投資經營範圍。一個生意人如果只能看到自己正在經營的熟悉行當，最終只會是抱殘守缺，連正在經營的行當都不一定經營得好，更不用說為自己廣開財源了。

胡雪巖為自己的蠶絲生意和幫辦王有齡湖州官府的公

事，數下湖州，結識了在湖州頗有勢力的民間把頭，也是湖州的「戶房」書辦郁四。他憑著仗義和豪爽，也因為他幫助郁四妥善處理了家事，深得郁四敬服。為了報答胡雪巖，郁四做主，為他娶了寡居的芙蓉姑娘做「外室」。

芙蓉姑娘的娘家本來也是生意人，祖上開了一家牌號叫「劉敬德堂」的大藥店。「劉敬德堂」傳至芙蓉姑娘父親一輩時也還有些規模，不成想，她父親十年前到四川採辦藥材，舟下三峽，在新灘遇險，船毀人亡。她的叔叔外號「劉不才」，本是一介紈褲，極盡揮霍之能事，還特別好賭，接下家業不到一年就無法維持，藥店連房子帶存貨都典給了別人，自己落得以借貸為生。不過，這劉不才也有一種死撐勁兒，就是俗話說的「瘦驢不倒架」，還有那麼一點顧及臉面的硬氣。比如自己窮困潦倒到了極點，卻還死活不同意侄女芙蓉給人做「偏房」，說是我們劉家窮是窮，但也沒有把女兒給人家做偏房的道理。所以，芙蓉再嫁後，他死活都不想認胡家這門親戚。再比如潦倒歸潦倒，甚至已經到了借貸無門的地步，他始終不肯押出自己手上的幾張祖傳祕方，以為只要祕方還在，「家底」就還在，心裡還想著有朝一日要重振家業。

胡雪巖娶了芙蓉姑娘，這位不想認親的劉不才自然也是一個麻煩。對於嗜賭如命的叔叔既不能不管，又實在是沒法管。當然，按照一般人的想法，這時的胡雪巖可以有兩個選擇：一是按郁四的想法，送劉不才一筆銀子打發了，今後不再與他發生任何關係；一是按芙蓉姑娘的想法，由芙蓉勸說劉不才拿出那幾張祖傳祕方，由他幫忙賣它萬把兩銀子，讓他自己去過活。

然而，胡雪巖卻不這樣想。他一定要認了這門親，因為他要借劉不才開一家自己的藥店。他憑著自己敏銳的眼

光，一下子就看出藥店生意今後將是一個相當不錯的財源。因為亂世當口，一是軍隊行軍打仗，轉戰奔波，一定需要防疫藥；二是大戰過後定有大疫，逃難的人生病之後必然要救命藥。因此，只要貨真價實，創下牌子，藥店生意就不會有錯。而且，開藥店還有活人濟世、行善積德的好名聲，容易得到官府的支持。在為自己賺錢的同時，還能為自己掙得好名聲，何樂而不為？自己不懂這行生意不要緊，劉不才懂。只要能夠將他收服，迫他改掉身上的毛病，就可以當起大用，他手上的那幾張祖傳祕方也正好可以充分利用。

這樣想妥了之後，胡雪巖便請郁四幫忙，擺了一桌隆重的「認親宴」。就在這認親宴上談妥了藥店開辦的地點、規模、資金等相關事項。

胡雪巖的「胡慶餘堂」就這樣開了起來。在其後幾十年中，「胡慶餘堂」成為與北京「同仁堂」齊名的老字號大小藥店，不僅成為胡雪巖的一個穩定財源，也為他掙來了「胡大善人」的好名聲，對他的其他生意也帶來了極好的影響。

一個錢莊老闆，在本業之上還要去做蠶絲生意，銷「洋莊」，在做著蠶絲生意的時候又想起開藥店，胡雪巖這種四面出擊，不斷為自己廣開財源的「活絡」，確實令人歎服。事實上，做生意最沒出息的，大概就是死守著一方天地。因為一筆生意再大，也只能有一次賺頭，一個行當再賺錢，也只是一條財路。顯然，若要廣開財源，死守著一方天地是絕對不行的。

因此，胡雪巖才說：做生意要做得活絡。自然，他說的「活絡」包括很多方面，但不死守一方，靈活出擊，而且想到就做，決不猶豫拖延，應該是這二字的精妙之所在。

(2) 移東補西不穿幫，就是本事

王有齡補了湖州知府的實缺，要去湖州府上任。起程那天，胡雪巖和一幫朋友在船上開桌擺酒，張張揚揚、風風光光，給他送行。

三吳之地，水網四通八達，由杭州到湖州，自然船行水路比陸路車馬方便和舒服。因此，這一行，胡雪巖又僱請了阿珠家的客船。沒想到，在阿珠家的客船上與阿珠娘一夕交談，竟然促成了他涉足生絲生意的決心。

船行至湖州境內，兩岸桑林引起了他濃厚的興趣。憑藉職業的敏感性，他仔細觀看河邊，見桑林連綿，無邊無際，有如綠色海洋，寬闊浩瀚。如此廣大的桑林地帶，該養活了多少做絲的農家！

他怦然心動，叫過阿珠詢問。阿珠告之，湖州自古即為絲米之鄉，農家終年三件事：栽桑、養蠶和種稻。湖州絲質量上乘，遠銷海內外，就連上海外國洋行的絲廠也都到湖州採購生絲。

說者無意，聽者有心。胡雪巖暗暗叫好。他早就有心做生絲生意，只是苦於無從下手，沒想到應在湖州地面。做生意講究天時、地利、人和。他盤算，眼下正當產絲季節，可謂天時；湖州為產絲地方，正合地利；最後一個也是頂頂重要的條件，王有齡赴任湖州，坐鎮地方，令行禁止，誰敢不從——他可做絲行生意的強大靠山。

江浙一帶原本就是著名的生絲產地，清政府在蘇、杭專門設置「織造衙門」，杭州下城一帶更是機坊林立。蘇杭一帶的女子，十一、二歲便學會養蠶繰絲，養蠶人家一年的吃喝用度，乃至婚喪嫁娶的大事開銷，都主要得自每年三、四

月間一個「蠶忙」季節的辛苦。繰絲織綢自然也是大有講究。絲分三種：上等繭子繰成細絲，上、中等的繭子繰成肥絲，剩下的下等繭子繰成的就是粗絲。織綢一定要用肥絲和細絲，肥絲為緯，細絲為經。粗絲是不能上織機的。

王有齡外放的湖州就是江浙一代有名的蠶絲產地，產出的細絲號稱「天下第一」。湖州南潯七里所產「七里絲」，據稱可與黃金等價，連洋人也十分看好。

說起來，胡雪巖在此之前，其實已經動了做生絲生意的念頭。他本就是杭州人，自然不會不知道湖州生絲的好處，也不會不知道生絲生意有錢好賺。只是此前他既沒有資本和條件涉足這一行生意，同時，也確實不太懂這行生意的門道。這次送王有齡赴任湖州，而湖州正是阿珠的家鄉，阿珠娘雖已隨阿珠爹經營一條客船十幾年，但自小耳濡目染，也頗懂得一些關於養蠶、繰絲甚至蠶絲生意上的事。

胡雪巖原已知道「絲客人」這個名稱，那是帶了大批現銀到產地買絲的人。在產地開絲行收購新絲，從中取利的叫「絲主人」。每年三、四月間，錢莊放款給絲客人是一項主要業務。他心想，與其放款給絲客人去買絲，賺取利息，何不自己做絲客人？

「我也想做做絲客人，不知道其中有什麼訣竅？」

「這我就不曉得了。」阿珠的娘說：「不過，照我想，第一總要懂得絲的好壞。第二要曉得絲的行情。絲價每年有上有落。不過，收新絲總是便宜的。」

「絲價的上落是怎麼來的？出得少，價錢就高，或者收的人多，價錢也會高，是不是這樣子？」

「我想，做生意總是這樣。不過，」阿珠的娘接著說：「我聽人家說，絲價高低，一大半是『做』出來的，都在幾個大戶手裡。」

　　聽得這話，胡雪巖精神為之一振：絲價高低竟是取決於大戶的操縱，這裡面的把戲他本就最為在行。

　　阿珠的娘這時越談越起勁了，而且所談的也正是他想知道的，蠶繭與生絲的買賣。

　　「如果人手不夠，或者別樣緣故，賣繭子的也有。」她說：「收繭子的有繭行，要官府裡領了『牙帖』才好開。同行有『繭業公所』，新繭上市，同行公議，哪一天開秤，哪一天為止。價錢也是議好的，不准自己抬價。不過，鄉下人賣繭子常吃虧，除非萬不得已，都是賣絲。」

　　「為什麼吃虧？」

　　「這一點你都不懂？」阿珠這時插句話道：「繭行殺你的價，你只好賣！不賣擺在那裡，裡頭的蛹咬破了頭，一文不值！」

　　「對，對！我攪糊塗了。」胡雪巖又問道：「那麼繭子行買了繭子，怎麼出手？」

　　「這有兩種，一種是賣給繰絲廠，一種是自己繰了絲之後再賣。」

　　「喔！我懂了。你再說說絲行。也要向部裡領牙帖，也有同業公所嗎？」

　　「當然囉！絲行的花樣比繭行多得多，各做各的生意。大的才叫絲行，小的叫『用戶』，當地買，當地用，中間轉手批發的叫『劃莊』。還有『廣行』、『洋莊』，專門做洋鬼子的生意，那是越發要大本錢了。上萬銀子的絲擺在手裡，等價錢好了賣給洋鬼子，你想想看，要壓多少本錢？洋鬼子也壞得很，你抬他的價，他不說你貴，表面跟你笑嘻嘻，暗底下另外去尋路子，自有吃本太重，急著想脫手求現的肯殺價賣給他。你還在那裡老等，人家已經塌進便宜貨，裝上輪船，運到西洋去了……」

「慢來，慢來！」胡雪巖高聲打斷：「等我想一想。」

阿珠母女倆都不曉得他在想什麼，只見他皺緊眉頭，偏著頭，雙眼望著空中，是極用心的樣子。他在想賺洋鬼子的錢。做生意就怕心不齊。跟洋鬼子做生意，也要像繭行收繭一樣，就是這個價錢，願意就願意，不願意拉倒。那一來，洋鬼子非服帖不可。不過人心不同，各如其面。但也難怪：本錢不足，周轉不靈，只好脫貨求現。除非……

「對！」胡雪巖腦子裡豁然貫通了：除非能把所有「洋莊」都抓在手裡。當然，天下的飯，一個人是吃不完的。只有聯絡同行，要他們跟著自己走。

這也不難！他心想：洋莊絲價賣得好，哪個不樂意？至於想脫貨求現的，有兩個辦法：第一，你要賣給洋鬼子，不如賣給我。第二，你如果不肯賣給我，也不要賣給洋鬼子，要用多少款子，拿貨色來抵押，包他將來能賺得比現在多。這樣一來，此人如果還一定要賣貨色給洋鬼子，那必定是暗底下受了人家的好處，有意自貶身價，成了吃裡扒外的半吊子，可以鼓動同行，跟他斷絕往來，看他還狠到哪裡去？而且，在這一方面，他相信自己無疑是個行家。

想通了這些情況之後，胡雪巖立馬就和阿珠的娘商量，由自己出資請阿珠的父親出面做「絲主人」，在湖州開一家絲行，自己做「絲客人」，並要求他們此次一回湖州，就立即著手辦理。

對於他的這種安排，阿珠的娘疑惑地問道：「你自己為什麼不開？」

「這話問得好！」胡雪巖連連點頭，然後解釋道：「為什麼我自己不開呢？第一，我不是湖州人，做生意，老實說，總有點欺生。第二，王大老爺在湖州府，我來做『客人』不要緊，來做『主人』，人家就要說閒話了。明明跟王

大老爺無關，說起來某某絲行有知府撐腰，遭人的忌，生意就難做了。」

雖然胡雪巖表面上要「避嫌」，內心裡卻早就打好了自己的小九九，那就是王有齡一到湖州，公款解省，當然由他的阜康錢莊代理「官庫」收支。這正是開辦錢莊之初就設想好了的。王有齡一到湖州，第一件事當然就是徵收錢糧，因而也必然會有大筆解往省城杭州的現款。胡雪巖要來一次移花接木、移東補西的生意運作，即用在湖州收到的現銀就地買絲，運到杭州脫手求現，解交「藩庫」。反正只要到時有銀子解交藩庫就行了，公家不損一毫一兩，自己卻能賺大利，一筆無本錢的買賣，何樂而不為？當然，變戲法可不能讓別人窺見底蘊。

正當他為自己的設想暗自興奮之時，卻遇到了一樁麻煩。只聽阿珠的爹老張說：「絲行生意多是一年做一季。因為開絲行要領牙帖，聽說要京裡發下來，一來一往，最快也要三個月工夫，那時候收絲的辰光早過了。」

原來，根據規定，開絲行先要領「牙帖」，也就是我們今天所說的營業執照。按慣例，絲行「牙帖」要由京裡發下來，因而手續十分繁雜。首先必須由準備開絲行的人提出申請，再由當地州縣層層遞報到京，最後由京裡審批之後，再將照本發下。如此一來，要領到一張「牙帖」，沒有三兩個月是不可能的。而新絲都在四、五月間上市。這個時候，鄉下正是青黃不接的當口，蠶農都等錢用；即使不等錢用，也急於將新絲賣出去，因為新絲存放時間長了會發黃，價錢上會大打折扣。對絲行來說，這個時候開秤收購，自然容易有一個好的進價。此時已經是三月末，如果按正常手續辦理絲行「牙帖」，肯定會耽誤了收購。絲行生意多是一年做一季，錯過一季，也就只好等到來年。

　　既然已經有了大好的賺錢機會，胡雪巖哪裡還肯白白耽誤一年的時間？他問老張：「我們跟人家頂一張，或者租一張牙帖，你看行不行？」

　　「這個辦法，聽倒也聽人說過。就不知道要花多少錢？說不定頂一年就要三、五百兩銀子！」老張擔心地回答。

　　看出了老張的擔心，胡雪巖非常豪爽地說：「三、五百兩就三、五百兩。小錢不去，大錢不來！老張，明天我先打一張一千兩的銀票，帶到湖州去，一面弄牙帖，一面看房子，把門面擺開。我大約在月半左右到湖州收絲。」

　　這一招「移花接木」其實就是一種「借雞生蛋」的經營方式。不過，這種「借雞生蛋」比單純用一筆資金做一椿生意，比如僅僅按原來的設想，用代理官庫的銀子經營錢莊兌進兌出的業務，又高明了許多。因為一筆資金只有在流動中才能增值。用胡雪巖的話說就是：「放在那裡不用，大元寶不會生出小元寶來。因此，做錢莊生意，絕不能讓『頭寸』爛在那裡。」

　　胡雪巖將官庫的銀子當成可移之「花」，除了他那樣的官商之外，一般生意人很難效仿。不過，一個生意人既要懂得如何籌措資金，更要學會如何使用資金。怎樣才能將自己的資金變成「活錢」，不使任何一筆資金閒置，又如何才能恰到好處地使用每一筆資金，讓它盡快也盡可能多地增值，這其中的學問實在是太大了。從這個角度看，胡雪巖所說的「做生意一定要活絡」，要知道如何去「移東補西」，而且「不穿幫」，對於生意人來說，確實就是一種本事，而且是一種大本事。從這個意義上說，他移花接木、借雞下蛋的手腕確實老到。

(3) 用錢生錢，錢眼裡能翻跟斗

　　在商業經營中，錢能生錢。也就是說，有了一定數量的錢，再加上合理有效地運用和調配，就能獲取更多的錢。如何合理地運用、調配已有的金錢，這是對一個商人的才幹和智慧的綜合考驗。然而，「巧婦難為無米之炊。」身為一名經營者，無論你有多麼強的經營能力，如果沒有錢供你運用、支配，所有一切都只能是虛無縹緲的空中樓閣。

　　中國傳統商人有「以一文錢創天下」的志向和能力，但也知道，完全靠一文錢一文錢地積累，這個發家過程無疑會十分漫長，甚至永遠達不到。因此，跳過最初資金積累的階段，直接由借貸——負債經營入手，便成為胡雪巖這類經營高手成功的捷徑。

　　胡雪巖曾說，他自己就知道「銅錢眼裡翻跟斗」。而從他迅速成功的過程來看，他的確是一個善於在「錢眼裡翻跟斗」的高手。在自己事業的初創階段，他其實是身無分文的，只因為他知道如何在「錢眼裡翻跟斗」，從最初開辦阜康錢莊，到胡慶餘堂，再到胡記典當行的每一行事業，也就一項接一項地「翻」了出來。

　　在開辦藥店，和劉不才商量藥店事宜的時候，他一開口就是：「初步我想湊十萬銀子的本錢。」這個「牛皮」可是吹得有點大了，因為當時他根本不知道這十萬銀子在什麼地方，可以說一點著落也沒有。雖然郁四說過願意入股，但他已經幫了自己很多忙，再讓他拿錢出來，他也就只好賣田賣地了。兵荒馬亂之中，不動產根本變不出現錢。按他的原則：「江湖上行走，絕不幹害好朋友的勾當。」他自然不會取此下策。他第一次感到了不踏實。

　　不過，這不可能難倒善於「錢眼裡翻跟斗」的胡雪巖。他腦子一轉，立馬便找到了為藥店籌集資本的兩個主意：

　　第一步，向杭州城裡那些為官不廉、中飽私囊，已經被「餵」得腦滿腸肥的官兒籌集資金。他準備回到杭州，首先攻下杭州巡撫黃宗漢。兵荒馬亂之際，開藥店本就是極穩妥的賺錢生意，又有濟世活人的好名聲，說不定黃宗漢願意從他鼓鼓囊囊的錢包裡拿出一筆錢投作股東。一旦攻下黃宗漢，另外再找有錢的官兒湊數就容易多了。

　　第一步如果成功，第二步就更好辦了。他接下來要讓官府出錢，由他開藥店。

　　劉不才有專治軍隊行軍打仗容易發生之時疫的「諸葛行軍散」祖傳祕方，配料與眾不同，效果很神奇。他準備通過自己在浙江官場的關係，全力打通專管軍隊後勤保障的「糧台」，先採取只收成本的方式，給軍營送「諸葛行軍散」，或者讓官府出面，凡有捐餉的，也可以讓他們以「諸葛行軍散」代捐，指明數量多少，折合銀子多少。只要軍營的兵將們相信這藥好，就可以和糧台打交道，爭取承接專門為糧台供藥的「特供」業務。糧台雖不上前線打仗，事實上什麼事都管，最麻煩的就是一仗下來料理傷亡事宜，所以用藥極多。藥店可以把藥賣給他們，藥效要實在，價錢比市面便宜，還可以欠賬，讓糧台本人公事上好交代。當然，糧台本人的好處不能少。而既然可以欠賬，也就可以預支。除「諸葛行軍散」之外，藥店還可以弄到幾張能夠一服見效且與眾不同的好方子，譬如刀傷藥、辟瘟丹之類，真材實料修合起來，然後稟告各路糧台，讓他們來定購，領下定購藥品的款子，正好可以用來發展藥店生意。這一步一走通，藥店不就可以滾雪球般發展起來了嗎？還用發愁什麼藥店的本錢？

　　商務經營，開辦實業，都需要本錢。沒有資金，可說是

寸步難行，天大的本事，再好的機會，都只能是一句空話。立志在商場爭雄的人，首先要學會為自己籌措資金。當然，為自己籌措資金的方式可以多種多樣，而最穩妥的方式，大約也就是有多少資金，做多大的生意，憑著自己一步步慘澹經營，從少到多，慢慢積累。不過，即便願意自己慢慢積累資金而不同意胡雪巖所採用之方式的人，大約也不能不佩服他「錢眼裡翻跟斗」的高明。客觀地說，像胡雪巖這種能夠憑藉他人的資金開創自己的事業的籌措資金之方式，確實是棋高一著。

　　所以，想成為一名成功的經營者，首先應該學會走好第一步──籌措資金。只有踏踏實實地走好了這一步，才能為將來的事業打下良好的基礎。這也正應驗了中國的另一句老話：「良好的開端是成功的一半。」

　　胡雪巖創業之初所動用的資金，基本上都是借來的，而不是他自己的。第一筆生絲生意交割之後，他立即著手開藥店和典當行。這時他實際上仍然沒有足夠的資金。因為第一筆生絲生意做下來，表面上賺了十八萬銀子，但最後算總賬，該付的付出去之後，不但分文不剩，他自己甚至還拉下萬把銀子的虧空。在沒有資金的情況下，他卻又要上兩個大「項目」，實在不能不讓人驚訝。就連十分佩服他的尤五和古應春也提出疑問，認為他現有的錢莊、生絲都是需要大本錢的生意，哪還有餘力去開藥店和典當行？

　　然而，他有自己的打算：憑藉他的信譽和本領，因人成事。阜康的進一步發展，有了已經結成牢固的生意夥伴之關係的龐二支援，做生絲仍然由大家集股；藥店可以打官府的主意。而典當業，他看中了蘇州潘叔雅那班富家公子。

　　胡雪巖看中蘇州那班富家公子，也是抓住了一次借助別人的資金，開辦自家事業的機會。他銷洋莊，為求當時擔

任江蘇學台的何桂清幫助，去了一趟蘇州。在蘇州為解決阿巧的事，又結識了蘇州富家公子潘叔雅、吳季重和陸芝香等人。當時正是太平軍大舉進攻蘇、浙之時，蘇州地面極不平靜：一方面官軍打仗，保民不足卻騷擾有餘；另一方面太平軍已步步逼近。因此這幫富家公子都有心避難到上海。這些富家公子在蘇州的房屋、田產自然不能帶到上海，但他們有大量現銀，估計約有二十多萬。他們知道胡雪巖是錢莊老闆，因而想借他的錢莊，把這些現銀帶到上海去用。

他當場就為這些闊少將這二十多萬現銀如何使用做了籌劃。他建議將這些現銀存入錢莊，一半做長期存款，以求生息，另一半做活期存款，用來經商。存款的錢莊以及生意的籌劃，都由他獨力承當，總的原則是動息不動本，以達到細水長流的目的。這一來，胡雪巖等於又給自己吸納了一筆可以長期動用的資金。

他之所以要為這幫富家公子如此籌劃，是因為他「發覺自己又遇到一個絕好的機會」。本來依他的觀察，這幫全不知稼穡艱難的闊少既不切實際，又不辨好歹，和他們打交道，必然吃力不討好，實在是犯不著。不過，轉念又一想，如果這些闊少不是急功近利，能夠聽自己的建議，放遠了看，對自己的生意實在也是一大幫助。有了這二十多萬可以長期動用的資金，自己什麼事不可以幹?!

於是就有了他為這幫富家公子做出精心的籌劃，同時也利用了這幫富家公子交給自己「用」的二十多萬銀子開辦典當行的計畫。按當時的情況，有二萬做本，就可以開一家規模不錯的當鋪，有這二十多萬，能開幾家？

胡雪巖的二十多家當鋪，就用這些富家公子的銀子開辦了起來。他之所以要投資典當行，自然與他對於那個時代五行八作等等生意行當的了解有關。在戰亂頻繁、饑荒不斷的

年代，住在城市中的人，不要說那些日入日食的窮家小戶，就連那些稍有積蓄的小康之家，也會時不時陷入困窘之中。急難之時，常要藉典當以渡急難，以致當時當鋪遍布各地市鎮商埠。

據《舊京瑣記》記載：清同治和光緒年間，僅京城就有「質鋪（當鋪）凡百餘家」。以胡雪巖的眼光，他不可能看不到這是一個大有可為的行當。事實上，他早就動過開當鋪的念頭。不過，真正促使他要把典當業當成一項事業做並付諸實施的直接原因，還是他與朱福年的幾番交談。

朱福年本是龐二在上海絲行的「檔手」，胡雪巖在聯合龐二「銷洋莊」的過程中收服了他。這朱福年原籍徽州。中國歷史上，典當業的管家，即舊時被稱做「朝奉」的，幾乎都是徽州人。朱福年的一個叔叔就是朝奉，他自然熟悉典當業。胡雪巖從朱福年那裡知道了許多有關典當業的運作方式、行規等知識，還知道了典當業其實是一個很讓人羨慕的行當。比如朱福年就歎息自己當年沒有入典當業而吃了絲行的飯，是一種失策，因為「吃典當飯」的確與眾不同，是三百六十行中最舒服的一行。

與朱福年的交談堅定了胡雪巖投資典當業的想法。他讓朱福年替自己留心典當業方面的人才，而一回杭州，就在杭州城裡開設了自己的第一家當鋪——「公濟典」。其後不幾年，掛著「胡記」的當鋪發展到二十三家，開設範圍遍及杭州、江蘇、湖北、湖南等華中、華東大部分省份。

不過，胡雪巖開辦典當行，並不僅僅因為典當行風險小，利潤大，也絕不是因為「吃典當飯」舒服。按照他的說法：「錢莊是有錢人的當鋪，當鋪是窮人的錢莊。」自己開當鋪是為了方便窮人。可話是這樣說，天下哪有不賺錢的典當業？算算賬就可以知道，胡雪巖的當鋪，即使真的並不全

為賺錢，也絕對有不小的進項。

當時的當鋪資本稱為「架本」。按慣例，不用銀兩而以錢數計算。一千文兌銀一兩。一般的典當行，架本少則五千千文，多則可達二十萬千文。平均也達一萬千文左右。二十多家當鋪，僅架本就達二十多萬兩銀子；如果以「架貨」折價，架本至少要加一倍。這樣，胡雪巖的二十多家當鋪，架本至少四十萬兩。四十萬架本以每月周轉一次，生息一分計算，一個月就可淨賺四萬兩銀子，一年就有至少四十八萬。而當時當鋪架本周轉一次，絕不止一分的利潤。

就當時的記載，典當行取息率至少都在二分以上。難怪古應春在算了這筆賬之後，也對胡雪巖說：「小爺叔，我別樣生意都不必做，光是經營這二十幾家典當行好了。」當然，胡雪巖心裡也明白，只要這幾十家當鋪經營好了，他就可以立於不敗之地了。就這樣，他通過典當行，在「錢眼裡」給自己翻出了「大跟斗」。他的典當行成為日後胡氏集團僅次於錢莊的第二大經濟來源。

胡雪巖曾說，他自己就知道「銅錢眼裡翻跟斗」。這種「因人成事」的方法，大約也應該算作是這「跟斗」的一種「翻」法。所謂因人成事，說到底，也就是根據自己面對的實際情況，靈活選擇自己的對策，不失時機地開創自己的事業。從籌措、積累資金的角度來看，這「因人成事」其實也與有多大力量就做多大生意相類似。但它不是那種從少到多，慢慢積累的被動等待方式，而是充滿一種積極主動的精神。因此，它也是體現一個經商者才幹、眼光和變通智慧的一個重要方面。

(4) 八個罈子七個蓋，蓋來蓋去不穿幫

面對日益激烈的市場競爭，面對洶湧澎湃的商海，許多人都想在當中一試身手，品嘗在銀錢堆裡翻滾的喜悅。可他們苦於缺乏資金，從而失去一個又一個發財的機會，只能站在海岸邊望洋興歎。其實，古往今來，總不乏「四兩撥千斤」的商戰英雄，他們沒有雄厚的資本，卻照樣做成一樁又一樁大生意。古人云：「運用之妙，存乎一心。」一切就看你會不會巧妙變通。

胡雪巖借公家的銀子開自己的藥店，用蘇州富家公子的資金辦自己的典當行，都是他頭腦靈活，巧於變通的結果。他說：「八個罈子七個蓋，蓋來蓋去不穿幫，就是會做生意。」講的就是生意人要善於變通、精於變通。

做生意也確實要學會如何「八個罈子七個蓋，蓋來蓋去不穿幫」的本事。會這樣「蓋來蓋去」，也就學會了在「銅錢眼裡翻跟斗」，從而可以在缺乏資本的情況下，照樣做成大生意。

胡雪巖在湖州收到的生絲運到上海時，正值小刀會要在上海起事。小刀會佔領了上海縣城，不僅隔開了租界和上海縣城之間的聯繫，也封鎖了蘇、淞、太地區進出上海的通道，斷絕了上海除海路之外，與內地的所有聯繫。上海與外部交通斷絕，上海市場生絲的來路也隨之中斷，僅存上年存積的陳絲；而此時又傳來消息，駐在上海的洋商由於戰事在即，生意前途未卜，更加急於購進生絲以備急需。這在胡雪巖看來，無疑又是一個絕好的賺大錢機會。因為如此一來，生絲「銷洋莊」的價錢必然看好，完全可以乘此機會大賺一票。這一情況更堅定了他要「銷洋莊」的打算。

　　然而，要做「銷洋莊」的生意，第一步首先得控制洋莊市場，壟斷價格。要做好這一步，有兩個辦法：第一個辦法是說服上海絲行同業聯合起來，讓準備銷洋莊的「絲客人」公議價格，彼此合作，共同對付洋人，迫使洋人就範。第二步則是拿出一筆資金，在上海就地收絲，囤積起來，使洋人要買絲就必須找我，以達到壟斷市場的目的。

　　不過，就胡雪巖當時在上海生絲市場的地位來說，由於他的生意只是剛剛起步，在同行中的威信還有待建立，因此第一個辦法還不一定能夠收到理想的效果。再從生意運作的角度看，即使第一個辦法憑著他的影響力得以實現，他也應該採取通過在上海就地買絲的辦法，盡可能多地為自己囤積一部分生絲。這既是控制市場，壟斷價格的基礎，也是使自己在實現了控制市場的設想，迫使洋人就範之後，能夠獲得更大利潤的條件。同時，生絲囤積量的增加也可以提高他在上海絲商中的地位，為聯絡上海同業的運作增加影響力。

　　不過，在上海就地買絲，需要大量本錢。胡雪巖此時只有價值十萬兩的生絲存在上海裕記絲棧，而他的生意夥伴尤五當初為漕幫的糧食生意向「三大」借貸了十萬銀子，這筆貸款在續轉過一次之後又已到期，按常規，已經不能再行續轉，為還上這筆貸款，尤五最多只能籌集到七萬銀子。如此算來，他要在上海就地買絲，又可以說是沒有一分錢的本錢。不過，胡雪巖畢竟非比常人，他胸有成竹地對尤五說：「你放心！我們本錢雖少，生意還是可以做得熱熱鬧鬧。這有兩個辦法。」

　　第一是他準備把存放在裕記貨棧的那批十萬銀子的生絲作抵押，向洋行借款，把「棧單」換成現銀，在上海就地收貨。如果洋行借不到，再向錢莊去接頭。

　　對於胡雪巖的想法，尤五不解地問道：「你的腦筋倒動

得不錯,不過我不明白,為啥不直接向錢莊做押款呢?」

胡雪巖笑了,略有些不好意思地說:「五哥,我要拿那張棧單變個戲法兒。」然後他壓低聲音:「『三大』那面的款子要有個說法,就說我有筆款子劃給你,不過要等我的絲脫手之後,才能料理清楚。棧單給他們瞧一瞧,貨色又在貨棧裡不曾動,他們自然放心,哪曉得我的棧單已經抵押出去了?」

解決了漕幫借款到期的問題之後,胡雪巖可以將這張棧單再使用一次,用它與洋行交涉,議定以裕記絲行的生絲做抵押,向洋行借款,這樣也就把棧單變成了現銀。洋行有棧單留存,不會不給貸款,而棧單也不會流入錢莊,「三大」方面不會知道棧單已經抵押出去了,戲法也就不會被揭穿。

第二個辦法一直是胡雪巖的理想:絲商聯合起來跟洋行打交道,然後可以制人而不制於人。這個理想當然不是一蹴可幾,而眼前他打算利用尤五的關係和他自己的口才,說服在上海的同行——所有準備銷洋莊的「絲客人」,彼此通力合作。

「這又有兩個辦法。第一個,我們先付定金,或者四分之一,或者三分之一,貨色就歸我們,等半年以後付款提貨。價錢上通扯起來,當然要比他現在就脫手來得划算,人家才會點頭。第二個辦法是聯絡所有的『絲客人』,相約不賣,由我們去向洋人接頭講價,成交以後,抽取佣金。」

照胡雪巖的辦法,十萬銀子就可以做五十萬銀子的生意。這是一次典型的「八個罈子七個蓋,蓋來蓋去不穿幫。」一張棧單,託了中外兩家,一「轉」一「亮」,就蓋住了兩個「罈子」,手法極其精到熟練。難怪就連久闖江湖的尤五也發自內心地說:「小爺叔,你的算盤真精明,我準定跟你搭夥。」

　　實際上，做生意既是一種資金和實力的較量，更是一種智力的比拼。做生意要有本錢，但如何為自己弄到本錢，卻要靠智力，要靠精明的頭腦和靈活變通的手腕。一個真正成功的商人，總是能夠憑藉高超的智慧和手腕，為自己「變」出本錢來。

(5) 做生意不能說碰運氣，要想停當了再動手

　　一個整天在商場中縱橫拼搏的人，必須時刻注意既要膽大，更要心細，時刻提醒自己，凡事都要謀定而後動，想妥當了再動手。也就是說，「活絡」的前提是先思而後行。因此，胡雪巖經常提醒自己：「做生意不能說碰運氣，要想停當了再動手。」

　　在競爭激烈的生意場，每一個人都全神貫注地想「算計」對手，稍有不慎，就可能落入對手的陷阱，往往一著下錯，滿盤皆輸。而且生意越大越難以照應，也就越容易出現疏漏。因此，馳騁於生意場上，既不能恃強鬥狠，更不能大意粗心。凡事都要謀定而後動，未雨綢繆。「多算勝，少算不勝。」永遠都是生意人要牢記在心的箴言。

　　杭州城被太平軍團團包圍，王有齡遵照地方官「守土有責」的慣例，率杭州軍民堅守孤城，終至糧草盡罄，斷糧達一月之久， 連藥材南貨，比如熟地、黃精、棗栗、海參之類，都統統拿來做了充饑之物，再後來就是吃糠、吃皮箱、吃草根樹皮，最後甚至到了割屍肉充饑的地步。胡雪巖冒死出城，到上海買得一批「救命糧」。但運至杭州城外的錢塘江面時，所有進城的通道已經完全斷絕，城內城外相望而無法相通。

　　在經歷了三天度日如年，寢食俱廢的痛苦等待之後，胡

雪巖終於同意讓陪他一起來杭州送糧的蕭家驥冒險進城，向城中通個消息，並商量一下，看看能不能找到將糧食搶進城中的辦法。蕭家驥出發之前，胡雪巖問他如何到達對岸，如何進得杭州城去，遇到敵我雙方的人又如何應對。對於這些至關重要的問題，蕭家驥其實想都沒想。照他的意思，這種情況下，原本只能見機行事碰運氣。胡雪巖不同意只是去見機行事碰運氣，他對蕭家驥說：「這時候做事，不能說碰運氣，要想停當了再動手。」

這裡說的「這時候」雖然不是指商業運作的時候，不過，他所說的危機時刻「不能說碰運氣，要想停當了再動手」，其中所包含的道理，用於商業運作卻也極為恰當。其實，做生意許多時候遇到的情況與蕭家驥此時冒險進城也非常相似：救命的大米費盡辛苦已經運到城外，絕沒有無果而返的道理。而要事情有個結果，就必須冒這一次險。

當時的情形是：城外的人對城內的情況一無所知。城外有重重圍兵，抓住想要與城內守軍互通消息的人，一定會予以重罰，弄不好還會被殺頭。而被圍的人此時實際上也已成驚弓之鳥，蕭家驥在城中沒有一個認識的人；在這種情況下又不能寫一個能夠證明他身分的文書信函之類的東西帶在身邊，即使僥倖進得城去，也有可能被當成奸細而送命。也就是說，無論是落入太平軍之手，還是進得城去，應對稍有差池，都會性命不保，更不用說完成此行的任務了。

蕭家驥此行，實在吉凶難卜，最後的結果只能等到最後才能見分曉，甚至也不排除聽天由命的意味。

生意場上又何嘗不是如此！做生意，許多時候也必須冒險；要賺大錢，常常還要冒大風險。比如大著膽子投資一樁生意，一筆錢投下去，究竟是帶來大筆進賬，還是血本無歸，總是很難預先清清楚楚知道的，常常也必須等到最後才

能見分曉。有時即使你做了周密的論證，似乎不會出太大的問題，但實際運作起來，結果卻完全不是想像的那麼回事。人們常常用戰場比喻商場，把冒險投資比喻為「押一寶」，就在於它們之間確實十分相似，戰場、賭場、商場，它們都是瞬息萬變、險象環生並且吉凶難卜，稍一疏忽，往往就會因一著不慎而滿盤皆輸。而且一樁生意的疏忽常常還不僅僅是一樁生意的失敗，有可能牽一髮而動全身，導致全面崩潰。導致的後果就是一動而全動，一倒而全倒，終至無可救藥的地步。

胡雪巖第一樁生絲生意的運作成功，就可以說是謀定致勝，在謀劃中尋找戰機，最後得以成功的範例。他在自己資金並不寬裕的情況下，為什麼敢壓貨？就是因為事先從官場得到了內部消息，並且進行了充分的謀劃。

當郁四放心地把自己的十萬兩銀子交給胡雪巖銷洋莊時，胡雪巖興奮地對他說：「只要你相信我，我包你這筆款子的利息比放給哪個都來得划算。我已經看準了，這十萬銀子，我還要『撲』到洋莊上去。前兩天我在杭州得到消息，兩江總督怡大人要對洋人不客氣了。這是個難得的機會，一抓住必發大財。不過，機會來了，別人不曉得，我曉得，別人看不準，我看得準。這就是人家做生意做不過我的地方。」

兩江總督怡良，郁四倒是知道的。他是當朝權貴恭親王的老丈人，也算是皇親國戚。如果他有什麼大舉措，朝廷肯定支持。然而，對洋人要如何不客氣呢？

「莫非，」郁四遲疑地問道：「又要跟洋人開仗？」

「那是不會的……」

胡雪巖說，他得到的內部消息是，因為兩件事，兩江總督怡良對洋人極為不滿。第一，小刀會的劉麗川有洋人自租

界接濟軍火、糧食，這是「助逆」而不是「助順」。就算實際上對劉麗川沒有什麼幫助，朝廷亦難容忍，更何況對劉麗川確實幫助不小。第二，自從上海失守後，「夷稅」，也就是按值百抽五計算的關稅，洋人藉口戰亂影響，商務停頓，至今不肯繳納。商務影響自是難免，說完全停頓，則是欺人之談。洋商繳納關稅，全靠各國領事代為約束，現在有意不繳，無奈其何，那就只有一個辦法：不跟洋人做生意。

「租界上的事，官府管不到。再說，不跟洋商做生意，難道把銷洋莊的貨色銷到黃浦江裡？這自然是辦不到的。所以，退一步說，便只有一個辦法。這個辦法也很厲害：內地的絲、茶兩項不准運入租界，這是官府辦得到的事。」

你看，胡雪巖「算計」得多麼高明！他既有內部消息，又精於算計，不發財，那才叫怪哩！

我們說，在商業運作中，經營者的主動性自然很重要，優秀的商人要懂得從不同的角度，利用已有的條件，甚至要善於在各種因素不利於自己的時候，設法改變它，使之對自己有利。這就是我們常說的「創造條件」。

不過，商業運作中所需的各種條件，有些是可以創造的，比如胡雪巖要「銷洋莊」，控制市場所必須具有的聯絡同行的條件，就可以通過自己的努力創造。但有些往往是人力無法創造的。比如在大多數情況下，政局的變化、市場的整體格局，就並不是一個或幾個商人所能決定。這時候，商人惟一所能做的就是待機而後動。

2. 從變化中找出機會，才是好本事

市場就像三伏天氣，說變就變，神祕莫測。因此，善於識別與把握時機，並且能充分利用這種變化，就顯得極為重要。所以，胡雪巖才說：「『用兵之妙，存乎一心！』做生意跟帶兵打仗的道理差不多，除了隨機應變之外，還要從變化中找出機會，那才是一等一的好本事。」

商人的機會是自己努力創造的。任何人都有機會，只是有些人不善於創造和把握機會罷了。最有希望成功的往往不是才幹出眾的人，而是那些最善於利用每一時機，並且能夠「從變化中找出機會」的人。

(1) 巧打擦邊球，吸納「逆財」

任何事物相互之間總有一種記憶體的必然聯繫，而且總是互用互變的。胡雪巖擁有非常靈活的手腕，並且長於變通，可說是這方面的「頂尖高手」。他曾說：「犯法的事，我們不能做。不過，朝廷的王法是有板有眼的東西，他怎麼說，我們怎麼做，這就是守法。他沒有說，我們就可以照我們自己的意思做。」此話充分體現了他的「善變」。

錢莊做的是以錢生錢的生意，自然是放出去的錢須有保障和可靠的高額利潤才行。

「有了存款，要找出路。頭寸爛在那裡，大元寶不會生小元寶的。」同樣的錢莊經營，能不能變通，其效果大不相同。一般開錢莊的都知道「救急容易救窮難」這句話。為什麼呢？就怕「吃倒賬」。善於變通經營的胡雪巖卻不怕「救

窮」，因為他算準了這樣做不會「吃倒賬」！

他請原信和錢莊「大夥」，後來落魄的張胖子重新出山，與自己一起經營錢莊。一開始，他就和張胖子籌劃了一個長遠的通過「救窮」賺錢的好生意，即放款給兩類人：一類是因調補升遷而需要盤纏的官員，另一類則是因戰亂逃難到上海而在原籍有田產的鄉紳。放款給調補升遷的官員，是學「山西票號」的做法。所謂「放京債」，就是放款給那些外放州府的京官。這些人在外放之前，京裡打點、上任盤費，到任以後置公館、買轎馬、用底下人，哪一樣不用錢？於是乎先借一筆京債，到了任，再想法子先挪一筆款子還掉，隨後慢慢兒彌補。據說「放京債」比放「印子錢」還要狠，一萬兩的借據實付七千，而且還不怕借債的人賴賬不還。一來因為有京官做保人，二來有借據，如果賴債，把借據往都察院一遞，御史一參，賴債的人就要丟官。事實上，這些人到任後搜刮地方，一般也都有能力還回借款。

胡雪巖對張胖子說：「另外，還有人幫票號的忙，不准人賴債。為啥呢？一班窮翰林平時都靠借債度日，就盼望放出去當考官，當學政，收了門生的『贄敬』還債；還了再借，日子依舊可以過得下去。倘若有人賴了債，票號聯合起來，說做官的沒信用，從此不借，窮翰林當然大起恐慌，會幫票號討債。」

說到這裡，他略微停頓了一下才又說：「要論風險，只有一樣：新官上任，中途出了事，或者死掉，或者丟官。不過，也要看情形而定。保人硬氣的，照樣會一肩擔承。」

胡雪巖的想法是，仿照山西票號的辦法，辦兩項放款。

第一是放給做官的。由於南北道路艱難，時世不同，這幾年官員調補升遷，多不按常規，所謂「送部引見」的制度雖未廢除，卻多變通辦理；尤其是軍功上保擢升的文武官

員，盡有當到藩司、臬司，主持一省錢谷、司法的大員。而未曾進過京的，由京裡補缺放出來，自然可以借京債。如果在江南升調，譬如江蘇知縣調升湖北的知府，沒有一筆盤纏與安家銀子就「行不得也」！他打算仿照京債的辦法，幫幫這些人的忙。而這些人早一天到差，就多一天好處，再高的利息也要借，而且不會吃倒賬。

第二是放款給逃難到上海來的內地鄉紳人家，也不會吃倒賬。這些人家在原籍，多是依賴祖宗留下的田產，靠收租過日子的。他們一早拎隻鳥籠泡茶店；下午到澡堂子睡一覺；晚上『擺一碗』，吃得醉醺醺回家。一年三百六十五天，起碼三百天是這樣子。這種人，恭維他，說他是做大少爺；講得難聽點，就是無業遊民。如果不是祖宗積德，留下大把家私，一定做『伸手大將軍』了。

當初逃難來的時候，總有些現款細軟在手裡，一時還不會『落難』；日久天長，坐吃山空，肯定就要靠借債過活。這些人借錢，表面看起來現在無力償還，但放開眼光看，這些人的田產還在。如今太平天國敗局已定，到時江浙一帶被官軍收復，這些人回到原籍，仍舊是大少爺。現在叫他們拿地契來抵押；沒有地契的，寫借據，言明如果欠款不還，甘願以某處某處田地作價抵還。到時有官府靠山的胡雪巖，還怕他們不連本帶利歸還借款？

胡雪巖的「算盤」真是精到了家。但錢莊生意靠的是兌進兌出，光想放款，沒有款子存入，如何行得通？張胖子不放心地問道：「老胡，這兩項放款，期限都是長的；尤其是放給有田地的人家，要等光復了，才有收回的確期，只怕不是三兩年的事。這筆頭寸不在少數，你打算過沒有？」

「當然打算過。只有放款，沒有存款的生意，怎麼做法？我倒有個吸收存款的辦法，只怕你不贊成。」

「何以見得我不贊成？做生意嘛，有存款進來，難道還推出去不要？」

胡雪巖不立即回答，笑一笑，喝口酒，神態顯得很詭祕。這讓張胖子又無法捉摸了。他心裡的感覺很複雜，又佩服，又有些戒心，覺得胡雪巖花樣多得莫測高深，與這樣的人相處，實在不能掉以輕心。

終於開口了，胡雪巖問出來一句令人意料不到的話：「老張，譬如說：我是長毛，有筆款子化名存到你這裡，你敢不敢收？」

「噢！」原來胡雪巖看上的存款竟然是太平天國兵將的「不義之財」逆財、逆產的身上了。

多年戰亂，太平天國此時已成強弩之末，雖未完全平定，但胡雪巖料定他們已必敗無疑。太平天國失敗以後，接受太平天國兵將的存款不僅可行，而且有很高的利潤。因為太平軍佔據江南富庶之地已歷數年，他們當中的許多人一定從各種來路積蓄了不少私財。如今太平軍已成苟延殘喘之勢，好些人已經開始暗地裡盤算著如何躲過即將到來的劫難。對於太平軍兵將來說，這種時候是保命容易保財難，他們的財產當然是變成現銀，存到錢莊裡最保險。只要保住財產，逃過這場劫難，風頭一過，局勢一變，後半輩子也就可以衣食無憂，照樣風光。因為這筆存款根本談不到還要利息，而將這筆錢用來放債，則可以有大筆可靠的進賬，實在是無本萬利的便宜買賣。

不過，接受逃亡的太平軍兵將為隱匿私產存到錢莊的錢款，還是要冒極大的風險。其風險主要有二：

第一，按朝廷律例，太平天國兵將的家財私產便是「逆財」、「逆產」，照理不得隱匿。接受逆產，私為隱匿，一旦查出，很可能被安上附「逆」助「賊」的罪名，與那些太

平軍逃亡兵將一同治罪。胡雪巖剛剛經營起來的錢莊生意與社會地位，很可能便會隨之毀於一旦。

第二，太平軍逃亡兵將的財產既是「逆財」、「逆產」，抄沒入公是必然的，被抄的人倘若有私產寄存他處，照例也要追查。接受這些人的存款，如果官府來追，則不敢不報。雖然官軍中不乏貪財枉法之輩，自己搜刮太平軍兵將，可以逃過官府抄沒家產的追查，但也絕不能完全排除有些人堅持一查到底的可能。這樣，一旦查出，即使不以接受「逆產」的罪名共同治罪，存款也必被官府沒收。按錢莊規矩，風平浪靜後有人來取這筆存款，錢莊也必須照付。如此一來，錢莊不僅血本無歸，還要雙倍「吃倒賬」。

有了這兩層風險，接受太平軍逃亡兵將的存款也就確實有點類似刀頭上去舔血了。但是，這筆「買賣」風險大，獲利也大，因為這樣的存款不必計付利息，等於是人家白白送錢給你去賺錢。

對於這樁可說是一本萬利的「好事」，張胖子卻不敢做。為什麼呢？因為他認為，胡雪巖的做法雖不害人，卻違法。按照朝廷的說法，太平軍兵將的私財算是「逆產」，統統都在追繳之列，如果錢莊接受「逆產」，代為隱匿，不就是公然違法嗎？「如果有這樣的情形，官府來追，不敢不報，不然就是隱匿逆產，犯下不得了的罪名。等一追了去，人家到年限來提款，你怎麼應付？」

胡雪巖卻不這樣看，而且自有他的道理。在他看來，犯法的事自然不能做，但做生意一定要靈活變通，要能在可以利用的地方閃躲騰挪。比如朝廷的王法是有板有眼的東西，朝廷律例怎麼說，我就怎麼做，不越雷池一步，這就是守法。而朝廷律例若沒有說，我就可以照自己的意思去做。王法上沒有規定我不能做，我做了也不算違法。他的意思很清

楚：不能替太平軍隱匿財產，自然有律例規定，做了就是違法。但太平軍兵將來存款時，絕不會明目張膽地出示真名實姓，肯定是化名存款。朝廷律例並沒有規定錢莊不能接受別人的化名存款，誰又能知道他的身分？再說，太平軍兵將的額頭上沒寫著字，化名來存，哪個曉得他的身分？既然不知道對方的身分，又哪裡談得上違不違法？

此外，對於「吃倒賬」的情況，他也認為不會。他對張胖子說：「打長毛打了好幾年了，活捉的長毛頭子也不少，幾時看官府追過。」

說到這裡，他放低了聲音：「你再看看，官軍捉著長毛，自然搜括一空，根本就不報的。如果要追，先從搜刮的官軍追起，那不是自己找自己麻煩？再說，長毛化名來存款，我們不收，結果呢？還不是白白便宜了那些贓官，仍舊讓他們侵吞了。」

結果證明胡雪巖的判斷完全正確！此次巧妙「變通」，吸納太平軍兵將的「逆財」，不僅大大增強了錢莊的實力，還使他的事業又上了一個臺階。

胡雪巖的說法和做法，用我們今天的話說，就是所謂打政策的「擦邊球」。在市場還處在無序向有序化發展的時候，有魄力、有頭腦的大商人往往能夠巧用打「擦邊球」的方法，使自己在激烈的商戰中保持主動的領先地位。

不過，經商者一定要注意，為了獲利，不僅完全可以打「擦邊球」，甚至還要敢於打「擦邊球」，但在起板打球之前，必須先弄清自己打的確實是「擦邊球」，而不是「界外球」。球場上，「擦邊球」不僅是好球，也往往體現出球員水平的高超，但「界外球」則無論如何都只能算是「臭球」。球場上打了「臭球」僅是丟分，商場上打了「臭球」，則很可能造成整個生意的全局性被動。所以，打「擦

邊球」時，一定要慎之又慎！

(2) 想明白了的事，就要立即兌現

　　「胡雪巖做事就是這樣，不了解情況，為求了解，急如星火。等到弄清事實，有了方針，他就從容了。雖然他經常說『慢慢兒』，但絕不是拖延，更不是擱置。幫他做事，須知這一點。」這既是人們對胡雪巖做事方法的評價，更說明了他「想明白了的事，就要立即兌現」的做事風格。

　　對於這樣一位眼界開闊、頭腦靈活並且敢想敢幹的人來說，生意場上到處都能見到財源，到處都能開發出財源。比如他為銷「洋莊」，走了一趟上海，在上海的「長三堂子」吃了一夕「花酒」，酒席宴上與那位後來成為他可以生死相託的朋友古應春一席交談，就讓他抓住了一次賺錢的機會。

　　古應春是一位洋行通事，也稱「康白度」或「康白脫」。中國開辦洋務之初，這樣的通事是極要緊的人物。他們表面上主要充當的是類似今天外事翻譯的角色，但由於這一角色的特殊性，在當時的「外貿」活動中，他們其實還承當著為買賣雙方牽線搭橋的職能，實質上也就是後來所說的買辦。「康白度」或「康白脫」等就是英語comprador（買辦）的音譯。有意思的是，在咸豐、同治年間許多名人的筆記中，也有將這個詞譯作「糠擺渡」的，並就中文的意思加以附會，稱買辦介於華人和外商之間以助成交易，猶如以糠片作擺渡之用。這種解釋既有指明買辦居於華、洋之間的作用，也暗含譏諷。儘管如此，卻也歪打正著，部分道出了買辦的職事性質。

　　胡雪巖要「銷洋莊」，和洋人做生意，自然一定得結識這樣的要緊人物。他來到上海，設法託人從中介紹，與古應

春相識。請吃花酒是當時上海場面上往來應酬必不可少的節目，於是便由他做東，尤五出面，在「怡情院」擺了一桌以古應春為主客的花酒。

酒席上，古應春談起他自己參與的洋人與中國人的一樁軍火交易。那一次，洋人開了兩艘兵輪到下關賣軍火，本來價錢已經談好，都要成交了，誰成想半路裡來了一個人，直接與洋人接頭，告訴洋人，太平軍有的是金銀財寶，缺的是軍火。洋人一聽，立即單方毀約，將原來議定的價格上漲了一倍多。買方需要的軍火在人家手裡，自然只能聽人家擺布，白白讓洋人占了大便宜。

古應春講這段經歷，是因為憤慨於中國人總是自己相互傾軋，以致讓洋人占了便宜。但他的這段經歷，卻引起了胡雪巖意圖嘗試與洋人做一票軍火生意的興趣。

在胡雪巖看來，有兩個情況決定了這軍火生意可做，而且一定可以做成功。

第一，當時上海正鬧小刀會，兩江總督和江蘇巡撫都為此大傷腦筋，正奏報朝廷，希望多調兵馬，將其一舉剿滅。兵馬未動，糧草先行。可以先備下一批軍火，官兵一到，就可以派上用場。胡雪巖知道江蘇巡撫是杭州人，他可以通上這條路子。

第二，此時太平軍也正沿著長江一線向江、浙挺進，浙江為了自保，正在辦團練，也就是組織地方武裝。辦團練自然少不了槍支、火藥。藉著王有齡在浙江官場的勢力，促使浙江購進一批軍火也不成問題。反正洋人就是要做生意，槍炮既然可以賣給太平軍，也就沒有不賣給官軍的道理。

事情一旦想明白，立即著手進行，這是胡雪巖一貫的作風。請古應春吃花酒的當天晚上，酒宴散後已是子夜，他仍不肯休息，留下尤五商談與古應春聯手同洋人做軍火生意的

相關事宜，甚至將如何購進、走哪條路線運抵杭州、路上如何保障軍火的安全等等都考慮到了。

第二天，他又專門約來古應春，進一步細細商定了購進槍支的數量、和洋人進行生意談判的細節，以及如何給浙江撫台衙門上「說帖」等事宜。第三天，他就和古應春一道會見了洋商，談妥了軍火購進事宜。從動起做軍火生意的念頭到此時，不到七十二個小時，這筆生意就讓他做成了。

還有一次，胡雪巖為生絲生意逗留上海。他在上海的基地是裕記絲棧。這天他到裕記處理生意上的事務，順便在棧內客房小歇。他躺在客房的籐椅上，本想靜靜地考慮一下自己生意上的事，卻無意中聽到隔壁房中兩個人的一段關於上海地產的談話。

這兩個人對於洋場情況及上海地產開發的方式都相當熟悉。他們談到洋人的城市開發方式與中國人極不相同。中國人常常是先開發市面，再修路，市面起來，走的人多了，便有了路。但以這種方式進行市面開發，有一個很大的弱點：往往等到要修築道路，擴充市面時，自然形成的道路兩旁已經被市場攤販擠佔，無法擴展。而洋人的辦法是先開路，有了路便有人到，市面自然就起來了。如今上海的市面開發就是這種辦法。

在談到上面的情況之後，其中一人說道：「照上海灘目前的情形看，大馬路，二馬路，這樣開下去，南北方面的熱鬧是看得到的。其實，向西一帶，更有可為。眼光遠的，趁這時候，不管它葦蕩、水田，儘量買下來，等洋人的路一開到那裡，乖乖，還不是坐在家裡發大財！」

這兩人談到的確是實情。比如今天仍然是上海最繁華，也是老上海標誌的外灘，就是修路修出來的。自一八四三到一八五○年上海被迫開埠初期，外灘只有一條從黃浦江

邊泥灘到外國人聚居區西邊界的土路。這條總長約五百米的
土路主要是為外國人跑馬溜韁修築的，就簡稱為「馬路」。
這也就是今天南京東路外灘到河南中路一段。一八五〇到
一八五三年，這條土路開始向西延伸至現在的浙江中路，路
面亦由黃土路面、黃沙石子路面鋪築成煤渣石路面，並拓
寬至七米五，時稱「派克弄」或「大馬路」。一八六二年，
「派克弄」繼續西築至現在的西藏中路外，由此大體完成了
現在可以看到的南京路的修建規模。更重要的是，隨著這條
路的不斷擴延，以「派克弄」為軸心，出現了東西向、南北
向幹道各數條，終於形成了直到今天，仍然讓老上海人為之
驕傲的外灘。一八六四年初的《北華捷報》就宣稱：「新馬
路或已開闢成功，或正在修建之中，外灘已經出現一種看來
非常繁榮的外貌。」

　　兩個陌生人的一番談話，使胡雪巖一下子就躺不住了。
待他從湖州帶來上海跟自己學做生意的陳世龍回到裕記絲
棧，他馬上僱了一輛馬車，讓陳世龍和自己一起，由泥城牆
往西，不擇路而行，去實地查看。在查看的路上，他就擬出
了兩個可供選擇的方案：第一，在資金允許的情況下，乘地
價便宜，先買下一片，等地價上漲之後轉手賺錢；第二，通
過古應春的關係，先摸清洋人開發市面的計畫，搶先買下洋
人準備修路的地界附近的地皮，轉眼之間就可發財。

　　不用說，胡雪巖眼睛盯到上海的地產生意上，又是一下
子為自己發現了一個絕對可以賺大錢的財源。他「進軍」上
海之時，正是上海開埠，開始大發展的時候。當時雖然太平
軍正順江東下，試圖一舉佔領江浙一帶富庶之地，但英、法
等國為了自己的在華利益，清廷為了借助洋人對付太平軍，
他們之間心照不宣地定下「東南互保」的策略，聯合起來堅
守上海，使當時的上海成為沒有受到多少太平軍炮火影響的

「孤島」。而由於太平軍的進攻，從東南各地逃難至上海租界的人越來越多，上海市面也隨之更加興旺。事實上，這時候正是南京路不斷向前延伸的時期，也是上海歷史上第一次房地產生意高潮到來的前夕。到上個世紀末期，上海每畝地價已由幾十兩漲至二千七百兩。其後數年間，上海外灘的地價甚至一度高達每畝三十六萬兩白銀的天文數字。這一檔子買賣，為胡雪巖賺取了大筆銀子。

胡雪巖說：「凡事總要動腦筋。說到理財，到處都是財源。」這是他的經驗之談。不用說，做生意離不開理財。生意人理財，大體包含兩個方面：一方面是指資金的合理使用和管理，以求達到增加企業盈利，提高經營效率的理財。比如定期進行必要的財物審計和財物分析，研究庫存結構和資金周轉的情況，精打細算，減少開支，壓縮非經營性資金的佔用等等，都屬於這方面的理財。這是一個生意人平常必做的實際工作。另一方面的理財則是指不斷為自己開拓財源。從現代經營運作的角度出發，就是準確發現投資熱點，擴大投資範圍。

只有財源茂盛，才會生意興隆。但僅是發現財源而不能及時利用，到手的錢也賺不到。因此，胡雪巖認為，只要發現是財源，甚至只要產生一個念頭，就要立即想辦法付諸實施，也就是要反應迅速，敢想敢幹。生意人面對的總是與時局、政局緊密相連，並且總是處在不斷變化之中的具體市場。市場出現的各種具體情況及變化，對於生意人來說，往往既是挑戰，也是機會。能及時針對具體的市場情況做出迅速反應，才能不斷地為自己開闢新的經營渠道，也就是為自己開拓出新的財源。

(3) 同行不妒，什麼事都可以成功

市場是商務經營運作的生命線。通常情況下，市場的擴大，意味著生意的興隆；反之，市場的縮小，說明生意在萎縮。但在某一特定的情況下，市場這塊「蛋糕」的大小總是一定的。某一門類的生意，由於同行之間經營內容相同，也就意味著要分享同一塊「蛋糕」。

對同一市場的分享，說穿了，也就是利益的分享，一方多吃一口，另一方肯定就只能少吃一口。因此，同行間的競爭也是必然的和不可避免的。

為了各自的利益，同行間互相妒忌似乎也是常情了。由妒忌到傾軋、競爭，似乎成了同行間的常事。所謂「同行是冤家」的俗語，講的正是這個理兒。在競爭中，或者一方取勝，另一方被迫稱臣；或者兩敗俱傷，「鷸蚌相爭」而被第三方「漁翁得利」；或者一時難分勝負，雙方維持現狀，醞釀新一輪的競爭。這似乎是我們都能理解的，也似乎是被所有商家都能認可的市場規律。

那麼，在這種循環中，有沒有既不觸動對手的利益，己方又能得利的第三條變通之路可走呢？有！那就是不斷同行的飯碗。

「同行不妒，什麼事都可以成功。」胡雪巖可說是此中善於變通的高手。

他看到，在太平天國興起的形勢下，各地紛紛招兵擴軍、開辦團練以守土自保。江浙一帶直接受到太平天國的威脅，特別是自上海失守之後，人心惶惶，防務亟待加強，更是大辦團練，擴充軍隊。有了兵，就要有兵器，因而各地急需大批洋槍洋炮。正是看準了這一點，他才決定充分利用自

己在官場的關係，大做軍火生意。

在交談中，胡雪巖從古應春嘴裡得知，英國人有一批槍支近期運抵上海，並且正與太平軍接洽，準備賣給太平軍，馬上就決定把這筆能賺大錢的生意硬挖過來。他問道：「英國人肯不肯把槍炮、火藥賣給我們？」

「有啥不肯！他們是做生意，只要價錢談得攏，什麼都賣！」古應春問道：「說說你要些什麼東西，我好去談。」

這一下把胡雪巖難住了。「這上面我一竅不通！」他很大氣地對古應春說：「只要東西好就行。」

「不光是東西好壞，還有數目多少。總要有個約數，才好去談。譬如洋槍，準備要多少支？」

「總要一千支。」因為有湖州知府在背後撐著，胡雪巖的口氣完全可以代表官府。

「一千支！」古應春笑道：「你當一千支是小數目嗎？我看辦團練，有五百支洋槍就挺好了。還有，要不要聘請教習？洋槍不是人人會放的。不會用，容易壞，壞了怎麼修，都要事先盤算過。」

說實話，胡雪巖對買賣洋槍的門道幾乎一無所知。但不知者不怕，他會「變」。他拱拱手，說：「你比我內行得太多了。索性你來弄個『說帖』，豈不爽快。」一句話，就把擔子壓到古應春的肩上。

古應春本事的確不錯，提筆構思，轉眼就把「說帖」寫好，而且筆下生花，行文流暢、漂亮。胡雪巖儘管自己不能動筆，但他特別會看，而且目光銳利。他一眼就發現「說帖」好是好，但寫得太正統了，把洋槍、洋炮的好處源源本本談得很細，雖然看起來文筆很不錯，讀起來卻很吃力。他心想，這個說帖，王有齡肯定會看完；但遞到黃宗漢手裡，他有沒有看完的耐心就很難說了。

　　於是，為了讓「說帖」能夠打動官府的決策人，胡雪巖建議古應春採取「變通」的方法，說英國人運到上海的洋槍數量有限，賣給了官軍，就沒有貨色再賣給太平軍，所以這方面多買一支，那方面就少得一支，出入之間，要以雙倍計算。換句話說，官軍花一支槍的錢，等於買了兩支槍。

　　對此「變通」，古應春笑道：「你這個演算法很精明，無奈不合實情。英國人的軍械來了一批又一批，源源不絕，不會有什麼賣給這個就不能再賣給那個的道理。」

　　「應春兄，這種情形，我清楚，你更清楚，不過做官的不清楚。京裡的皇上和軍機大臣更不會清楚。我們只要說得動聽就是。」聽胡雪巖這樣說，古應春看看尤五，笑了。尤五卻佩服地對他說：「應春兄，這些花樣，我的這位小爺叔最在行。你聽他的，包定不錯。」尤五說的「花樣」，實際上就是胡雪巖的「變通」技巧。

　　然而，在決定買槍之後，古應春接下來「除了洋槍，還有大炮，要不要勸浙江買？」的問話，卻讓向來果斷的胡雪巖有點猶豫和躊躇，並且最後放棄了買火炮的打算。到底是什麼原因，令胡雪巖連到手的錢都不想賺了呢？

　　「這慢一點。浙江有個姓龔的，會造炮……」

　　原來，這個姓龔的是福建人，名叫龔振麟，曾經做過嘉興縣的縣丞，道光末年就在浙江主持「炮局」，浙江炮局主要就是製造火炮。從明朝中葉以來，一直在仿製的「紅衣大將軍炮」都用生鐵翻砂。龔振麟不僅發明了鑄炮鐵模，著成《圖說》，而且專門著有一本《樞機炮架新式圖說》，在鑄炮技術上頗有改良。他的兒子名叫龔之棠，頗得父親真傳。父子二人，都很得浙江巡撫黃宗漢的欣賞和重用。

　　雖然胡雪巖很清楚，由龔振麟、龔之棠父子主持的炮局製造的土炮絕對趕不上西洋的「落地開花炮」，但畢竟是他

們自己造的炮。他認為,如果他買進西洋炮,由於西洋炮威力大,質量好,必然要頂掉浙江炮局製造的土炮,從而也勢必侵害炮局的利益,引起炮局的妒忌。炮局龔氏父子早就得到浙江巡撫黃宗漢的重用,他們為維護自己的利益,肯定會利用自己多年建立起來的影響,大肆挑剔買洋槍洋炮的弊端,反對浙江購買。如此一來,不僅洋炮買不成,恐怕連洋槍也買不成了。

他說:「當然,土造大炮不及西洋的『落地開花炮』。但這話不能說。一說,炮局裡的人當我們要敲他的飯碗,一定雞蛋裡挑骨頭,多方挑剔,恐怕連洋槍都不買。」

他這種基於對人情世故的考慮,決定捨炮不買,只買洋槍,不僅有效避免了對炮局利益的觸及,順利鋪就了成功的大道,而且又選擇了一條與眾不同的經營項目,另闢市場,不至於引起同行的反對。難怪已經見過大世面的洋買辦古應春對他的做法既感慨又佩服地說:「小爺叔,你真是人情熟透,官場裡的毛病全被你說盡了。」

胡雪巖回答:「官場、商場都一樣!總而言之,切莫『同行相妒』。彼此能夠不妒,什麼事都可以成功!」

雖是同行,卻能夠做到和平共處,這是胡雪巖為了生意的成功而尋求的外部環境。他取槍捨炮的做法,看似縮小了自己的市場,實際上卻是為了開闢另一市場而做出的必要讓步。在這一個新市場上,他不會遭到同行的妒忌和反對,也沒有競爭,從而營造出良好的經營空間,贏得更大的利潤。

(4) 兩頭落空的事,最要不得

胡雪巖曾說過這樣一句話:「駝子跌跟斗,兩頭落空,最要不得。」主要是指做事沒有輕重緩急,幾件事平均用

力，反倒一件事也沒能做好。

　　軍事上講：集中兵力，不要四面出擊。毛澤東則說：與其五指張開，不如併成一個拳頭，集中兵力，各個擊破。一個人的精力和時間畢竟有限，什麼都想管，什麼都丟不下，最後只能是什麼也做不好。就此意義而言，「駝子跌跟斗」，自然是不智之舉。

　　郁四的獨生兒子阿虎暴病而亡。胡雪巖得到消息後，立即在百忙中趕往湖州。本想前來安慰安慰老朋友，以免影響湖州方面的蠶絲生意，誰知一了解，才發現事情並不像自己想的那麼簡單。原來阿虎還有一個年近三十歲的姊姊阿蘭。半老徐娘的阿蘭本就不是個省油的燈，再加上她的丈夫是一個刑房書辦的兒子，子襲父業，做了府衙書辦，也是個極厲害的角色，一對惡男悍婦湊到一起，能夠鬧些什麼麻煩，自然就可想而知了。阿蘭見弟弟死了，娘家沒有可以承續香火的人，就思謀著回到娘家奪家產，整天在娘家瞎折騰。本來，獨生子暴死，就夠郁四受的了，再加上親生女兒這一存心鬧騰，使本來就痛不欲生的他萬念俱灰，以致整天把自己關在家裡咳聲歎氣，就連歷來「世襲罔替」，父子相承戶房書辦的差事也不想再做下去了。

　　郁四是胡雪巖在湖州做生絲生意和代理湖州官庫具體的承辦人，也是他交情已經相當深的江湖朋友。無論是就生意，還是就個人感情及胡雪巖的為人性格而言，他都不能不管這樁「閒事」。他不能眼看著郁四就此消沈。但對於他來說，要管這樁「閒事」，確實也有困難。不是他沒有能力，而是他確實沒有時間管。他知道，要把這樁「閒事」調理順當，沒有三、五天功夫恐怕辦不了。可此次自己只能在湖州待三天，因為上海、杭州方面的諸多事情不能耽擱，而且生絲銷洋莊正在洽談之中，買好的軍火正待啟運，許多具體操

作上的事都要他去拿主意。杭州方面，則主要是錢莊生意剛剛開張不久，發行官票、代理藩庫和辦理協餉，雖然起點不錯，自己選擇的錢莊檔手劉慶生也很能幹，但畢竟諸事剛剛起步，劉慶生也太年輕，有些事無論如何還得自己照應。

　　一方面是郁四的事，於情於理都不能丟開不管，另一方面，杭州、上海方面的生意又耽誤不得，這不能不讓胡雪巖大費躊躇。如果處理不好，就會落了個「駝子跌跟斗，兩頭落空。」

　　面對這一看似無法化解的兩難困境，胡雪巖經過短暫的考慮之後，還是決定留下來，先幫忙郁四料理好家事。如此決定，理由有三：

　　第一，郁四的事也是大事；且比較而言，它比上海、杭州方面的事更大，因為其中連著朋友的情分，關係到湖州的生意，還因它比上海、杭州方面的事都急。上海、杭州方面的生意雖然有很多事需要自己拍板，但畢竟已經有了大致的計畫，運作上也有了初步的眉目，生意運營基本上正常。

　　第二，郁四的事如沒有自己幫忙，很難圓滿解決，而上海已有古應春、尤五打點，杭州則有劉慶生照應，他們都有相當的能力，只要不出意外，一般說來，也不會發生什麼不可收拾的大事。

　　第三，自己已經到了湖州，不如索性就多花點時間將這裡的事解決好。耽擱下來，以後再來處理，多費一道周折不說，還可能錯過處理問題的最佳時機，憑空增添許多不必要的麻煩。而此時反正不在上海、杭州，那裡的事也管不了。

　　「兩害相權，從其重；兩害相權，從其輕。」歸納起來，胡雪巖避免「駝子跌跟斗」的變通之道，其關鍵也就是以下兩點：首先，當處於兩難甚至多難境地的時候，一定要分出孰輕孰重，孰緩孰急。做選擇時，較輕的、可以緩一緩

的事當然是先丟開再說，不要做「撿芝麻丟西瓜」的不智之舉。其次，要行事果斷，不能優柔寡斷。特別是兩件事一時難以區分輕重緩急又難以兩全的時候，這一點尤為重要，因為這個時候，當事人最容易猶豫不決。

其實，想一想，我們就會明白。反正兩件事都重要，那麼不管你做哪件事都是必要的，也是必需的。既然不能兩全，那就索性放棄一件，全力做好另一件，至少做成一件總比在猶豫中兩件事都耽誤，或者兩件事都做不好划算得多。

(5) 未雨綢繆，要為自己預留退路

掌握與運用機變與變通之理，在任何時候都要注意給自己留下退路。這是一個高明的商人，每一次出擊之前都必須深思熟慮的問題。

人的認識過程無限，認識能力卻有限。正因為認識能力的局限性，才使得人們對事物的認識有限，考慮問題難以周全。另一方面，人在社會生活中的地位和處境是不斷變化的，有些變化可以預見、可以把握，但更高更深的變化並非如此。

因此，考慮問題時應該多做幾手準備，時刻注意為自己留下退路。商場如戰場，生意場上瞬息萬變，許多事都難以預料，再有本事、實力再強的人，都不敢說自己做生意從不會失手。生意場上幾乎沒有任何一種生意是可以不冒風險的，而且獲利多少與所冒風險的大小成正比，生意規模越大，獲利越大，風險也就越大。

既然承擔著不可避免的風險，就要隨時做好「萬一出事」的心理準備。因此，一樁生意投入運作之前，一定要想著為自己留下退路。

為此，胡雪巖不時提醒自己和朋友：「局勢壞起來是很快的。現在不趁早想辦法，等臨時發覺不妙，就來不及補救了。」他認為：「凡事總要有個退路。即使出了事，也能夠在檯面上說得過去……我們的生意，不管是啥，都是這個宗旨，萬一失手，才有話好說。這樣子，別人能夠原諒你，就還有從頭來過的機會，雖敗不倒！」

胡雪巖在生意由創業而至鼎盛的過程中，他的每椿生意的運作就都是既敢於冒險，也特別注意為自己留「後路」。

比如，錢莊生意主要是通過兌進兌出賺錢。兌進，自然是吸收存款以做資本，兌出則是放款以吃利息。兌出是賺借貸人的利息，自然是利息越高越好；兌進要付出利息，自然是越低越好，最好是不要利息。表面看來，做這種生意，只要把握時機，隨銀價的起落浮動調整好兌進兌出的利率，就可以穩穩當當坐收漁利。這種將本求利，平平淡淡的運作方式當然也可以，但終歸不是做錢莊生意的「大手筆」；而要做出「大手筆」，兌進兌出就肯定會出現風險。

從兌出來說，放出的款要高利收回，就要找大主顧。大主顧做大生意，需要大本錢，若能有大利潤，也就不在乎借款利率的高低。向這樣的主顧放款，自然收回的利潤也就高。但借貸者的生意獲利越大，所承擔的風險也越大，款子放給他們，自己也要承擔相應的風險。萬一對方生意失手，血本無歸，自己放出去的款子就可能無法收回，一筆放款也就等於放了「倒賬」。比如在朝廷與太平軍交戰的兵荒馬亂年月，米商借款販運糧食，獲利就極大。既然獲利極大，風險肯定也大，放款給他們，就不能不考慮考慮風險。

兌進呢？最好是有儲戶存款不要利息。這種情況不是沒有，且有些可以不擔太大的風險，比如胡雪巖通過官場靠山，代理官庫；且有些則會擔很大的風險，比如太平天國失

敗之際，接受太平軍逃亡兵將的存款。太平天國兵敗之後，
朝廷自然要追捕「逆賊」，按慣例，肯定要抄沒他們的家
產。萬一追查「逆產」追到錢莊，錢莊不能夠不報不繳，因
為不說就可能被以「助逆」治罪。其後被捕的太平軍兵將遇
赦開釋，若來錢莊取回自己的存款，按規矩錢莊必須照付。
這樣一來，就必然是雞飛蛋打吃「倒賬」了。

　　兌進兌出都有風險，也就都要事先想好退路。

　　向在兵荒馬亂年月販運糧食的米商放款，胡雪巖自然也
做，但他確定了一條原則：先弄清楚米商的米運到什麼地
方去。如果運到官軍佔領的地方，可以放款給他；要是運
到有太平軍的地方，就不能放款。這就是為自己留下退路。
因為放款讓對方運米到官軍佔領的地方，萬一放「倒賬」，
別人可以原諒，自己不至於名利雙失，還留有重新來過的餘
地。如果放款讓對方將米運到有太平軍的地方，萬一放「倒
賬」，別人就會說你幫「長毛」，吃「倒賬」活該，那就一
點退路都沒有了。

　　當然，他也做了從太平軍逃亡兵將手裡「兌進」的生
意。不過，在做這椿生意之前，他早已想好了退路：萬一官
府追查，自己可以說：「他來存款時隱匿了身分，頭上又沒
有『我是太平軍』的標誌，我哪裡知道他是逃亡兵將？」這
樣至少可以開脫自己，不至於走上連坐治罪的絕路。

　　胡雪巖做每椿生意，向來特別注意未雨綢繆，為自己留
下退路。可惜的是，到他發跡的後期，在一些很大的事情上
卻一方面由於客觀情況和態勢的限制，一方面由於他管的事
太多而疏忽，更由於他自恃實力雄厚，反而把這一條他經常
教導別人的商場戒律忽略了，以至於最後在擠兌風潮來到
時，終因無力回天而徹底崩潰。

　　比如在為左宗棠西征籌餉而向商行借債時，具體運作

上，他就沒有為自己留好退路。為籌餉而向洋人借債，實際上是很不合算的事。洋人課以重利，本就息耗太重，而此項借款又不是商款，可以楚弓楚得，牟利補償。但左宗棠為自己西征建功，卻是志在必得。光緒四年（一八七八年），他要胡雪巖出面邀集商股，同時向英國匯豐銀行借款，華、洋兩面共借得商款高達六百五十萬兩白銀，用於西征的糧餉。照左宗棠的計算，七年之中，陝甘可得協餉一千八百八十萬以上，以這筆餉款清償「洋債」，足夠了。因協餉解到時間不一，因此要求不定還款期次。但這只是他的一廂情願。洋行放款不可能沒有期限，這筆借債實際定了半年一個還款期次，六年還清。

到左宗棠奉調入京之前，為了替後任劉錦棠籌劃西征善後所需款項，他在近乎獨斷專行的情況下，又向匯豐銀行招股貸款四百萬兩。

借洋債用於軍需糧餉，本來是國家的責任，但這兩筆超過一千萬兩的債務風險全都落在胡雪巖一個人身上。

光緒四年，左宗棠為借洋債上奏朝廷，一個月以後接到朝廷批覆，上面就說：「借用商款，息銀既重，各省每年除劃還本息外，京協各餉更屬無從籌措，本係萬不得已之計。此次姑念左宗棠籌辦軍務，事在垂成，准照所議辦理。嗣後無論何項急需，不得動輒息借商款，至貽後累。」

此批覆中所說的「京協各餉」即指「京餉」，是京中的各項開支。因你們息借洋款，以至連京中各項開支都無從籌措，自然還款也就不能幫你們了。朝廷是一推六二五，對這筆借款採取了「概不負責」的態度。這樣，借款的風險無形中全都壓到了出面商借的胡雪巖一人肩上。雖然這兩筆借款應該都由各省解陝甘的協餉還付，但協餉解到的時間不能一定，而且原議解匯的協餉還有可能被取消。協餉不到，無

法還款，洋行自然是找出面借款的胡雪巖。胡雪巖為了自己的信用，也必須盡力籌措還款。正常情況下，以他當時的財力，當然問題並不大，但局勢如果發生變化，後果必將不堪設想。

亂世之中，要以一人之力擔國家的債務，這是沒有為自己留下退路的第一步。而在局勢已經發生變化，上海市面已經極為蕭條，市面存銀僅百萬兩的情況下，特別是此時李鴻章要整掉他的端倪已現，胡雪巖又接受為左宗棠籌集近五十萬糧餉的任務，更是沒有為自己留下一點退路。

另外，在這種情況下，他還決心在生絲生意上與洋人一拼到底，「打得贏要打，打不贏也要打」，不肯將囤積的生絲和蠶繭脫貨求現，則是不僅不留退路，甚至是自己將自己的退路堵死而至背水一戰。這樣，風波突起之時，也就除了破產查封清償之外，別無他路了。

「局勢壞起來是很快的，現在不趁早想辦法，等臨時發覺不妙，就來不及補救了。」這其中的道理，胡雪巖自然是清楚至極，但具體做起來，就連他如此精明的人也不免失誤。可見，要真正善於未雨綢繆，為自己留下退路，實際上並不是一件簡單的事。

3. 遵守「遊戲規則」戲法才不會揭穿

所有的體育競賽，參與者都必須遵守一定的規則。譬如在世界盃上踢足球，雙方隊員都必須遵守共同的足球規則，進攻一方既不能「越位」，更不能「假摔」，防守一方則不能有意傷人，否則比賽就無法順利進行。

俗話曰：「沒有規矩，不成方圓。」說的就是這個理

兒。面對商場競爭的殘酷，更需要遵守「遊戲」規則。

正如《麥田捕手》中斯賓塞先生對霍爾頓所說：「人生就是一場球賽，我們要遵守每一項這樣或那樣的規則。」是的，每一個置身商海的人既然參加這樣的「球賽」，就必須遵守相應的「規則」。

「把戲人人會變，各有巧妙不同。」巧妙就在於如何不拆穿把戲上。胡雪巖做生意，在強調「要活絡」的同時，更注意講究「照規矩來」。用他的話說就是：只有遵守商場的「遊戲」規則，「戲法才不會揭穿」。表面上看，他做生意奇招不斷，靈活多變，但仔細琢磨，他的每一樁生意的具體運作過程都基本上遵守了相應的商場規則。

(1) 有飯大家吃，不搶同行的飯碗

胡雪巖做生意，向來把「人緣」放在第一位。所謂「人緣」，對內是指員工對企業忠心耿耿，一心不二；對外則指同行的相互扶持、相互體貼。因此，他常對幫他做事的人說：「天下的飯，一個人是吃不完的，只有聯絡同行，要他們跟著自己走，才能行得通。所以，撿現成時得看看，於人無損的現成好撿，不然就是搶人家的好處。要將心比心，自己設身處地，為別人想一想。」他是這麼說，更這麼做。他的商德之所以為人稱道，很重要的一條，就是把同行的情看得高於眼前的利益，在面對你死我活的激烈競爭時，做到了一般商人難以做到的：不搶同行的飯碗。

在他準備開辦阜康錢莊，告訴信和錢莊的張胖子「想弄個號子」時，張胖子雖然嘴裡說「好啊」，聲音中卻明顯帶有做作出來的高興。為什麼？因為在他幫王有齡辦漕米這件事上，信和錢莊之所以全力墊款幫忙，就是想拉上海運局這

個大客戶，現在他要開錢莊，張胖子自然會擔心丟掉海運局的生意。

為了消除張胖子的疑慮，他明確表態：「你放心！『兔子不吃窩邊草。』要有這個心思，我也不會第一個就來告訴你。海運局的往來照常歸信和，我另打路子。」

「噢！」張胖子不太放心地問道：「你怎麼打法？」

「這要慢慢來。總而言之一句話，信和的路子，我一定讓開。」

既然胡雪巖的錢莊不和自己的信和搶生意，信和錢莊不是多了一個對手，而是多了一個夥伴，自然疑慮頓消，轉而真心實意支持阜康錢莊。張胖子便很坦率地對他說：「你的為人我信得過。你肯讓一步，我見你的情，有什麼忙好幫，只要我辦得到，一定盡心盡力！」

在胡雪巖以後的經商生涯中，信和錢莊給了他很大的幫助，這都要歸功於他當初沒有搶了信和生意的那份情誼。

甚至對於利潤極豐的軍火生意，他也都是抱著「寧可拋卻銀子，絕不得罪同行」的準則。軍火生意利潤大，風險也大，想吃這碗「軍火」飯並不是容易事。他憑藉已有的官場勢力和商業基礎，並且依靠他在漕幫的勢力，很快便打開了門路，走上了正道，著實做了幾筆大生意。這樣，他在軍火界也成了一個頭面人物了。

一次，他打聽到一個消息，說是外商又運進了一批性能先進、精良的軍火。消息馬上得到進一步的確定。他知道這又是一筆好生意，做成了，一定大有賺頭。他馬上找到外商聯繫，憑藉他老道的經驗、高明的手腕，以及他在軍火界的良好信譽和聲望，很快就把這批軍火生意搞定。

然而，正當胡雪巖春風得意之時，他聽商界的朋友說，有人在指責他做生意「不地道」。原來外商此前已把這批軍

火以低於他出的價格，擬定賣給軍火界的另一位同行，卻在那位同行還沒有付款取貨時，就被他以較高的價格買走，使那位同行喪失了幾乎穩拿的賺錢機會。

聽說了這件事之後，他對自己的貿然行事感到慚愧。他隨即找來那位同行，商量如何處理這件事。那位同行知道他在軍火界的影響力，怕他在以後的生意中與自己為難，所以就不好開列什麼條件，只推說這筆生意既然讓胡老闆做成了就算了，只希望以後留碗飯給他們吃。

事情似乎到這一步就可以輕易解決了，胡雪巖卻不然。他主動要求那位同行，把這批軍火以與外商談好的價格「賣」給他，這樣那位同行就可吃個差價，而不須出錢，更不用擔任何風險。事情一談妥，他馬上把差價補貼給了那位同行。胡雪巖的這一做法不僅令那位同行甚為佩服，就連其他同行也都非常欽佩。

如此協商，一舉三得：胡雪巖照樣做成了這筆好買賣；沒有得罪那位同行；博得了那位同行衷心的好感，在同業中聲譽更高。這種通達變通的手腕日益鞏固著他在商界中的地位，成了他在商界縱橫馳騁的法寶。

不搶人之美，是胡雪巖做人處世的基本準則。他一直恪守這一準則，不僅在商場，就是周旋官場也是如此。

胡雪巖在外經商多年，儘管不願做官，但和場面上的人物來往，身上沒有功名，顯得身分低微，才花錢買了個頂戴。後來王有齡身兼三大職務，顧不了杭州城裡的海運局，正好他捐官成功，王有齡就想委任他為海運局委員，等於王有齡在海運局的代理人。

對此，他以為不可。他的道理很簡單，但一般人就是辦不到。其中關鍵就在於他會退一步為別人著想。他告訴王有齡，海運局裡原來有個周委員，資格老、輩分高。按常理，

王有齡卸任，應由周委員替代才是，如果貿然讓他坐上這個位子，等於搶了周委員應得的好處。反正周委員已經被他收服，由周委員代理當家，凡事肯定會與他商量，等於還是他幕後代理。既然如此，就應該把代理的職位賞給周委員。

這樣一來，他既避免了將周委員的好處搶去，也避免了為自己樹敵。所以說，他的「捨」實在是極有眼光、有見地的高明之舉。

利用同樣的做人觀念，胡雪巖還曾幫了王有齡一次。王有齡官場得意，身兼湖州府知府、烏程縣知縣和海運局坐辦等三職。王有齡在四月下旬接到升遷的派令，身邊左右人等紛紛勸他，速速趕在五月初五端午節前接任視事。之所以會有這樣的建議，理由很簡單：盡早上任，盡早攬到端午節的「節敬」。

清代吏制昏暗，紅包回扣、孝敬賄賂乃是公然為之，蔚為風氣。風氣所及，冬天有「炭敬」，夏天有「冰敬」，一年三節還另有額外收入，稱為「節敬」。浙江省本來就是江南膏腴之地，湖州府更是膏腴中的膏腴，各種孝敬自然不在少數。王有齡四月下旬獲派為湖州知府，左右手下各路聰明才智之士無不勸他趕快上路，在五月初五之前交接，就是為了剛上任就能大攬「節敬」。

王有齡就此事詢問胡雪巖的意見，胡雪巖卻說：「銀錢有用完的一天，朋友的交情卻是得罪了就沒得救！」他勸王有齡等到端午節之後再走馬上任。

胡雪巖之所以這樣建議，有多方面的考慮。王有齡不是湖州的第一任知府，在他之前還有前任，別人在湖州府知府衙門混了那麼久，就指望著端午節敬。王有齡當然可以在端午節前接事，搶前任的「節敬」，大面上說也是名正言順。可是，這麼一來，無形中就和前任結下梁子，眼前當然沒

事，但保不準什麼時候就會發作。要是將來在要命的關鍵時刻發作，牆倒眾人推，落井猛石下，那可就划不來了。

他非常明白，江湖上有云：「你做初一，我做十五；你吃肉來我喝湯。」意思是說：好處不能占絕，幹事情不能吃乾抹淨，一點後路都不給別人留。人家前任知府已經被掃地出門，心裡夠沮喪的了，你新官上任之際，春風得意，總得替人家想想。送對方一頓「節敬」，自己沒損失什麼，卻頗能讓別人見情，何樂而不為呢！

胡雪巖不搶同行的飯碗，並非迴避競爭與衝突，而是捨去近利，保留交情，從而帶來更長遠、更巨大的商業利益。

(2) 錢要拿得舒服，燙手的錢不能用

胡雪巖有一句名言，叫做生意人要學會「前半夜想想自己，後半夜想想別人。」按我們的理解，這裡的「想想別人」，也就是設身處地為別人著想，想想別人的難處，想想別人和自己一樣辛苦，也和自己一樣，為了賺自己該賺的那份銀子。生意人不可能不想自己，不能不去細心地算計籌劃如何賺錢，因為錢既是賺來的，更是算計籌劃來的。但在想自己的時候，不妨也相應地想想別人。這樣就可避免犯錯，避免因拿了燙手的錢而給自己也「拿」來一些不必要的麻煩。說到底，想別人其實也就是想自己。

為了浙江的防務，胡雪巖曾建議王有齡向洋人購買洋槍，而且他與洋人已經大體議定每支二十五兩銀子（其中五兩為中間人的「好處」）上下的購進價格。不想，浙江炮局坐辦龔振麟父子走了浙江巡撫黃宗漢三姨太的路子，橫插了一槓子，以每支三十二兩銀子的價格與洋人簽了購買一萬五千支洋槍的合同。

　　聽了這個消息，胡雪巖大為詫異。買洋槍本是他的創議，如果試用滿意，大量購置，當然是原經手去辦，何以中途易手，變成龔家父子居間？而且一筆生意，每支槍起碼有十二兩的虛頭，一萬五千支就是十八萬兩銀子，回扣還不包括在內。

　　以他的為人和性格，自然是不會聽之任之的。他與朋友嵇鶴齡、裘豐言周密籌劃，上下疏通，由裘豐言出面向龔家父子展開攻勢，終於迫使他們就範，同意拿出五千支，由裘豐言經手，每支三十二兩的價格不變，但他們只要每支二兩的手續費。這樣一來，就等於他們讓出了五萬兩銀子的好處。

　　胡雪巖認為，不能要這五萬銀子，因為這不是一筆小數目，等於是剜了對方的心頭肉。為了錢，讓對方記恨自己，划不來。

　　事實上，按當時的情況，也已經得不到這五萬兩銀子的好處了，因為裘豐言經手的洋槍，每支向上報的價是二十五兩，好處減半；只有二萬五千，除掉撫台衙門的一萬，實落只有一萬五。就這一萬五，胡雪巖建議派作三股：裘豐言得兩股，剩下五千給龔家父子，自己和嵇鶴齡則分文不要，黃宗漢願意戴多少「帽子」隨他自定。

　　如此處理這樁生意，也許有人不理解。本來是自己的生意，被人搶去，如今再奪回來，從道理上講，這筆生意的好處，他無論如何都是可以而且也應該拿的。再說，做生意就是為了賺錢，到手而且是該拿的錢卻不拿，自然是讓人不好理解。但胡雪巖卻有自己的道理，那就是：錢要拿得舒服。拿了以後會不舒服的錢，即使該拿，也寧可不拿。什麼錢拿了會不舒服？簡單地說，就是那些拿了會留下後患，帶來不良後果的錢。比如這筆軍火生意中的好處就是可能拿得不舒

服的錢。

在他看來，龔家父子之所以最終肯剜去自己的心頭肉，讓出五萬銀子的好處，實際上是在自己的強烈攻勢下，迫不得已，忍痛犧牲。拿了這筆好處，就等於與對方結下大怨，對方心懷怨恨，以後尋機報復，這就等於雖得一錢，卻為自己埋下一顆說不定什麼時候會爆炸的「定時炸彈」，留下極大的隱患，實在不划算。這是一筆拿了會得罪同行、結怨於同行的錢，雖然有可拿的道理，他也是寧可不拿，也不能得罪人。

他的這一番考慮確實有道理。事實上，在這樁生意的整個運作過程中，龔家父子本就已經對他心存怨恨，正是由於他的這一番化解，使龔家父子不僅知道他的手段厲害，也知道他是一個做事極「漂亮」的人物，由怨恨而至欽服，並成為他生意場上的朋友，甚而馬上在他的錢莊存進八萬銀子的公款。

由此看來，做生意雖然是為了賺錢，但賺什麼樣的錢以及賺錢的後果也確實不能不謹慎考慮。燙手的錢即使再多也不能要。這個原則，任何一個生意人都應該記取。

胡雪巖經常說：「錢要拿得舒服，燙手的錢不能用。」那麼，哪些錢會燙手呢？不同的人大概會有不同的看法。但總的說來，會燙手的錢，不外乎包括以下三類：

第一類、是會觸犯法律的錢。比如靠走私、販毒等非法手段賺來的錢，也就是我們通常所說的「黑錢」，肯定是燙手的錢。賺這種黑錢，於法於理都不容，必將招來災禍，受到懲罰。為身外之物而冒被囚禁甚至掉腦袋的風險，無論如何都不划算。

第二類、是以損人利己為後果，靠坑害同行同業或矇騙欺詐賺來的錢，比如龔家父子在軍火生意上斜插一槓，想要

賺取的也是會燙手的錢。這類以拐害他人利益的手段賺取的錢財，本質上與前一類沒有太大的區別，既違背了商場交易必須互利互惠的原則，也踐踏了人自身應該遵循的基本道德準則。而且，加害於人，必招報應，賺這種錢，也會為自己種下招禍的根由。

　　第三類、是那種既不違法，也有正當理由去拿，拿了卻可能得罪同行或朋友，結怨於他人的錢。比如胡雪巖在軍火交易中若硬從龔家父子那裡挖出錢來，就屬於這一種。

　　一般來說，這三類當中，對於前兩類，人們比較容易從理性上看得很清楚，而且大多數人也能明確地知道，並盡可能約束自己按規則辦事。但對於第三類，人們則常常不能看得很清楚；有時即使看清楚了，常常也很難主動放棄。應該說，這是可以理解的。一方面，這類錢的獲取並不涉及法律問題，也不是直接以不正當的手段損害他人。另一方面，商人圖利，而且應該圖利，一個優秀的商人在別人看來賺不到錢的地方，都要設法挖出銀子來，何況有現成的錢好賺呢！更何況還有賺這「現成」錢的正當理由！

　　這當中確實需要能夠設身處地，將心比心，有為他人著想的自覺意識。胡雪巖就是一個極能為別人想的人。前述王有齡改升署理湖州府正好在端午前，他如能趕在五月初五前上任，五月初五必有一筆不菲的「節敬」好拿。拿這筆錢，於情於理都無大礙。但胡雪巖認為不可。他的理由有兩條：其一，「節敬」只此一份，前任已署理好些個年頭，該他得，為他著想，不能去搶了人家的好處。其二，往深一層說，搶別人的好處，必定得罪對方，結下怨恨。「銅錢銀子用得完，得罪一個人，想補救就不容易了。」

　　胡雪巖常說：「天下的飯，一個人是吃不完的，只有聯絡同行，要他們跟著自己走，才能行得通。」這句話雖然平

淡無奇，卻透出他這樣一個深諳經商之道的人對於商場運作規律的深刻理解。

人們常說：商場如戰場。一般人常常簡單地將這句話理解為對商場競爭的形象概括，而忽略了商場還有另一面，即商場上在有競爭的同時更有合作。一個再簡單不過的事實是：不管你實力有多強大，也不管你的本事有多高，也無法佔有整個市場。一個明智的生意人必須懂得，在商場上站穩腳跟，不僅要有天時、地利，還必須有人和。胡雪巖不僅深深懂得這個道理，還特別善於營造於己有利的「人和」。

雖然他認為生意場上並無太多朋友可言，但他還認為，在共同的利益驅動下，雙方真誠合作還是有可能的。這便需要遵循結交朋友的一些基本原則：在生意場上交朋友，一定要記住雙方應該互惠互利，切莫相互拆臺。

(3) 人情方面要做得漂亮，不能欠「人情賬」

生意場上的合作夥伴不僅有一筆「錢財賬」，往往還要有一筆「人情賬」。胡雪巖深知：「錢財賬背後的『人情』向來比錢財更重要。」因此，當「錢財賬」與「人情賬」發生互為消減的情況時，他向來都是將後者擺在第一位考慮。他寧可捨去錢財，也要在人情方面做得漂亮。

早在發達之前的落魄時期，他就特別注意人與人之間的「人情賬」，並且把人情看得比錢財更重要。

當初因資助王有齡，錢莊裡的飯碗砸了之後，他的日子過得很艱難。有一天，他的一個好朋友從金華到杭州來謀事，病倒客棧。房租和飯錢已經欠了半個月，還要請醫生看病，沒有五兩銀子，實在過不去這道坎兒。他自己都差不多落魄到吃「門板飯」了，哪還有能力幫助朋友解脫困境。但

他實在不忍心看著朋友困頓無助，就找到一個朋友那裡。當時那朋友正好不在，他只好求助於朋友的妻子，看她能不能幫自己這個忙？

朋友之妻看他雖然落魄，那副神氣卻絕不像倒楣的樣子：一件竹布長衫雖然褪了色，也打過補釘，照樣漿洗得很挺括，見得他的家小也是賢慧能幫男人的，就毫不猶豫地借了五兩銀子給他。

他很有志氣，當即從腕子上捋下一隻風藤鐲子，對朋友之妻說：「現在我境況不好，這五兩銀子不知道啥時候能還，但我一定會還。說實話，這個鐲子連一兩銀子都不值，不能算押頭。不過，這是我娘的東西，我看得很貴重。這樣做，是提醒我自己，不要忘記還掉人家的錢。」

等到王有齡捐官成功，到浙江做官，剛擺脫困境的胡雪巖馬上送來一個紅封套，裡頭除了五兩銀子銀票，另外送了四色水禮。朋友之妻要把鐲子還給他，但他認為，這筆「錢財賬」雖然還上了，背後的「人情賬」卻沒有還上。所以，他說：「嫂子，鐲子你先留著。現在的五兩銀子絕不是當時的五兩了。我還掉的只是五兩銀子，還沒有還你們的情。現在你們什麼也不缺，我多還幾兩銀子也沒有太大的意義。等將來有機會還上你這份人情了，我再把鐲子取走。」

有一次，這位朋友生意上遭人暗算。胡雪巖聞訊後出面相助。朋友倖免於難，朋友之妻再次要還鐲子。他仍然不收，而是對朋友之妻說：「我幫朋友的忙，是為了同行的義氣。再說，男人在外頭的生意，不關太太的事。所以我欠你的情，不能『劃賬』。鐲子你仍舊收著，我將來總要替你做件稱心滿意的事，才算補報了我的情。」

後來，朋友被東家解僱，全家生活陷入困境，僅靠一個小雜貨店維持生活，日子過得很艱難。過了三、四年，胡雪

嚴偶然得知此事，馬上請朋友到自己的錢莊，以合夥人的身分參與經營，並對朋友全家都做了很好的安排，這才收回朋友之妻送來的鐲子。

「錢財賬背後的『人情』向來比錢財更重要。」胡雪巖不僅充分認識到這一點，也受益於這一點。當年王有齡落難時，胡雪巖冒著丟掉飯碗的危險，給他送去五百兩銀子；後來王有齡發跡，不僅還掉了五百兩銀子，而且還了胡雪巖一份人情，這份人情成了他創業的資本。

胡雪巖做生絲生意，一上手便謀劃著「銷洋莊」，也就是和洋人做生意。用我們今天的話說，就是從事外貿經營。為了能做成「洋莊」，他在收買人心、拉攏同業、控制市場、壟斷價格等方面可謂絞盡腦汁，精心籌劃。他費盡心機，周旋於官場勢力、江湖老大和洋商買辦之間，還必須同時與洋人以及和自己同一戰壕中某些心術不正者如朱福年之流鬥智鬥勇，實在是冒了極大的風險，終於做成了他的第一樁「銷洋莊」的生絲生意，淨賺了十八萬兩銀子。然而，這也不過是說來好聽。因為合夥人太多，各種額外開支過大，與合夥人分了紅利，付出各處利息，做了必要的打點之後，不僅分文不剩，原先的債務沒能清償，而且還拉下一萬多銀子的虧空，實際上甚至連賬面上的「虛花頭」都沒有，等於是白忙活了一場。

「他本人兩手空空，還虧下賬，但相交合作的朋友都有好處。這盤賬要扯過來算，還是有成就的。」

因此，除了初算賬時有過短暫的不快之外，很快他也就釋然了。而且，他斷然決定，即使一兩銀子不賺，甚至賠錢，也要該分的分，該付的付，絕不能虧了朋友。

這分與付之間，胡雪巖獲得的效益實在是太大了。它不僅使合作夥伴及朋友看到了在這樁生意的運作中，他顯示出

來的足以服眾的才能，更讓朋友們看到他重朋友情分，可以
同患難、共安樂的義氣。並且這樁生意還使他積累了與洋人
打交道的經驗，和外商取得了聯繫並有了初步的溝通，為他
後來馳騁十里洋場，和外商做軍火生意以及借貸外資等，打
下了基礎。同時，通過這樁生意，他與絲商巨頭龐二結成牢
固的合作夥伴關係，建立了他在蠶絲經營行當中的地位，為
他以後有效地聯合同業控制並操縱蠶絲市場創造了必不可少
的條件。

　　另外，僅僅從這分與付之間顯示出來的重朋友情分的義
氣，也使他得到了如漕幫老大尤五、洋商買辦古應春、湖州
「戶書」郁四等可以真正以死相託的朋友和幫手，其「收
益」就實在難以用金錢的價值衡量。可以說，他此後所有使
他大大發跡的大宗生意，都是在這些朋友的幫助下做成的。
因此，我們完全可以說，在這一筆生意上，表面上看，胡雪
巖的「錢財賬」是虧了，「人情賬」卻大大地賺了一筆。前
者的數目是有限的，後者卻能給他帶來不盡的機會與錢財。

　　說到底，處理好「錢財賬」與「人情賬」的關係，也是
商場「關係學」中的必有之義。商務活動中，許多時候確實
不能僅僅在金錢上盤算自己的賺賠進出賬。僅僅在自己的賺
賠進出賬上打「小九九兒」，也許能憑著精細的算計獲得一
些進益，卻很難取得大成就。相反，有時在錢財的賺賠上灑
脫些、大氣些，常常會收到意想不到，而且往往是更大、更
長遠的效益，給你帶來更大的成功。

　　胡雪巖不在乎銀錢上的賺賠出入，分與付之下獲得如此
大的效益，讓人不能不佩服他的大氣和遠見。假如他只盯著
自己銀錢上的進出而一毛不拔，或是為自己多留一點，一毛
分成幾段拔，是否最終會得不償失呢？

　　更難能可貴的是，他還有著「責人寬，律己嚴」的博大

胸懷。對待錢財和人情的問題，如果虧了，他會大度地將其化成人情；但如果虧的是對方，他一定會堅持「感情歸感情，生意歸生意」，全力給對方以彌補。這也是他注重信用的一個重要體現。這樣做，使得生意夥伴之間在利害關係上獲得一種相互間的約束。因此，它也是一種合作夥伴及朋友間必要的信用保證。

胡雪巖做生意時特別注意這一點。比如他與龐二合作，做成了第一筆生絲「銷洋莊」的生意，在這筆生意運作的過程中，發現了龐二在上海絲行的檔手朱福年的「毛病」。他不僅收服了朱福年，很適切地處理了因為朱福年而在生意過程中發生的問題，並在這些問題的處理過程中顯示出自己精明的生意眼光和為人仁厚的品性。龐二在與胡雪巖的合作中，對胡雪巖的為人由了解而心悅誠服。因此，他想讓胡雪巖完全加入自己的生意，幫自己全權照應上海的絲行。龐二想出的辦法是由他送胡雪巖股份，算是胡雪巖跟他合夥，這樣也就有了老闆的身分，可以名正言順地為他管理上海的生絲生意了。

對胡雪巖來說，能夠與龐二合夥，就當時的情況而言，當然是求之不得的大好事。但他不想欠龐二的「人情賬」。他明確表示不贊成吃「乾股」這一套花樣。既然龐二同意讓他入股，他就必須拿出現銀做股本。他的實力不如龐二，可以只占兩成，龐二拿四十萬，他拿十萬，而且還要立個合夥的合同。此外，不能僅僅自己在龐二的生意中參股，自己的生意也一定要讓龐二占同樣的股份。他的想法很明確：感情歸感情，生意歸生意，不能一概而論，攪在一起夾纏不清。因為，若是由於照顧朋友的情分，一時做出慷慨的決定，以後也許後悔了還有說不出的苦衷。朋友相交，如果到了這個地步，也就一定不能善始善終，生意上的合作也不可能有好

結果。

　　這樣處理這件事，自然是高明的。從合作的角度，胡雪巖拿出這十萬現銀的股本，與龐二之間訂立了合夥的合同，雙方也就有了明確的責任和信用關係；而這一種朋友關係之外的責任信用關係，正是生意能夠長期合作的保證。

　　實際上，生意夥伴之間也的確需要信用的保證。這種保證當然可以是合作夥伴之間的朋友感情，但生意場上僅有感情是不夠的，還需要感情之外「按規矩辦」的保證。中國有句老話：「親兄弟，明算賬。」說的就是這個理兒。這句話中透出的人們由生活經驗中得來的智慧，也的確是商場中應該遵循的至理名言。

　　胡雪巖的不同凡響之處，就在於他深刻抓住了「錢財賬」與「人情賬」之間的辯證關係，不重此輕彼，而是完全根據不同的事、不同的條件去區別對待，恰到好處地處理好兩者的輕重緩急，有取有捨，能寬能嚴。做到了這一點，正是盛極一時的「紅頂商人」過人之處。

(4) 儘量將得失心丟開

　　生意場上風雲突變，什麼事都可能發生。若是已經發生了，就要保持一顆平常心，既不能因一時的挫折而灰心喪氣，更不能患得患失，失去應變所需要的平和心態。

　　「儘量將得失心丟開。」這是胡雪巖在他的生意面臨全面倒閉的緊要關頭，告誡自己的話。光緒八年，也就是西元一八八二年，胡雪巖的生意由於洋行與官場的兩面夾擊，已經到了最危急的關頭，他面臨幾個讓他難以應付的麻煩：

　　第一，由於越南主權問題，中、法關係趨於緊張，影響所及，使得上海市面蕭條，銀根極緊，整個上海謠言滿天，

人心惶惶，有錢的人都相信手握現款是最妥當的事，錢莊由於只提不存，周轉不靈而倒閉的已經好幾家了。阜康雖然是一塊金字招牌，所受的影響不大，但暗中另有危機。

第二，他準備控制洋莊市場而囤積起來的生絲，到此時由於洋人聯合拒購，已成困局；雖力求擺脫，但陰差陽錯，他收買新式繅絲廠，為存貨找出路的計畫，始終未能成功。特別是存在天津的存絲，削價出售也找不到買主。

第三，替左宗棠向洋行借的款，應還的第二期本金期限將至，但由於李鴻章與左宗棠的矛盾，李鴻章為了整垮左宗棠，準備拿他開刀，於是上海道邵友濂接受盛宣懷的授意，加以拖延，該撥還洋款的各省「協餉」始終不到位，按協定，只能由阜康「代墊」。在銀根如此緊張的情況下，這無異是雪上加霜。

第四，為左宗棠協賑和購買軍火，一共需要撥出四十五萬兩銀子。雖說那是轉運局的官款，但總是少了一筆可供調度的頭寸。

第五，他的女兒十一月初五出嫁的吉期在即，以他定下的排場，至少需要二十萬兩銀子。如果不能把場面按原計畫辦得紅紅火火，別人就會想到他手頭吃緊，對維持大局必然不利。

最後，錢莊檔手忞本常私下借客戶的名義，提取存款，私下去做南北貨生意，照古應春的估計，大概也有十萬銀子左右。

如此種種，用胡雪巖的話說，真是「不巧是巧，有苦難言。」所謂「不巧是巧」，就是諸多不巧的事，一下子全都湊在一起。

擠兌錢莊是由邵友濂與盛宣懷合謀挑起的。邵、盛二人屬李鴻章門下，李鴻章與左宗棠一向不和，早就有翦除左之

羽翼的打算。胡雪巖是左宗棠門下，要餉要糧要軍械，只要左宗棠開口，從沒有辦不到的。這次中法之間戰事一起，左宗棠力主與法開戰。李鴻章主張講和，但又不敢公開宣揚，所以暗中做手腳，要先削弱主戰派的實力。邵友濂與盛宣懷為了配合李鴻章，就拿胡雪巖開刀，派人四出傳謠，說胡雪巖的阜康錢莊內部空虛，信用不足。

就這樣，在盛宣懷背後「鼓搗」策劃下，阜康發生了擠兌風潮。擠兌先由上海開始。由於宓本常措置不當，一下子就釀成不可收拾的燎原之勢，不到一天就宣布關門歇業，隨即牽連到杭州和寧波分號。而這個時候，胡雪巖正在由上海回杭州的船上。杭州雖有螺螄太太、錢莊檔手勉力支撐，甚至還有浙江藩台德馨的幫忙迴護，但也支持不住。到他回到杭州時，已經關上排門，暫停營業了。

十一月初三，胡雪巖一到杭州，馬上就知道了上海和杭州要命的「噩耗」。錢莊是他所有生意的「龍頭」和起家的本錢，錢莊一倒，他的整個生意王國就會隨之土崩瓦解。難怪他一聽到消息，就心頭一沈，內心的憤怒，恨不得一口唾沫當面吐在宓本常臉上，擔憂和失望，使他甚至差一點失去控制，生怕老娘知道滬、杭兩地的擠兌風潮，急出病來，急急忙忙就往自己家裡趕。好在他很快就意識到出了這麼大的事，不能先回家，這會讓那些把自己的血汗錢託付給阜康的客戶，覺得阜康的老闆只顧自己，不顧別人，會一下子就失去人們最後的信任。

他明白，現在惟一可使局面有利的，是要自己鎮靜。這就好比一條船，遇到了大風浪，如果船長先慌了手腳，必然引起船員更大的慌亂。一旦出現這種局面，就會只顧自己，誰也不會設法拯救大船，結果只能是船毀人亡，無一倖存。反過來，只要船長鎮靜，能把整船的人都組合起來，同心協

力，就有逃出險境，化險為夷的可能。

到了阜康錢莊，胡雪巖才真正使自己冷靜下來，暗暗告誡自己：不能怨任何人，連自己也不必怨；要盡力將得失心丟開，最好忘掉自己是阜康的東家，就當自己是胡雪巖的「總管」，胡雪巖已經「不能問事」，委託他全權處理這場災難。

他這個時候告誡自己要將得失心丟開，也就是因為在這樣的緊要關頭，只有將得失之心先放到一邊，心思才能比較集中。

從心理學上講，胡雪巖這時確實找到了使自己能夠冷靜下來，集中全部心力應對眼前可怕之災難的關鍵所在。

事實上，這時如果一心只想到自己的得失，勢必被災難發生之後的可怕後果所糾纏，無法冷靜而清醒地思考所面臨的麻煩，會讓自己在恐懼和慌亂中手足無措，這樣就必然使本來還有一些可以挽回的機會全都喪失了。

其實，一個生意人不僅在面臨危機時應該提醒自己將得失心丟開，即使在正常營運的過程中，許多時候也要提醒自己不要將得失看得太重。一個得失心太重的人，不可能超脫地以長遠的眼光看問題。比如一個只顧自己之得失的人，就不可能在自己得利的情況下主動想到別人的難處；不能將得失心暫時丟開，就不可能想到不可為賺錢而結怨，更不會想到有些錢能賺，有些錢卻不能賺。而在這些「想不到」真正發生的時候，失去的往往已經比得到的多得多了。

(5) 要拿得起，更要放得下

就像戰場上沒有永遠不打敗仗的將軍一樣，商場上也沒有常勝不敗的「不倒翁」。生意場上，沒有人敢說自己可以

立於不敗之地，也沒有一個人可以永遠立於不敗之地。從根本上說，做生意，成功的把握總是相對的，失敗的可能卻是絕對的。沒有生意人願意自己正在進行的生意出事，但沒有一個生意人做得到從不出事。

因此，任何一個縱橫商海的人，都要做好輸的心理準備，都要有贏得起也輸得起的心理素質。也就是說，在輸贏面前既要拿得起，更要放得下。只是贏得起，還算不上真正的好漢，只有輸得起，而且輸得灑脫，輸得大氣，才是真正的好漢。胡雪巖就是這樣「拿得起，放得下」的好漢。

上海阜康錢莊發生的擠兌風潮，第二天就波及了杭州。胡雪巖從上海返回杭州，還沒有下船就得到消息。正當他全力調動，苦撐場面，要保住杭州阜康的信譽，以圖再戰時，真是「屋漏偏遭連夜雨」，又傳來寧波通裕、通泉兩家錢莊同時倒閉的消息。

通裕、通泉兩家錢莊是阜康錢莊在寧波的兩家聯號。上海阜康錢莊總號擠兌風潮開始之後，宓本常潛至寧波，本來是要向這兩家阜康聯號籌集現銀以解燃眉之急，但由於寧波市面也受時局影響很大，頗為蕭條，這兩家錢莊不僅無法接濟阜康總號，甚至已經自身難保。宓本常到寧波不久，通泉檔手就不知避匿何處，通裕檔手則自請封閉。因此，寧波海關監督候補道瑞慶即命寧波知縣查封通裕，同時給現任浙江藩台德馨發來電報，告知寧波通裕、通泉兩家錢莊已經倒閉，並請轉告這兩家錢莊在杭州的東主，急速到寧波協助清理。

既是阜康聯號，東主當然就是胡雪巖。德馨接到電報，憑他與胡雪巖的交情，他不願意就此撒手不管，馬上讓自己的姨太太蓮珠向胡雪巖轉達通裕、通泉的情況，並許以如果這兩家錢莊有二十萬可以維持住，他可以出面請寧波海關代

墊，由浙江藩庫歸還。但當蓮珠如此轉告時，胡雪巖卻不肯接受這個辦法。他請蓮珠告訴德馨，說是藩台大人肯為他墊付二十萬，維持那兩家錢莊，他非常感激，但這只是頭痛醫頭，腳痛醫腳，最終結果不過徒然連累德馨，因此，並不是一個好辦法。在目前的情況下，維持通裕、通泉，不過是在彌補已經裂開的面子，怕就怕這裡補了，那裡又裂開了。他決定放棄維持通裕、通泉這些已經基本上難以維持的商號，而投入全部力量，保障目前還可以正常營運的杭州阜康錢莊，也就是竭盡全力「保住還沒有裂開的地方」。

用現代的經營眼光看，先保住還沒有裂開而可能保住的地方，其實就是一種處變不驚，收縮戰線，全力圖存，以求再戰的策略。在面臨全面崩潰並且破綻已現的情況下，考慮及時收縮戰線，集中財力，保住可能保住的部分，對於應付危局和減小損失是十分必要的，也十分有效。

第一，它可以避免力量過於分散。在本來已經財力有限的情況下，最忌諱的就是力量分散，因為這樣會極大地削弱本來就有限的財力、物力的效能。

第二，避免四面支絀。在已經面臨全面崩潰的情況下，要保住自己所有的生意，事實上是做不到的，因此，最忌諱的就是頭痛醫頭、腳痛醫腳，四面支絀。如果面臨四面支絀，將會四面不保。

第三，這種策略也符合危機到來之後挽救敗局的最基本之目的。在面臨全面崩潰時，最基本的目的應該是圖存而不是發展，應該是盡可能保一個敗而不倒的基礎，以圖再戰。「留得青山在，不怕沒柴燒。」只有丟棄那些已經明顯無救或救之極難又於全局補益不大的部分，才可能保住較能保住的部分，達到以圖再戰的目的。

韓愈在《聽穎師彈琴》一文中說：「攀高到一定程度，

一分一寸也上不去，一旦失去勢力，一落地則不止千丈。」胡雪巖終因左宗棠無力相保而在官場的傾軋中回天乏術，一敗塗地，所有的卓越輝煌、所有的榮華富貴都似乎在一夜之間化為一絲過眼煙雲，隨風飄散。想想真如南柯一夢。

　　不過，胡雪巖也真算得上是一條能夠輸得起的好漢。仔細考慮了全局之後，他想到人生做事，有輸有贏，勝敗乃兵家常事，關鍵是心理上不能輸，也就是「既要贏得起，更要輸得起」。照他自己的話說就是：「我是一雙空手起來的，到頭來仍舊一雙空手，不輸啥！不但不輸，吃過、用過、闊過，都是賺頭。只要我不死，你看我照樣一雙空手再翻過來。」正是因為有如此心胸和氣魄，他輸得很灑脫、很漂亮，很令人佩服。

　　他沒有為自己匿藏私產，不僅輸得大氣，而且輸得光明磊落。他本來是可以，而且也完全有條件為自己私匿一些錢財的。想想他馳騁商場幾十年，創下偌大一個家業，僅二十三家典當行就值二百多萬，「百足之蟲，死而不僵」，不用說現銀，就是家中收藏的首飾細軟，私藏幾許，大約也可以讓他在生意倒閉之後維持一個相當闊綽的生活。

　　說胡雪巖有條件這樣，是因為即使在他的錢莊、絲行全面倒閉之後，由於有左宗棠的轉圜斡旋，他只是被革去二品頂戴，責成清理，並沒有最後查抄，他完全有條件轉移財產。但他都沒做，而是「一切都是命」。他認命了，這不能不讓人欽佩。

　　另外，在自身已經不保的情況下，胡雪巖仍然沒有失去寬以待人的心懷。宓本常在阜康錢莊沒救之後自殺身亡，在他看來，實在「犯不著」——這時候，他實際上已經原諒了宓本常的過失和不義。他特別囑咐古應春料理好宓本常的後事。雖然宓本常確實不地道，但朋友一場，他的後事也不能

不管。

　　另外，即使身處絕境，胡雪巖還能為別人著想。夜訪周少棠，回來之後，由自己身上的寒意，想到今年的施棉衣、施粥應該照常進行。他並不怕官府查抄，因為公款有典當行作抵，可以慢慢還，他可以不管。只是，沒有清理之前，私人的存款不知只能打幾折償還。用他自己的話說：「一想到這一層，肩膀上就像有千斤重擔，壓得喘不過氣來。」由此也使人想到，他常常掛在口頭上的那句「不能不為別人著想」的話，確實並不是說說而已的冠冕之辭。

　　其實，他夏天施茶、施藥，冬天施棉衣、施粥，另外還施棺材，辦育嬰堂，甚至都不是因為所謂「為善最樂」，他只是覺得發了財就應該做好事，就好比每天吃飯，例行公事，應該做的事，也就無所謂樂不樂了。

　　一個舊時的商人，一個自稱只知道「銅錢眼兒裡翻跟斗」的主兒，能夠在徹底輸光的時候如此灑脫地「認」了，實在是難能可貴。

　　當然，一個生意人要真正輸得起，最重要的，大約還是得對於「錢財身外物」這句老話有真正屬於自己的體驗。說起來，「錢財身外物，生不帶來，死不帶去」這句話人人會說，也人人都懂。但嘴上說說是一回事，懂得其中的道理是一回事，真正面對現實時如何去做，又完全是另外一回事。特別是當真正面對鉅額的錢財得失時，能像胡雪巖那樣，真正灑脫地將錢財看成是身外之物，又談何容易！

第六章

做事容易做人難，先學做人

「世界上有許多事，本來是用不著才幹
的，人人能做，只看你是不是肯做，是不是一
本正經去做！能夠這樣，就是個了不起的人，
就是做人漂亮。做人就要像嗶嘰（卡其布）一
樣，經得起折磨，到哪裡都顯得有分量。你要
記著：生意失敗，還可以重新來過；做人失敗，
不但再無復起的機會，而且幾十年的聲名都將
付之東流。」

——胡雪巖

1. 打造做人的「金字招牌」

「天資聰穎不如勤於學問，好學問不如處世好，處世好不如做人好。」

一代「官商」胡雪巖，深諳「商無官不安，官無商不富」的道理，因為他發現許多官員表面上清廉，薪俸又那麼低，卻個頂個兒，靠著商人的暗中支持發了財。細細琢磨之後，他終於大徹大悟：商人賺錢容易，引起各方的矚目，都想分一杯羹，至少也要拿些錢出來，給當官的花一花，否則就要找你的彆扭。

做生意，求官員保全，比依靠私人保鏢安全得多，因為人家是合法的。然而，當官的對做生意的人天生就有一種不信任，他們想拿錢，可又怕因為拿了你的錢而影響了自己的烏紗帽。怎麼辦？就要靠你的做人讓官員相信你。因而，重返杭州城的胡雪巖，似乎從戰亂後的破爛不堪中，看到了白花花的銀子，對手下人告誡說：「做事容易做人難！從今天起，我們有許多很辛苦，不過也很划算的事要做；做起來順利不順利，全看我們做人怎麼樣？」

胡雪巖這裡所說的「做人」，乃其靈活變通官商之道需要長期修煉的內功。

(1) 做人無非是講個信義

孔子曾言：「人而無信，不知其可也。大車無木，小車無鉤，其何此行之哉？」意思是說：一個人如果沒有信用，不知道他怎麼能夠在社會上立足，就像牛車沒有駕車的橫

木，馬車沒有駕車的曲鉤，怎麼能夠行路呢？

　　事實上，商務運作中最要講究信用。沒有信用，坑蒙拐騙、奸狡耍猾，生意最終不可能長久。在胡雪巖的經商生涯中，他就常說：「做人無非是講個信義。」其實，做生意與做人，本質上應該是一致的，一個真正成功的商人，往往也應該是一個講信義之人。

　　胡雪巖本身就可以稱得上是一個一等一的仗義守信的成功商人。也可以說，他的仗義守信，正是他能夠獲得比一般人大得多的成功的重要條件。

　　胡雪巖的仗義守信，從下面這件事情上，就可以略見一斑。他的錢莊開業不久，接待了一位特殊的客戶。

　　傍晚時分，一名軍官，手裡提著一個很沈重的麻袋，指名要見「胡老闆」。

　　等胡雪巖被從家裡找來，這名軍官把姓名和官銜報了出來：「我叫羅尚德，錢塘水師營十營千總。」然後，他把麻袋解開，只見裡面是一堆銀子，有元寶、有圓絲，還有散碎銀子。

　　隨後，羅尚德又從懷裡掏出一疊銀票，放在胡雪巖面前。「銀票是八千兩；銀子回頭照秤，大概有三千兩。胡老闆，我要存在你這裡，利息給不給無所謂。」

　　胡雪巖雖然覺得有點奇怪，但還是答道：「羅老爺，承蒙你看得起小號，我們照市行息。不過，先要請問，存款的期限是長是短？」

　　「就是這期限最難說。」羅尚德彷彿遇到了極大的難題，無法下決定。

　　「這樣吧，存活期。不論什麼時候，羅老爺要用，就拿著摺子來取好了。」

　　「摺子倒不要了，我信得過你。」

事情越發奇了，胡雪巖不能不問：「羅老爺，這我倒要請教，你怎麼能存一萬多銀子，連個存摺都不要？」

「要跟不要都一樣。胡老闆，我曉得你的為人。撫台衙門的劉二是我的同鄉，我聽他談起過你。」

聽他這幾句話，胡雪巖大為感動。一個素昧平生的人，竟然如此信任自己。不過，他心想，以羅尚德的身分、態度和這種異乎尋常的行為，這筆存款既可能是一筆生意，也可能是一場麻煩。

當然，他有官場靠山，並不怕什麼麻煩，而是覺得羅尚德對自己的信任，便是阜康信譽良好的明證，於是用很親切隨便的語氣說道：「羅老爺，看樣子你也喜歡『擺一碗』。咱們邊吃邊談，好不好？」

「要得！」

在準備酒菜的空檔，胡雪巖照規矩行事，把劉慶生找來，招呼兩名夥計用天平秤麻袋裡的銀子，當著羅尚德的面點清楚，連銀票，總共是一萬一千兩掛點零兒。他建議，存個整數，零頭由羅尚德帶回。羅尚德同意了。

銀票收拾停當，酒菜已經送到。結果，這一擺，胡雪巖了解到羅尚德是四川人，家境相當不錯，但從小不務正業，吃喝嫖賭，無所不好，是個十足的敗家子，因而把父母氣得雙雙亡故。

羅尚德從小訂過一門親，女家也是當地的一個財主，見他不成材，雖未提出退婚的要求，卻是一直不提婚期。好賭的羅尚德對於娶親並不放在心上，沒有賭本，才是讓他最傷腦筋的事，不時伸手向岳父家要錢，前後共用去岳父家一萬五千兩銀子。最後岳父家託媒人來說，只要羅尚德同意退婚，可以不要這一萬五千兩銀子。如果羅尚德肯把女家訂婚時的庚帖退還，他另外再送一千兩銀子。不過，希望他今後

能到外地謀生，免得在家鄉淪為乞丐，給死去的父母丟臉。
這對羅尚德是個刻骨銘心的刺激，當時就當著媒人的面，撕
碎了庚帖，並且發誓說，做牛做馬，也要把那一萬五千兩銀
子還清。

　　羅尚德後來投軍，辛辛苦苦十三年，熬到六品武官的位
置，自己省吃儉用，積蓄了這一萬多兩銀子。如今已經接到
命令，要到江蘇與太平軍打仗，沒有可靠的親眷相託，因而
拿來存入阜康錢莊。他將銀子存入胡雪巖的阜康錢莊，既不
要利息，也不要存摺，一是因為他相信阜康的信譽，他的同
鄉劉二經常在他面前提起胡雪巖，而且只要一提起就讚不絕
口。二來也是因為自己要上戰場，生死未卜，存摺帶在身上
也是個累贅。

　　得知羅尚德的具體情況，胡雪巖心裡盤算了一下，說
道：「羅老爺，承蒙你看得起阜康，當我是一個朋友，那
麼，我也很爽快，你這筆款子準定作為三年的定期存款，到
時候你來取，本利一共一萬五。你看好不好？」

　　「這……這怎麼不好？」羅尚德驚喜不已，滿臉的過意
不去，「不過，利息實在太高了！」

　　「這也無所謂。做生意有賠有賺，要通扯算賬。你這筆
款子與別人的不同，有交情在內。你儘管放心去打仗，三年
後回重慶，帶一萬五千兩銀子去還賬。這三年，你總另外還
有收入，積下來就是盤纏。如果放在身邊不方便，你儘管匯
了來，我替你存入賬，照樣算利息給你。」

　　「胡老闆，怪不得劉二爺提起你來讚不絕口，跟你結
交，實在有點味道。」

　　「我做人的宗旨就是如此！」胡雪巖笑道：「俗話說得
好：『在家靠父母，出門靠朋友。』我是在家亦靠朋友。好
了，事情說定了。慶生，你去立個摺子來。」

「不必，不必！」羅尚德亂搖著手，「就是一句話，用不著什麼摺子。放在我身上，弄掉了反倒麻煩。」

「不是這樣說！做生意一定要照規矩來，摺子還是要立。你說放在身上不方便，不妨交給朋友。」

「那我交給你。」

「也好！」胡雪巖指著劉慶生說：「交給他好了。我這位老弟也是信義君子，說一句算一句，你放心。」

羅尚德非常感動，回到軍營後，講述了自己在阜康錢莊的經歷，使阜康的聲譽一下子就在軍營中傳開了，許多綠營官兵把自己多年積蓄的薪餉甘願「長期無息」地存入阜康錢莊。錢莊自然是靠儲戶吃飯的。當時胡雪巖的錢莊是新開，根本沒有多少資金流通，可以說，軍營中官兵的這些存款成了阜康錢莊的「第一桶金」。

後來的事實也充分證明，胡雪巖的為人的確是仁義盡至，講信用講到了家。羅尚德在戰場上戰死前，委託兩名同鄉將自己在阜康的存款提出，轉至老家的親戚家。羅尚德的兩位同鄉未帶任何憑據，就來到阜康錢莊辦理這筆存款的轉移手續，原以為會遇到一些刁難或麻煩，甚至還擔心阜康會乘機賴掉這筆賬。不成想，阜康錢莊除為了證實他們確是羅尚德的同鄉，讓他們請劉二出面做個證明之外，沒費半點周折，就為他們辦了手續，這筆存款不僅全數照付，而且照算了利息。

這就是重信用、重信義。其實，當時羅尚德手上沒有任何憑據，後來到阜康幫助羅尚德辦理這筆存款取兌手續的人，也同阜康沒有一點關係，倘若否認這筆存款，當然是別無人證。這樣做雖然確實非常下作、缺德，事實上在商場卻不是未曾發生。但胡雪巖不肯這樣做。就是從這一點上，我們就能看到他仗義而守信用的人品。

現代西方管理學家帕金森曾說：「關係到一個人未來前途的許諾是一件極為嚴肅的事，它將在長時間裡被一字一句地記住。」

胡雪巖身為商人，自然懂得信用的重要性。只有講信用，才能找到不斷的財源，也才會獲得商場立身之本——一個好名聲，做其他生意時才能夠拿得起，做得開。

胡雪巖的注重信義自然不是那種俠客義士的所謂散財行義。他的重信義，歸根結柢，還是為了自己的生意；說穿了，就是為了更多地去賺，更好地去賺。這也正好看出他精於經商之道的一面。

我們知道，商務運作中，買賣雙方就是一種利益交換的關係。這種交換，本質上應該是一種互利互惠的自願交換。只有以自願為原則，以互利為目的，這種交換關係才能長期保持，也才會有生意的興隆。俗話說：「信義通商。」「誠招天下客。」能以自己的信用、誠實招來天下客，生意也就沒有不興隆的道理。

胡雪巖在生意場上信奉「賭奸賭詐不賭賴」。所謂「賭奸賭詐不賭賴」，是舊時流行於賭館牌桌上的一句行話。它的意思是：你可以運用你所能運用的任何手段去擊敗對手，只要你做得高明巧妙，不被人發現，即使機巧奸詐，也都可以被允許。但必須願賭服輸，下出的任何賭注都必須兌現，不得反悔。

「不講信用就是賴。」胡雪巖借用這句話，批評杭州阜康錢莊的檔手謝雲清，在擠兌風潮開始時不卸排門做生意之舉。

上海發生擠兌風潮，阜康錢莊不得不關門停業，由此引發的後果第二天就波及杭州。杭州錢莊裡所存現銀僅有四十萬兩，如果擠兌風潮席捲而來，明顯無法支撐。此時胡雪巖

還在回杭州的船上，回到杭州至少需要兩天。杭州只有錢莊檔手謝雲清和螺螄太太，此時他們都亂了陣腳。兩人商量之後，認為除了暫時歇業，等待胡雪巖歸來，再沒有更好的辦法。於是由杭州府出面，貼出告示，坦言：「由於時事不靖，銀根不得寬裕，周轉一時不靈」，故而停業三天。本想捱過眼前的困境，待胡雪巖回杭州之後，即會照常開門，應付裕如。沒有料到的是，告示一出，實際上馬上激起了更大的風波，在阜康有存款的客戶紛紛湧到阜康錢莊，要求立即提現。幸虧有曾得到胡雪巖資助的杭州府書辦周少棠見義勇為，挺身而出，才沒有鬧出更大的亂子。

其實，螺螄太太與謝雲清商量好暫時關門停業，也都有他們各自可以理解的考慮。在螺螄太太來說，是想就此先為胡雪巖保住阜康錢莊現存的幾十萬兩現銀，留作萬一無可挽回時東山再起的資本。上海既已在擠兌開始之後不久就提前關門停業，說明事態已經非常嚴重，她不能不為胡雪巖做最壞的打算。在謝雲清則是一方面將希望寄託於胡雪巖身上，另一方面有一個可以迴旋的時間，對存款大戶做些安撫，同時調動可以調動的頭寸，以應付危局，不致眾怒一起，造成更大的損失。當然，這種想法，本質上與螺螄太太的想法也一樣。總之，他們都是為胡雪巖著想。

不過，在胡雪巖看來，無論如何，這都是對客戶不守信用，是「拆爛汙」。錢莊對客戶的信用，就是為客戶著想，對客戶的信託負責。不管在什麼情況下，客戶都有權向錢莊依約索回自己的存款。想通過關門停業，拒絕客戶提現，希望以此為自己留一條後路，就是最大的不講信用。同時，以通行的規矩，錢莊要為客戶提供一切可能提供的方便，隨時滿足客戶的提款要求。因此，不卸排門做生意，本身也是不講信用。

(2) 想吃得開，一定要說話算數

我國古時候有一則故事：一個財主在划船過河途中不幸掉入水中。財主高呼：「有誰救我，賞金一百！」一位打漁回家的漁夫正好路過，見此便下河將財主救起。誰知那財主見是一位順路回家的漁夫救了自己，便不願兌現給一百金的承諾。他給了漁夫十金。漁夫說：「你不是高喊賞一百金的嗎？」財主十分生氣，說道：「你一個小小的漁夫，一年才賺幾金，給你十金就相當不錯了。」漁夫怏怏而歸。

誰知福不雙至，禍不單行。後來又有一次，這位財主過河途中又翻了船。他照樣高呼：「有誰救我，賞金一百！」此地本無多少人路過，大多是一些漁夫。碰巧上次救他的那位漁夫又從此地經過，便對其他漁夫說：「不能去救此人，他不講信用。」於是，漁夫們都不相信財主說的話，而聽信漁夫的話，沒有人去救他，財主就這樣被淹死了。不講信用，把命都丟了——這個教訓對人們應當不小吧！

胡雪巖一生收過兩個徒弟：第一個便是後來成為湖州絲業收購行當中總代理的陳世龍。對陳世龍，胡雪巖可說是花了很大的心思去培養和教導。因此，對陳世龍而言，胡雪巖既是長輩、師傅，又是恩人和依靠。

第二個徒弟是愛妾阿巧的弟弟福山。阿巧向胡雪巖提出的惟一要求就是請他將這個弟弟帶出來學做生意。阿巧只有這個弟弟，一直住在蘇州老家。胡雪巖當時為了調解上海海關與洋務之間的衝突，到蘇州去見當時任江蘇學政的何桂清，順便約見了福山。初次見面，胡雪巖考察了他一番，發現福山算盤打得溜溜兒直響，又快又準，人也很機靈，就決定把他收下來。在收福山為徒時，胡雪巖說了一通教導的

話，告訴福山：光會打算盤不夠用，若想要把生意做大，還有很多東西要學。

其中有這樣一段話，頗令人回味無窮。當時，胡雪巖說：「想吃得開，一定要說話算數。所以，答應人家之前，先要想一想自己能否做得到。做得到的事，不但要答應，而且要答應得爽快；答應之後就一定要做到。做不到的事，千萬不要答應人家。」

這段話既是教福山如何做人，更是教他做生意的根本，而且要他必須牢記於心。由此也可以看出胡雪巖對於信用問題是何等重視。

再比如，當胡雪巖將與尤五談妥漕米之事，並讓張胖子給漕幫貸款的經過向王有齡源源本本說了之後，王有齡也覺得欣慰，但事情辦得這麼順當，倒真有點出乎他的意料。忽然，王有齡似乎想起了什麼，若有所思，兩眼望天，臉上的表情很奇怪，倒叫胡雪巖有些猜不透。一問之下，才知王有齡腦子裡起了彎彎繞兒。

原來王有齡素知糧價在青黃不接又加兵荒馬亂的年代一定會猛漲，於是放低聲音對胡雪巖說：「我有個主意，你看行不行？與其叫別人賺，倒不如我們自己賺。好不好跟張胖子商量一下，借一筆款子來，買了漕幫的米先交兌。浙江的那批漕米咱們先囤著，等價錢好再賣。」

胡雪巖正色道：「主意倒是好主意，不過我們做不得。江湖上做事，說一句算一句，答應了漕幫的事不能反悔，不然叫人看不起，以後就吃不開了。」聽胡雪巖這麼一說，王有齡也十分信服，馬上放棄了自己的「好主意」。

胡雪巖說的這句「說一句算一句」，為他贏得了生意場上的好朋友。尤五後來對他的生意幫助非常大，舉凡絲業、糧食運輸、軍火倒賣等，無一不是承靠尤五的幫助，才做得

順順當當；再加上尤五身為漕幫老大，也為他提供了不少極有價值的資訊。

　　他深知，商定的事、說出去的話是不能收回的。即使明知改變原來的協定，自己囤積，等戰事一開，再賣出，肯定大賺一筆，也不能那麼做。尤其是江湖上做事，「說一句算一句」的含義就是：答應了的事或達成的協定，不是萬不得已，就一定要遵守履行，不能隨意反悔；特別是不能像王有齡所想的「好主意」那樣，當情況不利自己的時候，求著別人幫忙，而到了情況可能對自己有利的時候，卻又想按著對自己有利的方法辦，翻來覆去都是自己的，一點也沒有別人的份兒。

　　當然，從一般商人的眼光看，也許王有齡的打算並不過分。一是商人有商人的價值標準，只要有錢賺，肯定會變著法子去賺。二來漕幫此時本就急著脫貨變現，以解燃眉之急，改墊付為收購，正合他們的心理，也算不得全是不守信用。但這裡還有一個捫心自問的問題。如果胡雪巖按照王有齡的「好主意」辦了，不僅會被江湖上的朋友看不起，恐怕連張胖子也會瞧不起他，覺得他充其量不過是個惟利是圖的小奸商而已。

　　商場上講究的是乾脆俐落，一句話算定局。所謂「說話就是『銀子』」，就是做不到的事可以不答應，做得到的事就講究答應得痛痛快快，做得踏踏實實。

　　子貢曾向孔子請教治國的目標。孔子答道：「確保糧食的充盈、軍備的擴充，以及對人民的信義。」子貢再問：「三者如果要捨其一，應該放棄哪一條？」孔子答道：「軍備。」子貢又問：「不得已再捨其一，又該如何？」孔子答道：「糧食。人難免一死，但如果信用全失，不講信義，根本與禽獸無異，這時活著又有什麼意思呢？」孔子的回答，

將信用提高到比生命還重要的地步，令人深思。

「得人心者得天下。」而欲得人心，堅守信用是重要的條件之一。歷史事實都反覆證明，凡得人信任，就可以成大事。

(3) 說真方，賣假藥，最要不得

以誠待人，會在可以信賴的人們之間架起心靈之橋。通過這座橋，就可以打開對方心靈的大門，並在此基礎上並肩攜手，合作共事。自己真誠實在，肯露真心，「敞開心扉給人看」，對方必然會感到你信任他，從而消除猜疑、戒備的心理，把你當作知心朋友，樂意向你訴說一切。

心理學認為，每個人的內心深處都有隱祕不願讓人知道的一面，同時又希望獲得他人的理解和信任，有開放的一面。然而，開放是定向的，即向自己信得過的人開放。以誠待人，能夠獲得人們的信任，發現一個開放的心靈，爭取到一位用全部身心幫助自己的朋友，這就是用真誠換來真誠。如果你在與人打交道時，能用誠信取代防備、猜疑，就能獲得出乎意料的良好結局。

生意場上，求名是為了求利。自我形象樹立起來了，名氣做響了，「金字招牌」擦亮了，生意也就自然會興隆起來。這就是所謂「名至利歸」。

胡雪巖在他的「胡慶餘堂」創業之初，投入運作的第一步就是做名氣。他花大錢辦了兩件事：第一是多賣亂世當口急需的救命藥，對買不起藥的人免費奉送。第二，為軍中提供只收成本的捐助型藥品，比如「諸葛行軍散」之類。他要在極短的時間內，為自己創出一塊牌子。他的這一舉措是受到一個發生在雍正年間的故事所啟發。

雍正年間，京城裡有一家規模很大的藥店。這家藥店製藥選料特別地道，連雍正皇帝也很相信他們的藥，讓他們承攬了為宮中「御藥房」供應藥品的全部生意。有一年恰逢辰戌丑未大比，會試在三月裡，稱為「春闈」。由於前一年是個暖冬，沒下多少雪，一開春又氣候反常，導致瘟疫流行。趕考的學子病倒很多，即使勉強能夠堅持的，也多胃口不開，萎靡不振。古時科場號舍極其狹小，人在裡面站不直身子，伸不直雙腿，而且一連三場考試，好幾天不能出闈，體格稍差的就支持不住，何況精神不爽的人？

根據這一年的情況，那家藥店抓緊配製了一種專治時氣的藥散，並託內務大臣奏報雍正皇帝，說是願意將此藥散奉送每一個入闈的學子，讓他們帶入闈中，以備不時之需。雍正本來就有些為當年會試能否順利進行擔心，有此好事，自然大為嘉許。於是這家藥店派專人守在貢院門口，趕考學子入闈之時，不等他們開口，就在他們的考監裡放上一包藥散。這些藥散的包裝紙印得十分考究，上有「奉旨」字樣，而且隨藥包另附一張「仿單」，把自家藥店有名的丸散膏丹都印在上面。結果，一半是這家藥店的藥好，一半也是這些趕考的學子運氣好，這一年入闈學子中報病號中途出場的一點也不比往年多。這樣一來，出闈的學子，不管中與不中，都上這家藥店買藥。更重要的是，由此一舉，也讓這些來自各省的舉子把這家藥店的名聲帶到各地，使天下十八省，遠至雲南、貴州，都知道了京城裡的這家藥店，這家藥店的生意一下子就興隆起來。

胡雪巖所做的兩件事，取的就是這一招。亂世當口，逃難的災民來自全國各地，送藥給他們，既為自己賺得濟世行善的好名聲，又讓他們把胡慶餘堂的招牌帶到了全國各地。而軍營裡的兵將更是哪裡的人都有，讓他們用上自己配製的

藥效實在的藥，使他們都知道胡慶餘堂的藥好，也就是讓天下人都知道胡慶餘堂的藥好。這樣做出來的名氣，比花多少銀子僱人遍天下去貼招貼的效果，不知要好上多少倍。

用現代的商業眼光看，胡雪巖的送藥舉措，其實也就是一種特殊的廣告宣傳方式，而且是一種一箭雙鵰甚至一箭數鵰的官商之道。第一，為自己掙得了熱心公益的好名聲；第二，取悅了官方，得到了官方的支持；第三，利用逃難的災民及官軍兵將為自己做了大規模的「活」廣告，創下自己的品牌，立定了腳跟。這些條件一經具備，下一步自然就是財源滾滾了。難怪他在定下這一謀略之後，曾充滿自信地說：「只要別人相信我的藥很好，我就有了第二步辦法——要賺錢了！」

做名氣還需要有手腕、有花樣。生意場上做名氣，翻出新花樣，做得熱鬧些總是需要的，但熱鬧終歸只是手段，誠實才是取信於人的根本點。「做名氣不是光去做花架子，僅靠花架子做出來的名氣是不可能長久的，反而會失去信任和尊重，會把自己逼入死胡同，以至於很難重新再來。要做名氣，還是老老實實地做出自己的『金字招牌』。」

胡慶餘堂創立於一八七四年。開辦之初，胡雪巖做大名氣的方針，就是要做出自己的「金字招牌」。換句話說，他要的是靠做出一塊不倒的「金字招牌」，建立起自己的名氣。而要做出自己的名氣，其實很簡單，就是兩個字——「戒欺」。

在胡慶餘堂藥店的大廳裡，除了通常那種「真不貳價」的匾額外，還非常顯眼地掛了一塊黃底綠字的牌匾。這塊牌匾不像普通藥店大堂上那些給上門顧客觀賞的對聯匾額那樣一律朝外懸掛，而是正對著藥店坐堂經理的案桌，朝裡懸掛。這塊牌匾叫「戒欺」匾，匾上的文字是胡雪巖親自擬

定的：「凡是貿易均著不得欺字，藥業關係性命，尤為萬不可欺。余存心濟世，誓不以劣品巧取厚利，惟願諸君心余之心，採辦務真，修製務精，不致欺余以欺世人。是則造福冥冥，謂諸君之善為余謀也可，謂諸君之善自為謀亦可。」

這塊別出心裁的匾額既標榜了胡慶餘堂的經營宗旨，又給顧客以誠實可信的印象。經過多年的發展，胡慶餘堂的「胡記」招牌成為與北京同仁堂並駕齊驅的「金字招牌」，深受廣大顧客的信賴。時至今日，胡慶餘堂的招牌仍高高地懸掛在杭州城。

不用說，這塊「戒欺」匾雖是給藥店檔手和夥計們看的，但實際也有讓官場靠山放心的意味。匾上所言，是胡雪巖對自己藥店檔手、夥計的告誡和提醒，也是他確立胡慶餘堂的辦店準則，那就是：第一「採辦務真，修製務精」，即方子一定要可靠，選料一定得實在，炮製一定要精細，賣出的藥一定要有特別的功效。第二，藥店上至「阿大」（藥店總管）、檔手，下到採辦、店員，除勤謹能幹之外，更要誠實、心慈。只有心慈、誠實的人，才能夠時時為病人著想，時時注意藥店的品質。這樣，藥店才不會壞了名聲，倒了招牌。藥品貨真價實，自然不會發生大的麻煩，官員心裡也就踏實了。

舊時藥店供顧客休息的大堂上常掛一副對聯：「修合雖無人見，存心自有天知」，說的是賣藥人只能靠自我約束，藥店是賺良心錢。這裡的「修」，是指中藥製作過程中對於未經加工的植物、礦物、動物等「生藥材」的炮製。生藥材中，不少是含有對人體有害的有毒成分的，必須經過水火炮製之後方可入藥。而這裡的「合」，則是指配製中藥過程中藥材的取捨、搭配和組合等，它涉及到藥材的種類、產地、質量、數量等因素，直接影響到藥物的療效。中國傳統中成

藥「丸散膏丹」的修合，大都沿襲「單方祕製」的慣例，常常被弄得神祕兮兮，不容外人窺探。而且，這「單方祕製」成品品質的良莠優劣，不是行家裡手，一般人又難以分辨出來，如果店家存心不正，以次充好，以劣代優，或者偷減貴重藥材的分量，是很容易得手的，因而自古以來就有所謂「藥糊塗」一說。正是因為上面這些原因，也才有了「修合雖無人見，誠心自有天知」。

不誠實的人賣藥，尤其是賣成藥，用料不實，分量不足，病家用過，不僅不能治病，相反還會壞事。這個道理，胡雪巖自然是心知肚明，這也才有了那方「戒欺」匾上「藥業關係性命，尤為萬不可欺」的警誡。不僅如此，在《胡慶餘堂雪記丸散全集》的序言中，也寫上了類似的戒語：「大凡藥之真偽難辨，至丸散膏丹更不易辨！要之，藥之真，視心之真偽而已……莫謂人不見，須知天理昭彰，近報己身，遠報兒孫，可不慎哉！」從這裡，我們真可以看出胡雪巖在「戒欺」上的用心良苦。

按照胡雪巖的說法：「說真方，賣假藥，最要不得。」他要求凡是胡慶餘堂賣出去的藥，必須是真方真料精心修合，比如當歸、黃芪、黨參必須採自甘肅、陝西，麝香、貝母、川芎必須來自雲、貴、四川，虎骨、人參則必須到塞外購買；即使陳皮、冰糖之類的材料也絕不含糊，必須是分別來自廣東、福建的，才允許入藥。而且他要令主顧看得清清楚楚，讓他們相信，這家藥店賣出的藥的確貨真價實。為此，他甚至提議，每次炮製一種特殊的成藥之前，比如修合「十全大補丸」之類，可以貼出告示，讓人前來參觀。同時，為了讓顧客知道本藥店選料實在，絕不瞞騙顧客，不妨在藥店擺出原料的來源，比如賣鹿茸，就不妨在藥店後院養上幾頭鹿。這樣，顧客自然相信本藥店的藥，「金字招牌」

自然也就做成了。

　　如此做法，可以用一句話歸納，那就是：靠誠實無欺建立起自己真正的名氣。這裡當然也有「為了讓自己的誠實無欺被別人知道而熱熱鬧鬧玩出」的花樣，比如貼告示，讓人來參觀，比如在後院養上一頭鹿，這就是別人沒有的花樣。但說到底，這些花樣也都是一種用誠實無欺「擦」亮自己招牌的有效手段。一個具有經營眼光的實業家，他的事業取得成功，決不是靠坑蒙拐騙，而是靠誠實不欺、靠信譽、靠切切實實滿足客戶的需要。過去許多商家門臉上都會掛上「誠實招來天下客，無欺譽攬萬人心」的對聯，道出的確實是一個使自己的「金字招牌」永不倒的「訣竅」。

(4) 按「真不二價」做人辦事

　　做生意，同行之間的競爭總免不了，「價格戰」更是生意人經常採用的競爭手段。但如何打好價格戰，卻反映了一個人做人的準則。對於同行的價格競爭，胡雪巖的應對之策是：按「真不二價」辦事。

　　胡慶餘堂開辦之初，就遇到杭州城裡「葉仲德堂」藥號明裡暗裡與他展開的競爭。這葉仲德堂是由曾在戶部任過職的寧波人葉譜山離職定居於杭州之後，於一八○八年在望仙橋直街吉祥巷口購地七畝多創設的，由於前店後場規模大、設備全、資金雄厚，在清朝道光、咸豐年間，它與許廣和、碧蘇齋同為杭州城藥店中「生意極盛者」，同業中無人敢與它競爭。

　　然而，自從胡慶餘堂崛起之後，葉仲德堂真是棋逢對手。由於胡慶餘堂以「戒欺」立業，特別是開辦伊始，胡雪巖採取的那些組織送藥、修合公開、養鹿取茸等招式，很快

就收到了極好的效果，以至於馬上就顯出極旺的勢頭，每日裡顧客盈門，並且杭州附近州縣的百姓也都慕名專門來胡慶餘堂買藥，大有雄霸杭州一方的氣勢。

胡慶餘堂的生意好了，葉仲德堂的生意自然就清淡了許多。葉仲德堂的老闆看著顧客紛紛往胡慶餘堂跑，心裡甭提多著急。他左思右想，準備聯合許廣和藥店，與胡慶餘堂好好鬥一鬥。這兩家藥店自恃歷史長，實力也不弱，便決定打一場價格戰，希望通過壓價銷售，「擠」垮胡慶餘堂。葉仲德堂的老闆率先降價，胡慶餘堂的高麗參每兩二錢銀子，他們只賣一錢七，胡慶餘堂的淮山藥每兩五厘紋銀，他們只賣四厘……如此等等。顧客自然是撿便宜的買，於是葉仲德藥號確實又拉回了很大一批顧客。

按照一般的做法，胡雪巖顯然應該以牙還牙，與許、葉兩家打一場價格戰。而且，此時他其實也有能力和他們拼價格。胡慶餘堂藥店真正開辦起來時，他已經有錢莊、典當行做後盾，如果他要與許、葉兩家打價格戰，甚至有可能一舉擠垮他們。但他沒有採取這種普通的做法。在胡慶餘堂的「阿大」向他報告了，由於許、葉兩家故意壓價而使胡慶餘堂營業額下降情況的第二天，他不僅沒有將自己的藥材降價，反而在大堂上掛出了上書「真不二價」四個燙金大字的牌匾。

這做法顯然是受了「韓康不二價」故事的啟發。相傳韓康是古代一位深諳醫道、遍識百草的採藥人。這韓康以採藥、賣藥為生，每日裡上山採藥，然後把採得的藥材挑到集市上出售。集市上自然少不了討價還價，有些心術不正的賣藥人更是常常以次充好，本就不是貨真價實，因而也允許顧客討價還價。惟獨韓康不准還價。他對與他還價的顧客說：「我的藥值這個價，我也只賣這個價。這就叫『真不

二價』。」那些買藥人吃那種討價還價買來的藥數帖不能見效，而吃了韓康的藥，一、兩帖就能除病，自然就相信了這「真不二價」的實在，「韓康不二價」的故事也便傳揚開來，韓康的生意自然是越來越好。

面對競爭對手的價格戰，胡雪巖掛出「真不二價」的牌匾，就是要向顧客做出承諾：胡慶餘堂賣出的藥絕沒有半點摻假。他心裡也十分清楚：壓價銷售，實際上只是權宜之計，根本不可能持久，因為藥材的價格是明擺著的，做生意總不能為了擠垮對手，讓自己一直虧本經營。這樣下去，不等擠垮別人，自己先就垮掉了。若是想讓自己不因為壓價虧本，惟一的辦法就是以次充好，以劣代優，這就必然導致賣出的藥品質量同步下降。「顧客心裡一桿秤。」藥是治病的，賣出的藥藥效不好，甚至根本不能治病，藥號名聲跟著也就垮掉了，最後吃虧的還是自己。「我就是要告訴顧客，我胡慶餘堂賣的就是韓康的『方子』，貨真價實——這才是做生意的長遠之計。」

「真不二價」主要是在「真」上做文章。胡慶餘堂除了嚴把進貨和加工兩個關口，真正做到「採辦務真，修製務精」外，還足秤足量。譬如，當時別家藥店出售的人參即使不短斤缺兩，也會因人參中含水分而使顧客感到有了損耗。而胡慶餘堂購進人參後，必先在生石灰中放一下，讓石灰吸乾參中的水分。這樣做，對胡慶餘堂來說，雖然損失了一部分利潤，但這種參出售時分量足、成色好，顧客買的是「乾貨」，回去放幾天，吸收了空氣中的水分，重量還會「增加」呢！這麼一來，顧客開心，胡慶餘堂便贏得人心。不久，營業額又開始直線上升。

胡雪巖確實深諳商業競爭之道。商業競爭過程中，價格競爭自然也是一種可用，而且也的確可以收到相當效果的

方式。同樣品質的商品，如果價格上佔了優勢，在市場競爭中也必然會佔有相應的優勢。但是，這裡關鍵還是在一個「真」字，價廉的同時必須物美，必須貨真。如果在價廉的同時降低商品品質，甚至以假冒偽劣矇騙顧客，雖然可以收效於一時，但絕不可能長久。而且，價廉還必須以不損害自己的商業利潤為前提，即可以通過薄利多銷去爭取市場佔有率，但不能以加大虧空的方式去佔有市場。因為這樣做，本身就違背了商業目的，因而也是不可能長久的。

這就是說，如果沒有物美這個前提，價廉是沒有意義的。只有當性能相同、質量相等時，價格低的商品才能在競爭中佔優勢。實際上，真正物美的商品，拋開不正當競爭的因素，本身成本就比較高，不可能以低於成本的價格銷售。所謂「好貨不便宜，便宜沒好貨」，講的就是這個道理。當然，通過大力提高勞動生產率、降低生產成本而實現產品的薄利多銷，那又另當別論。關鍵是競爭必須優質，只有優質才能競爭。

葉仲德堂恰恰就在這方面跌了跟斗。它壓價銷售，時間一長，次等藥因藥效不好而無人問津，優質藥又因花了不少成本，減價勢必虧本，所以不久也只好恢復原價，只能乾看著顧客往胡慶餘堂跑。

胡慶餘堂建立在貨真價實之基礎上的「真不二價」，對於鞏固和提高消費者對於它所經營之商品的信任度來說，的確可以起到很好的引導作用。「真不二價」是建立良好品牌形象的重要措施，更是胡雪巖將經商與做人有機結合的最好體現。

(5) 在最困難的時候，也要講信用

記得有位哲人曾說過這樣的話：「一個人做點好事並不難，難的是一輩子做好事，不做壞事。」另外，民間也有一句「善始善終」的老話，講的無非都是做人貴在堅持到底的道理。同樣的道理，對於生意人來說，一時一事講信用並不難，難的是始終如一地講信用。特別是在自己處於困境的情況下，就更是考驗一個人是否講信用的關口兒。

胡雪巖做人講信用，可說是始終如一。順利的時候講信用，困難的時候仍然堅持講信用。比如在已經開始出現危機的情況下，他還大包大攬，答應為左宗棠辦兩件事：一件是為他籌餉，一件是為他買槍。

左宗棠回到朝廷，入軍機，以大學士掌管兵部，受醇親王之託整頓旗營，特地保薦新疆總兵王德榜教練火器、健銳兩營。此時他又受朝廷委派，籌辦南洋防務。為加強實力，他已派王德榜出京，到湖南招募兵勇。預計招募六千人馬，至少還需要四千支火槍。同時，招募來的新兵糧餉雖說有戶部劃撥，但首先就需要的一筆開拔費總是不能少的，粗略一算，就是二十五萬銀子。左宗棠西征時，在上海設了一個糧草轉運局，由胡雪巖代領局中事務。這個轉運局，直到西征結束，他回到朝廷，還沒有撤消。這時候，左宗棠自然又想到了胡雪巖。

胡雪巖雖然答應下這兩件事，實際做起來卻非常棘手。棘手之處首先還是一個錢字。左宗棠此前為粵、閩協賑，已經要求他撥給二十萬現銀，如今又加了二十五萬。同時，轉運局現存的洋槍只有兩千五百支，所缺之數要現買。按當時的價格，每支紋銀十八兩，加上水腳，一千五百支需銀三萬

多兩。幾筆加起來，已近五十萬兩之多。

　　若在平時，這五十萬兩銀子對於「胡財神」也許並不是特別為難，但現在情況已經大不相同了。其一，由於中法糾紛，上海市面已經極其蕭條。加之胡雪巖為控制生絲市場，投入兩千萬，用於囤積生絲，致使阜康錢莊也是銀根吃緊，難以調動頭寸。其二，為了排擠左宗棠，不讓他在東南插足，李鴻章已經定計在上海搞掉胡雪巖，授意上海道卡下各省解往上海的協餉。這部分協餉原是準備用來歸還胡雪巖為左宗棠經手的最後一筆洋行貸款的。這一筆洋行貸款的第一期五十萬還款期限也已經到了。

　　境況如此不好，本來胡雪巖可以向左宗棠坦白陳述這些難處，求得他的諒解。即使推脫不了這兩件事，至少也可以獲准暫緩辦理。但他不願這樣做。為什麼？他知道左宗棠雖然入了軍機處，事實上已經老邁年高，且衰病侵擾，在朝廷理事的時日不會太多，自己為他辦事，這也許是最後一次了。自結識左宗棠之後，他在左宗棠面前說話從來沒有打過折扣，因而也深得左宗棠的信任。他不能讓人覺得左宗棠已經沒有什麼可以仰仗了，自己也就可以不為他辦事了。更重要的是，「為人最要緊的是收緣結果，一直說話算話。到臨了失一回信用，且不說左湘陰保不定會起疑心，以為我沒有什麼事要仰仗他，對他就不像從前那樣忠心，就是自己也實在不甘心，多年做出來的牌子，為一件事就砸掉了，實在是不划算。」

　　胡雪巖在對左宗棠的態度上，至少有兩點令人欽佩：

　　第一，絕不用完就扔，過河拆橋。結識左宗棠，從他身為一個生意人來說，是將左宗棠視為可以利用、倚靠的官場靠山「經營」的，他也確實從這座靠山得利多多。但是，他也絕不僅僅只是將左宗棠當作能靠就靠，靠不住了就棄之他

投的單純靠山，因而即使自己已經處於極其艱難的境地，他也要全力完成左宗棠交辦的事。從個人品德上來說，這不能不讓人感佩。

第二，維持信用，始終如一。他絕不願一生注重信用，到最後為一件事使這信用付之東流。因此，即使到了真正是勉力支撐，而且岌岌可危的時候，寧可支撐到最後一敗塗地，也要保持自己的信譽和形象。

他認為，無論從做人還是從做生意的角度看，這兩點其實都非常重要。因而他特別注意堅持自己的信用。

當初，為了左宗棠的借款，資金周轉出現困難的時候，古應春勸他：「現在三家繰絲廠都缺貨，你何妨放幾千包繭子出去。新式機器，做絲快得很，一做出來，不愁外洋沒有買主，那一來不就活絡了？」

「古先生這話一點不錯。」上海阜康錢莊的檔手宓本常也說：「今年『洋莊』不大動，是外國人都在等，等機器的絲。憑良心說，機器做的絲比腳踏手搖土法子做的絲，不知道高明多少。」

「我也曉得。」胡雪巖說：「不過，做人總要講宗旨，更要講信用，說一句算一句。我答應過的，不准新式繰絲廠來搶鄉下養蠶做絲人家的飯碗，我就不能賣繭子給他們。現在我手裡再緊一緊，這三家機器繰絲廠一倒，外國人沒有想頭了，自然會買我的絲，那時候價錢就由我開了。」

說到底，無論在什麼情況下，他都不肯失去信用。

一個生意人的信用，既要看他在某一樁具體生意運作過程中的守信程度，更要看他一貫的信譽狀況。生意人的信譽形象是由他一貫守信建立起來的。而且建立信譽形象難而破壞易，一次的信用危機，足以使用一輩子的努力建立起來的信譽形象徹底坍塌。這是任何一個生意人都不能不時刻注意

的。

　　不用說，生意場上的信用，其實完全來自生意人的信義。一個對別人用完就扔，過河拆橋的人，絕沒有絲毫信義可講，人們也絕不會相信這樣的人靠得住。因此，胡雪巖在自己的生意差不多到了難以維繫的地步，也仍然堅守自己的信用。

2. 人在江湖走，全靠互相支撐

　　胡雪巖深知，江湖險惡，惟有多方交結，才能履險如夷，生意四通八達。所以他經常歎道：「商人不是在商場中走，而是在江湖中走。」雖然從商與行走江湖不同，但亦有相似之處。其中最為相通的一點就在於「信用」二字。能為大商賈者，必是守信用之人；能在江湖稱霸一方者，也必定是有信用的人。所以，他才深有感觸地說：「人在江湖走，全靠互相支撐，錢財乃是小事。」

(1) 對江湖朋友要講信用

　　中國自古就是一個喜歡組團結社的國家。這當中有出於政治上的原因，有出於經濟上的原因，也有出於文化上的原因。社團的活動方式有文的，如吟詩作賦，也有武的，如打家劫舍，當然也就形成了官府允許存在和大力禁止的兩種態勢。大力禁止的就成了黑幫。如果成了氣候，往往會登高而呼，舉旗造反。

　　晚清是我國黑幫團體最為活躍的朝代，形成的原因很複雜。明朝滅亡之後，大量的前明復興之士或隱落民間，或

嘯聚山林，抱著反清復明的理想，結成幫派團體。起初這些團體還比較正規，後來便演化成幫派等江湖組織。清代由於外國宗教勢力的傳入，在一部分民眾心中產生了很大的影響，於是他們自發地結成社團。政府對此極力禁止，於是這些宗教組織開始轉入地下，形成幫派組織。清末，由於外國入侵，無數下層農民流離失所，湧向城市，而城市又無法消化這股龐大的無業遊民，於是他們當中的一些人便淪落成為打家劫舍、偷搶扒摸的黑社會分子。另外，這時開始有了商業、航運業和煤礦業等，從事這些行業的人之間形成友好的聯繫，久而久之，行業內部便形成幫派，為了自己行業的利益而與其他行業明爭暗鬥。

面對這種特殊的社會情況，任何人都或多或少會受到江湖幫派的影響。身為一個走南闖北，生意遠及西洋的一代官商，除了官場靠山之外，胡雪巖從幫助王有齡辦浙江漕米開始，便與幫派組織結下了不解之緣。

在江湖上辦事，他特別注重情和義。他做生意的原則就是要有情有義。在生意往來中，他經常替關係對手的難處窘境著想。對方見他如此講義氣，也都把他當作朋友，視為知己，對他的口碑甚好，樂意與他做生意。正因為他廣結江湖朋友，從而才能在生意上屢獲成功。

上海買漕米，他不僅買到了米，幫王有齡圓滿解決了漕米的難題，而且買到了松江漕幫老大尤五的情。自此之後，尤五對他是「惟命是從」，只要是他的貨，漕幫絕對是優先辦理。所以，他的貨運向來暢通無阻，來往迅速。這一點在兵荒馬亂的年代尤其不易。不僅如此，尤五還把他在漕幫中了解到的許多情報，及時向他提供。有此商業「密探」，在生意運作中，他自然搶佔了不少商機。

在長期交往中，胡雪巖發現，江湖上固然豪爽漢子、真

性情的人不少，但也不乏追名逐利、忘情無義的小人，關鍵在於自己如何去識別。而且江湖是個大染缸，近朱者赤，近墨者黑，如果不能潔身自好，很可能就會被同化，染上一些江湖惡習，那就不能做個正正經經的商人了。

另外，為商與行走江湖不同。江湖人士往往言必信、行必果，凡事以義為先，方能為人所信服。為此，有些行事殺伐決斷，無法無天，常為王法所不容，招來朝廷派軍到處剿殺，整天猶如在刀尖上過日子。而為商則須遵紀守法，否則奸狡耍猾，即使獲得錢財無數，也終將為王法所不容。一旦如此，生意也就做不下去了。

但為商與行走江湖亦有相似之處。其中最為相通的一點就在於「信用」二字。能為大商賈者，必是守信用之人；能在黑道稱霸一方者，也必定是有信用的人。

在胡雪巖身上，最讓人心服的就是「信用」二字。無論是在江湖上，還是在商場中，他對朋友從來都是有一說一，有二說二，絕不陽奉陰違。這使得他無論是在生意場中，還是在江湖朋友之間，總是大得人緣，所有的人都信任他，對他無話不談。這甚至使得他的對手都感到大為不解。他們知道胡雪巖在生意手法上與他們並沒有什麼差異，不外乎是低價買進，高價賣出，但他似乎有一種神奇的魔力，總能使他的生意大盛。其實，這都是他對江湖朋友講「信用」的必然回報。

他深知「人在江湖，身不由己」的道理，也知道江湖險惡，人心叵測。如果一個人不能逃脫某種束縛，當然只有面對它，想盡一切辦法減輕甚至利用這種束縛。因此，對於就連朝廷都拿他們沒什麼辦法的江湖勢力，只有採取各種手法進行拉攏。

當然，胡雪巖在江湖上大肆拉攏各幫各派的人馬，並不

是想要做什麼幫會的盟主。在這方面，他有自知之明。他知道自己天生精於算計，而且崇尚一種既有所成就，又不為之束縛的生活。他知道應該從利益上去利誘他人，而不能用義氣、幫規之類的東西管束他人。

總而言之，他是一個溫和的商人，希望一切都能在和平的氣氛中完滿解決，而不想見到或使用暴力與流血的方式。

基於此，他寧可出任各幫各派的「幫外小爺」，卻不想被推為盟主。其實，以他的經濟實力，如果真養一幫如狼似虎的手下，在江湖上也沒有擺不平的事。但他不願這麼做。他寧願多花錢，表示對江湖朋友的敬意。一個晚清的大名人，向黑社會表達自己的敬意，對那些被朝廷視為眼中釘、肉中刺，或被剿殺得東躲西藏的江湖好漢來說，無疑會使他們感到受寵若驚，對之感激不已，從而也對他另眼相看。有時即使他的商隊從門前經過，按照這些江湖好漢的脾氣，以往肯定是要狠狠幹他一票的，如今想到胡先生的抬舉，也只好涎著口水看著商隊遠去了。

不但見著他的生意不搶，有時礙著他的生意，江湖朋友也會表現得非常大度。

當然，胡雪巖對別人的善意總是能適時地予以回報，更何況是對這些殺人不眨眼的江湖好漢。他在與江湖朋友打交道的時候，非常豪爽又大氣，絕不縮手縮腳，讓人瞧不起，經常出錢幫他們解決困難，而且還總是站在對方的立場考慮問題，以至於那些心腸極硬的江湖人都感動萬分，不時感慨萬分地對他說：「難得胡先生一片仁厚之心。只是如此這般，先生便少賺錢了，於心實在不安！」

他總是真誠地對他們說：「人在江湖走，全靠互相支撐，錢財乃是小事。」試想，如此行事，怎能不令江湖朋友敬佩和心服呢？

　　胡雪巖就如此這般，憑藉他的「信用」，成了晚清時期縱橫黑白兩道的大贏家。

(2) 信用要靠大家維持

　　在生意場上混得開的人，即使是競爭對手，也要有「得幫人時且幫人」的胸懷；而對於生意夥伴的聲譽、利益，則更要有一種盡力加以維護的自覺意識。因為，對於合夥做生意的人來說，「生意在一起，信用是大家的。所以，信用要靠大家維持。」胡雪巖與他的生意夥伴之間，那種在關鍵時刻自覺地相互維護信用的舉動就很令人感動。

　　王有齡在太平軍攻打杭州時率杭州軍民固守，最後於城破之際自殺身亡。杭州被官軍收復之後，胡雪巖料理王有齡的後事，其中很重要的一項，就是要就王有齡生前交託給阜康錢莊經營的十二萬銀子向其親屬做一個交代，而且必須拿出現款交給對方，不能僅僅只是口頭交代。這一點對他的聲譽影響極大。因為如果不拿出白花花的銀子交到王有齡家人手中，一方面可能失去王家的信任，更重要的是可能引起世人的猜疑，而當時也確實已經有人認為他不過是在做一種表面敷衍，實際是想人歿賬死，吞掉這筆巨款。

　　然而，當時的實際情況是，胡雪巖為杭州解圍救糧等諸多事情忙得身心疲憊，再加上兵荒馬亂的年代，他的錢莊生意也做得不太好，實在一下子拿不出十二萬的現銀。他只能求助於一直和自己聯手做絲茶生意，同時也是朋友的古應春。他對古應春說：「我跟雪公的交情，當然不會『起黑心』。不過，這樣的局面，放出去的款子，擺下去的本錢，一時哪裡去回籠？真叫我不好交代。」

　　這的確是一件極為難的事。古應春的想法比胡雪巖還要

深：王有齡已經殉節，遺屬不少，眼前居家度日，將來男婚女嫁，不但都需要錢，而且有了錢，也不能坐吃山空。所以他說：「你還不能只顧眼前的交代，要替王家籌個久長之計才好。」

「這倒沒什麼好籌劃的，反正只要胡雪巖一家有飯吃，絕不會讓王家吃粥。我愁的是眼前！」胡雪巖說：「王雪公跟我的交情，可以說他就是我，我就是他。他在天之靈，一定會諒解我的處境。不過王夫人或者不曉得我的心，他家的親友更加隔膜，只知道有錢在我這裡，不知道這筆錢一時收不回來。現在外頭既有這樣的閒話，我如果不能拿白花花的現銀捧出來，人家只當我欺侮孤兒寡婦。這個名聲，你想想，我怎麼吃得消？」

古應春覺得這個看法不錯。他也是熟透人情世故的人，心裡又有進一步的想法：如果胡雪巖將王有齡名下的款子如數交付，王家自然信任他，繼續託他營運，手裡仍可活動。否則，王家反倒有些不大放心，會要求收回。既然如此，就樂得做漂亮些。

麻煩的是，杭州一陷，上海的生意又一時不能抽本，無法做得「漂亮」。那就要靠大家幫忙了。古應春稍稍沈吟了一下，便毅然決然地說：「生意在一起，信用也是大家的。我想法子替小爺叔湊足了就是。」

古應春決定調動自己已經投入生意營運的款項，為胡雪巖籌足這筆鉅款。他的想法很簡單，也很明確：「生意在一起，信用就是大家的。」他不能坐視胡雪巖的聲譽受到影響，因為如果胡雪巖在商場上失去信用，大家的信用都將受到影響。

這就是朋友的可貴了。胡雪巖心情很複雜，既感激，又不安。他不能因為古應春一肩承擔，自己就可以置身事外。

他必須在弄清這筆鉅額款項是否會對古應春的生意運作產生重大影響，並找到可以有效善後的方式之後，才決定是否接受古應春的幫助。在他看來，涉及古應春的商場聲譽和生意運作的問題，自己也承擔著責任，不能因自己的聲譽、信用可以不受影響就置身事外了。

所以他不放心地問道：「老古，你肯幫我這個忙，我說感激的話是多餘的；不過，不能因為我，拖垮了你。十二萬銀子到底不是個小數目；我自己能湊多少，還不曉得，想來不過三、五萬。還有七、八萬，要現款，只怕不容易。」

「那就跟小爺叔說實話，七、八萬現款，我一下子也拿不出；只有暫時調動一下，希望王太太只是過一過目，仍舊交給你放出去生息。」

「嗯，嗯！」胡雪巖說：「這個打算辦得到。不過，也要防個萬一。」

「萬一不成，只有硬挺。現在也顧不得那許多了。」

胡雪巖點點頭，自己覺得這件事總有八成把握，也就不再去多想。朋友相交到了這個份兒上，還有什麼話好說。

通常情況下，生意場上的成敗，常常一靠信用，二靠關係。在能對生意的成敗發生作用的關係中，與其他生意人結成的某種夥伴關係是極為重要的一個方面。商業競爭中，單靠任何一家的力量常常是很不夠的。為了增強競爭實力，有效地佔領市場，為了更大規模的商業經營，往往需要雙方在互利互惠的前提下聯合同行，一起運作。毫無疑問，這樣一來，聯合的各方也就有了一種息息相關的利害關係，往往是一損俱損，一榮俱榮。套用一句老百姓的土話，就是：「一條繩上的螞蚱，誰也離不開誰。」

既然需要共同承擔風險，自然也就要求共同維持信用。這裡的共同維持信用，有兩個方面的含義：第一，它是指合

作的各方都能自覺地信守協約，注意通過保持信譽，維護自我形象。因為此時的自我形象其實已經成為合作各方整體形象的一部分，合作各方任何一方自我形象的損壞都必將影響到整體。第二，合作各方的相互維持。這就正如古應春、胡雪巖在籌措交給王有齡親屬的那筆款項時面臨的問題一樣，不能只顧自己，不顧別人，在維護自己信用的同時，也要顧及對方的信用。如果因為自己而使對方的信用受損，受害者中一定也包括自己。這是生意人都應該認識到的一個問題。

　　胡雪巖這次講信用，沒有人講他的閒話了，就連以前不利於他的傳言也全都銷聲匿跡了。而他自己不但無愧於心，還為人們所稱讚不已。所以，身處生意場中，尤其要看重聲譽的效用，寧可失去其他諸樣東西，也絕不可背棄信義！

(3) 有錢大家賺

　　胡雪巖知道，無論自己的財力多麼雄厚，靠山有多硬，都不可能獨自壟斷整個生絲行業，只有「大家有錢賺」，生意才能順順當當地做下去。

　　王有齡在湖州府衙大堂剛剛坐定，胡雪巖的絲行也在湖州城開張了。原本以為憑藉知府大人的權勢，湖州百姓自會源源不斷地將生絲送到絲行來。但開張幾個月，門可羅雀，眼見同業絲行生意興隆，自己卻無絲可收。胡雪巖猜測，其中必定有什麼蹊蹺，便派了一個貼心夥計四處打聽，到底是誰在從中作祟？沒過幾日，小夥計滿載而歸，把打探的消息告訴他。

　　原來，湖州的絲行一向統歸「順生堂」調遣。「順生堂」雖是民間會社，來歷卻非同一般。早在明朝崇禎四年，燕人洪盛英中進士，官拜翰林。他為人精明練達，慷慨好

義，豪俠之士紛紛慕名而來，投拜在他門下，時人稱他「小孟嘗」。後來清軍入主中原，洪盛英聯合明朝遺民進行反清復明活動。後戰敗陣亡。其徒眾撤至臺灣，在鄭成功指揮下，創立「運論堂」。此為江湖「洪門」最早的祕密會社。

雍正九年，清兵火燒少林寺，洪門子弟四散逃跑。翰林學士陳近南力諫朝廷，停止摧殘少林寺，未能如願，遂返回湖北故鄉，收羅洪門弟兄，以「洪」字為結盟之姓，創「三合會」組織。各地紛紛回應，借洪門為招牌，創立「天地會」、「哥老會」和「義興黨」等洪門團體。從此，「洪門」在江湖上形成聲勢浩大的氣候。湖州「順生堂」便是「洪門」在湖州的一個分支，以「洪門」為正宗，信奉「明大復興一」五字真言。本來，洪門與清朝對峙，屢遭朝廷圍剿取締，處於地下狀態。但洪門人多勢眾，深受百姓擁戴，清兵不僅剿而不滅，而且愈剿愈多，反呈燎原之勢。同時，從洪門分離出的青幫也與洪門遙相呼應，形成互為犄角之勢。在無法剿滅的情況下，朝廷對洪門的態度漸漸改變，改剿為撫，收買籠絡為上。

湖州順生堂打出「安清順民」的旗號，保境安民，排解糾紛，官府對它並不反感，時時借重它安撫民心，防止變亂。順生堂在湖州的主要財源便是壟斷生絲收購。湖州盛產生絲，每到收絲季節，順生堂便派出人員，保護商道安全，維護絲行秩序。絲行同業按一定比例繳納保護費，大家相安無事，各不侵犯。胡雪巖貿然開設絲行，觸犯了順生堂的利益，雖然順生堂懾於知府權勢，不敢公開同他作對，卻在暗地裡通知養蠶人家，不得賣絲給他。順生堂的命令，在湖州百姓心目中有如聖旨，違抗不得。若有違反，便是違犯了洪門家法，輕則棍打、掛鐵牌，重則活埋、凌遲、三刀六眼。

胡雪巖了解到上述情況後，暗暗責備自己粗心大意，竟

忘了江湖弟兄的存在。有道是：到了鄉門，先拜土地。順生堂便是湖州的土地神，沒有它的首肯，他胡雪巖一個子兒也甭想拿走。於是，他備下厚禮前去拜見堂主尹大麻子。

尹大麻子在洪門確有一席之地。他的祖父是洪門盟主朱洪竹的關門弟子，惠及子孫，尹大麻子便做了湖州洪門的首領。尹大麻子好勇鬥狠，武藝高強，性情暴戾倔強。一次，順生堂弟子因械鬥犯案，十五人被官府緝拿入獄。尹大麻子挺身而出，力保弟子無罪。知府冷笑道：「你若能將身上的肉剜下來作保，可不予追究。」本想讓他知難而退，誰知那尹大麻子一聽，手持牛耳尖刀，大堂之上，眾目睽睽，用刀尖從兩頰剜起，一共剜下十五塊蠶豆粒大小的肉塊，鮮血淋漓，恰恰符合被押的十五個弟子之數。知府大驚失色，不僅放了洪門弟子，還賜酒為尹大麻子嘉勉。此後，雖然尹大麻子臉上布滿十五個疤痕，名副其實成了「麻子」，卻成了順生堂的英雄。

順生堂遠在湖州郊外，一處僻靜園林。四周古柏幽靜，白鶴飛翔，樹木蔥蘢處挑出飛簷翹角，原是道觀改造而成。

胡雪巖一行來到順生堂門前時，見門前有一身材魁梧，滿臉黑肉，臉上十五塊疤痕清晰可見的大漢，站在台前迎接。胡雪巖見尹大麻親自迎接，趕緊上前拱手為禮，寒暄道：「久聞堂主大名，前來打擾。」

哪知尹大麻子冷若冰霜，無動於衷，逼視良久，才突然開口道：「客從何山來？」

「錦華山。」

「山上有什麼堂？」

「仁義堂。」

「堂後有何水？」

「四海水。」

「水邊有何香？」

「萬福香。」

見胡雪巖對答如流，山名、堂名、水名、香名，絲毫不差，尹大麻子這才略一停頓，又道：

「三子結拜？」

「義重桃園。」

「天下大亂？」

「英雄志立。」

「嗯！」尹大麻子神色緩解。對方懂得順生堂的內外堂口，說明來意為善。他又問道：「來客知書識禮，聽說會做詩？」

胡雪巖答道：「詩不會做，卻會吟。錦華山上一把香，五祖名兒到處揚；天下英雄齊結義，三山五嶽定家邦。」

聽到此，尹大麻子臉上綻開笑容，拍拍胡雪巖的肩膀道：「失敬，失敬！堂規如此，不得不防，不要放在心上。」原來，洪門為了防止官兵偷襲，制定了見面的許多暗號，這些堂口，局外人渾然不知。來客若是對答有誤，必懷異心，那麼兵刃相見，一場惡鬥便不可避免。幸虧胡雪巖預先請教了洪門弟子，才順利通過盤查。

順生堂香堂上，正中設天帝位，上懸「忠義堂」匾額，置三層供桌：上層設羊角哀、左伯桃二人位，中層設梁山宋江位，下層設始祖、五宗、前五祖、中五祖、後五祖、五義、男女軍師和先聖賢哲等位，各用紅紙、黃紙書寫。與青幫香堂不同的是，洪門講究一個「義」字，並特別突出。

義薄雲天，做生意亦要講義氣，看來洪門與我有緣。胡雪巖邊看邊想。

香堂上的每一件用物都非擺設，有很深的含義。如香爐寓有「反清復明」之意，燭臺、七星劍則有「滿覆明興」

之意，尺和鏡用來衡量門下弟子的行為。這一切，外來人很難理解。堂上張掛紅燈，其中外層三盞、中層八盞、內層二十一盞，正合「洪」字拆開為「三八二十一」的筆畫。

尹大麻子帶領胡雪巖看過香堂，手下人在堂下擺好茶具，招呼客人入座。一套宜興紫砂茶具，古樸大方，上等的碧螺春茶芬芳宜人。尹大麻子對手下輕聲喝道：「走開！」然後自己親自操起茶壺，斟茶水。胡雪巖正被他的殷勤好客所感動──堂主親自斟茶，面子夠大了──但仔細一看，發現事有蹊蹺。原來尹大麻子將茶壺嘴對著茶杯把兒。胡雪巖猛然間省悟過來──這是江湖上茶壺陣的一個問句：你到底是門內還是門外？

他從容地將茶杯嘴對著茶壺嘴，重新擺好。意即：嘴對嘴，親對親，都是一家人。

尹大麻子不語，將左手向上，併攏三指，右手向下，握緊四指，捧茶杯遞給胡雪巖。胡雪巖知道他用「左三老、右四少」的幫規考查自己，便以左手掌向下搭在杯口、右手掌朝上托住杯底，將茶杯輕輕接過，此為「上三老、下四少」的手勢，意為幫中自謙者。尹大麻子把兩個衣袖頭的上邊翻開，用大拇指擋住。胡雪巖則順便解開衣襟第二、三個鈕襻，表示胸懷坦蕩，無所顧忌之意。做完這些，尹大麻子才完全放心，胡雪巖是來結友，並非刺探。但他仍不言語，繼續在茶桌上擺弄茶杯。八個茶杯圍成一個大圈，開口處置放茶壺，意即：「虎口奪食，欺人太甚。」胡雪巖馬上將茶杯擺成雙雁行，茶壺放在領頭，答：兄弟同行，有福同享。

尹大麻子把五個杯子擺成半弧形，將三個杯子倒扣在弧內，意為：仗勢壓頂，魚死網破。胡雪巖明白他指責自己倚仗王有齡這個湖州知府的勢力強行收絲，表明不服的意思，便將一張銀票壓在三個杯子下，說明以票致歉，多有得罪。

尹大麻子又將兩個杯子一個朝上，一個朝下，表示湖州地盤狹小，一山難容二虎，雙方難以共處。胡雪巖笑了笑，將八個杯子合在一起，又用茶壺在另一邊倒一攤茶水，明白地向尹大麻子提出建議：我們合作一塊兒，共同對付洋人。

尹大麻子眼睛一亮，起身向胡雪巖拱手道：「若非先生指點，幾乎壞了大事！」

局外人並不知道他們倆剛才擺的茶碗陣到底是幹什麼，都對尹大麻子突然拜服感到詫異。惟有胡雪巖頷首微笑，端起茶杯，吹拂茶沫兒，一副心領神會的模樣。

胡雪巖在前來之前，早已把當地收絲的行情打聽得一清二楚。按時價，當地每擔上好生絲也不過二兩銀子。而據他掌握的情況，上海洋商出口到英倫三島的生絲，光是運價，每擔即超過十兩銀子，兩地相差五倍之多。胡雪巖既為洋商利潤之高而咋舌，又發現洋商在湖州壓價收絲，固然是因為湖州交通不便，消息閉塞，被他們鑽了空子，更因為順生堂為維護當地秩序，獲得穩定之財源而聽任他們壓價，被逼無奈的因素。為此，他打算同尹大麻子攜手合作，壟斷生絲收購，把洋人擠出湖州地方，便可同洋人討價還價，提高生絲的價碼。

尹大麻子並不傻，他明知洋人收絲壓價，只是苦於沒有好搭擋合作，無力壟斷生絲市場。所以，當胡雪巖主動提出雙方聯合起來，共同對付洋人時，他猶如遇到知音，腦中一亮：以胡雪巖的財力，加上知府為後臺，順生堂若和他攜手，自然是極為理想。一旦壟斷成功，順生堂的財源將如滾滾巨流，前景極是誘人。於是，剛才還板著面孔的尹大麻子立刻放下架子，向胡雪巖致歉認輸。

胡雪巖好生得意：茶壺陣中，他又勝了對方一著。此後，兩人不再打啞謎，擺上酒席，觥籌交錯，推杯把盞，煞

是親熱。席間，胡雪巖與尹大麻子約定，雙方合夥做蠶絲生意，壟斷湖州市場，把洋人擠出湖州。此後許多年間，湖州洪門均為胡雪巖所用，成為他在打擊洋商、壟斷絲行的過程中，與官場勢力相互策應的得力幫手。

(4) 花花轎兒人為人

胡雪巖常常掛在嘴邊的「花花轎兒人為人」，是一句杭州俗語，指的是人與人之間離不開相互維護、相互幫襯。人為人，人幫人，人要辦的事才會順利，人的事業才會發達。話雖如此，真正窺得其中巧妙的人卻不多。

中國是一個比較傳統的國家，人文背景相對世俗化，想成就一項事業，少不得要借助「為人拾柴之勢」。雖然說複雜的人際關係有時是個包袱，但如果用得巧妙，用得恰當，也可以成為一塊成功之路的敲門磚。「相互幫襯」、「人為人高」，正是一個幫人幫己的成功訣竅。

當年，胡雪巖扶助王有齡做了湖州知府，他在開辦錢莊之初，就想到讓自己的錢莊代為打理府庫銀兩。但想法歸想法，真正要使這一打算變成現實，還要過一關，那就是打通錢谷師爺的路子。舊時的州縣衙門都有錢谷師爺和刑名師爺。師爺名義上雖只是州縣的幕僚，但由於他們精通律例規制，所管的事務專業化很強，一州一縣的司法、財政事務的具體辦理，許多時候實際上就握在師爺手中。而且這些人都師承有序，見多識廣，常常是州縣老爺也不敢輕易得罪的角色。師爺向來獨立辦事，不受東家干涉，表面平和的還與州縣老爺敷衍一下，有些專斷的，甚至可以對州縣老爺置之不理。所以，胡雪巖要代理湖州府庫，就不能不籠絡他們延請的錢谷師爺。

　　在籠絡師爺的過程中，胡雪巖和王有齡就合演了一齣「花花轎兒人為人」的絕好雙簧。王有齡署理湖州是端午期間，正好給胡雪巖提供了一個機會。他打聽好已經接受延請，到湖州上任的刑名、錢谷兩位師爺在杭州的家眷所在，送去節下正需要的錢糧。不過，他是以王有齡的名義送的。這兩位師爺自然要感激王有齡的好意。但等到他們拜謝王有齡時，王有齡卻說，這原是胡雪巖的心意。這樣一來，師爺不僅見了胡雪巖的情分，自然也就知道了大老爺的意思。好事做了一件，交情卻落了兩處。一幫一襯不過言辭之間，卻使得極巧。事實上，這齣雙簧也不是胡雪巖和王有齡事先商量好這樣演的，他們卻不約而同地如此做了，可見兩人都深諳這「花花轎兒人為人」的相互幫襯之道。

　　當然，相互幫襯往往不在於你幫的忙是鉅是細，出的力是大是小，有時候甚至也不過是些惠而不費的小節。比如王有齡、胡雪巖演的這齣雙簧，不過就是一句話的事。然而，知道這其中的道理，心思用得巧，往往能夠事半功倍。比如胡雪巖和王有齡之間這一幫一襯，一下子就收服了歷來被人稱為「神仙、老虎、狗」，人人都知道他們頭難剃、人難纏的兩位師爺。而兩位師爺對幫助胡雪巖、王有齡在湖州的事務都十分賣力。當胡雪巖找到湖州錢谷師爺楊用之，提出要以自己的阜康錢莊代理湖州府庫和烏程縣庫時，楊用之不僅毫不為難地滿口答應：「東翁關照過了，湖州府跟烏程縣庫都託阜康代理，一句話！」甚至連承攬代理公庫的「稟帖」都為他預先準備妥當，「我都替老兄預備好了，填上名字，敲個保，做個樣子，就行了。」

　　另外，為了胡雪巖以後辦事「方便」，楊用之還為他引見了另一個關鍵人物，湖州徵納錢糧絕對少不了，因此也絕對不能得罪的「戶書」郁四。

　　書辦的官稱為「書吏」，大小衙門基層的公務，只有書辦才熟悉，這一點就是他們的「本錢」。其中的真實情況，以及關鍵、訣竅，為不傳之祕，所以書辦雖無「世襲」的明文，無形中卻成了父子相傳的職業。

　　府、縣衙門的「三班六房」，六房皆有書辦，而以「刑房」的書辦最神氣，「戶房」的書辦最闊綽。戶房書辦簡稱「戶書」。他之所以闊綽，完全是因為額徵錢糧地丁，戶部只問總數，不問細節。當地誰有多少田、多少地，坐落何方等細則如何，只有「戶書」才一清二楚。他們憑藉的就是祖傳的一本被稱為「魚鱗冊」的祕冊。沒有這本冊子，天大的本事也徵不起錢糧。

　　有了這本冊子，不但公事可以順利，戶書本人也可以大發其財。多少年間，錢糧地丁的徵收就是一盤混賬，納了錢糧的未見得能收到「糧串」，不納糧的卻握有納糧的憑證。反正「上頭」只要徵額夠成數，如何張冠李戴，是不必管也沒法管的。

　　因此，錢谷師爺必得跟戶書打交道，厲害的戶書可以控制錢谷師爺；同樣地，厲害的錢谷師爺也可以把戶書治得服服帖帖。不過，一般而言，兩者總是和睦相處，情如家人。楊用之跟這個名叫郁四的戶書就是這樣。

　　為了報答胡雪巖的「情」，他也幫胡雪巖唱了一齣「花花轎兒人為人」的好戲，對郁四說：「老四！」楊用之用這個昵稱關照，「這位是王大老爺的人，也是我的好朋友，胡老爺。你請胡老爺去吃碗茶，他有點小事託你。」

　　有了王大老爺和楊師爺的雙重面子，該辦的事自然無比順暢。郁四對胡雪巖說：「你把稟帖給我，其餘的你不必管了。明天我把回批送到你那裡！」

　　這樣痛快，就連胡雪巖都不免意外，拱拱手說：「承情

不盡。」然後又說道：「楊師爺原有一句話交代，叫我備一個紅包，意思意思。現在我不敢拿出來了！拿出來，倒顯得我是半吊子。」

久在江湖廝混的郁四深深點頭，馬上對胡雪巖另眼相看。原來的敬重，主要是因為他是王大老爺和楊師爺的上賓，現在才發覺他是極漂亮的外場人物。難得「空子」中有這樣「落門檻」的朋友——真是難得！此後，郁四也成了胡雪巖「銷洋莊」方面最牢固的夥伴和得力幫手。

事情如果說穿了，似乎人人都明白，無非是在「於己無害，於人有利」的情況下提攜一下別人。然而，也正因為人人都明白，反而常常為人所忽視。人人不以為然的事，在杭州卻成了一句口頭俗語，由此可見杭州人的智慧和精明了。胡雪巖常把這句俗語掛在嘴邊，也可見他的智慧和精明。

胡雪巖的做法及取得的成功，可以印證這樣一個道理：相互幫襯的「人為人」既是做人的一個訣竅，也是現代商戰中重要的經營策略。

(5) 維人一條路，傷人一堵牆

俗話說：「多個朋友多條路，多個敵人多堵牆。」因此也有人說：「給人留一條出路，等於給自己留一條出路。」因而，胡雪巖做事從來不把事情做絕，而是有意放人一條出路，以免除後患。即使對方對不起自己，他一般也不會得理不讓人，而是特別注意保全對方的面子。因為保全了對方的面子，也就等於保全了自己的面子。

胡雪巖在信和做「跑街」時，用自己收回的一筆「死賬」資助了王有齡。這筆「死賬」，錢莊本來已經認定是吃了「倒賬」，並沒有打算能夠收回，如果胡雪巖悄悄資助

王有齡，人不知鬼不覺，一時也不會有人來過問此事。但他仍然向錢莊和盤托出，並且還代王有齡寫了一張借據，交給錢莊。這自然顯示了他做人的本分與誠實，卻因此而丟了飯碗，自己落得生路維艱的地步。

王有齡用胡雪巖資助的五百兩銀子進京捐官成功，回到杭州，正思忖如何尋找他時，恰好碰到他在吃「門板飯」。一聽胡雪巖述說了自己的經歷，知道了事情的經過，王有齡的第一件事自然就是歸還信和錢莊的那五百兩銀子，好為胡雪巖洗刷惡名。他弄清了借據的內容和利息的演算法，十個月最多不超過五十兩利息，立即在海運局支出六百兩銀子，以了卻這筆賬。但當他穿上官服，讓人準備鳴鑼開道，要和胡雪巖一同前往，好好地為他出一口氣時，卻被胡雪巖拒絕了。這讓王有齡大惑不解。然而，在聽了胡雪巖的解釋後，王有齡真是擊節稱讚，深為佩服。

原來，此時胡雪巖心裡已有打算。他思忖，如果在自己得意之時，就尋怨於錢莊的昔日同僚，雖然說出了心中的怨氣，卻於事無益。俗話說：「和氣生財。」只有好好地將商界的這些同僚籠絡在一起，日後自己在商界才能有發財的機會。

胡雪巖不去的理由說出來很簡單：「信和」錢莊的「大夥」就是當初將他開除的張胖子。如果此時他和王有齡一同前往，勢必讓張胖子非常尷尬，大失面子。而如此張揚而去，傳揚開來，張胖子在同行、在東家面前的面子也沒有了。這是他不願做的事。他不僅不與王有齡同去，還叮囑王有齡：「請你捧信和兩句，也不必說我們見過面。」

王有齡聽胡雪巖這麼一說，對他又有了深一層的認識，心想：「此人居心仁厚，至少手段漂亮。換了另一個人，像這樣可以揚眉吐氣的機會，豈肯輕易放棄？而他居然願意委

屈自己，保全別人的面子，好寬的度量！」

　　因為理解了胡雪巖的一片用心，王有齡單獨去還這筆借款時，也做得非常漂亮。他特意換上便服，也不要鳴鑼開道，只乘一頂小轎，把六錠銀子用一個布包袱一包，悄悄地來到信和，很大度地對張胖子說：「去年承寶號放給我的款子，我今天來料理一下。俗話說：『有借有還，再借不難。』我知道貴寶號資本雄厚，信譽卓著，不在乎這筆放款。不過，在我總是早還早了。請把利息算一算，順便把原借據取出來。」

　　由於信和當初已認定這筆款子是一筆收不回的死賬，因此也沒把胡雪巖代王有齡寫的借據當一回事，不知隨便扔到哪裡去了。此時王有齡來還錢，居然遍找不到。急出一身汗的張胖子，只好將此情況據實對王有齡說：「老實稟告王大老爺，這筆款子放出，可以說萬無一失，所以借據不借據無關緊要，也不知放到哪裡去了，改天尋著了再來領。至於利息，根本不在話下。錢莊盤利錢，也要看看人。王大老爺以後照顧小號的地方多的是，這點利息再要算，叫敝東家曉得了，一定會怪我。」

　　話說得夠漂亮，但王有齡體諒胡雪巖的心意，決定比他做得更漂亮。他把五百五十兩銀子堆到桌上，從容道：「承情已多，豈好不算利息？當時我聽那姓胡的朋友說，利息多則一分二，少則七厘，看銀根鬆緊而定。現在我們通扯一分，十個月時間，我給利息五十兩。這裡一共五百五十兩，你請收下，隨便寫個本利兩清的筆據給我。原來我開出的那張借據，尋著了便煩你銷毀了它。貴寶號做生意真能為客戶打算，佩服之至。」

　　這一齣了清舊賬的戲確實「演」得精彩漂亮。正像王有齡所想的那樣，本來受了冤枉，並因此丟了面子，落魄潦

倒，現在終於可以為自己洗刷惡名，換上一個人，大約真的不會白白放過這次為自己掙回面子，讓自己揚眉吐氣的機會。但胡雪巖首先想到的是如何保全別人的面子。難怪王有齡會打心眼裡佩服他：「好寬的度量！」

不僅如此，幾天之後，信和錢莊的「大夥」張胖子過生日，祝壽的人絡繹不絕。胡雪巖精心準備了一個純金的「壽」字，給「大夥」拜壽，並將王有齡引見給「大夥」。在這群商客和夥計之中，官府人士給自己祝壽，實在是大大地讓「大夥」臉上有光。「大夥」歡喜之餘，拉著胡雪巖的手直拍自己的胸口保證：「日後有事，必當兩肋插刀。」在壽宴上，胡雪巖不斷給前來祝壽的老同事、新夥計和客戶們分送各式各樣的禮物。這些人都深深感到，胡雪巖真是個忠厚仁義之人，也就越發敬重他。自此之後，胡雪巖在錢莊的聲譽大振，為他日後開辦自己的錢莊打下了堅實的基礎。

商場上，保全別人的面子，也是在保全自己的面子。如果胡雪巖在還錢時真像王有齡起先準備的那樣，為了自己揚眉吐氣而使張胖子下不了臺，別的不說，他至少不會讓王有齡看到他的居心仁厚和「好寬的度量」。更重要的是，為別人留一條退路，實際上也就是為自己開了一條出路，所謂「維人一條路，傷人一堵牆」，說的就是這個道理。別的不說，這一次為張胖子保全了面子，就使張胖子對他發自內心，佩服之至，在其後他的創業過程中，真心實意以自己掌管的錢莊的力量，為他解決了不少難題。比如為海運局墊付漕米款項，比如出面為漕幫做保，向「三大」借款，使漕幫渡過難關……

胡雪巖非同一般之處，其實就在於他深諳此中之妙。比如對待「吃裡扒外」的朱福年，他仍然牢記「維人一條路，傷人一堵牆」的道理，把這件事處理得極為漂亮。

　　朱福年做事不地道，不僅在胡雪巖與龐二聯手銷洋莊的事情上暗中作梗，還拿了東家的銀子「做小貨」。他的「東家」龐二自然不能容忍。依龐二的想法，一定要徹底查清朱福年的問題，並狠狠地整整他，然後讓他捲鋪蓋滾蛋。但胡雪巖覺得不妥。他說：「一發現這個人不對頭，就徹查之後請他走路，這是普通人的做法。最好是不下手則已，一下手就叫他曉得厲害，心生佩服。要像諸葛亮『七擒孟獲』那樣使人心服口服。『火燒藤甲兵』不足為奇，要燒得讓他服服帖帖，死心塌地替你出力，才算本事。」

　　胡雪巖的做法是：先通過關係，利用自己「東家」的身分，摸清了朱福年在同興錢莊所開「福記」賬戶歷年進出的數目，將絲行的資金劃撥「做小貨」的底細摸得一清二楚，然後再到絲行看賬，並在賬目上點出朱福年的漏洞，「有沒有錯，要看怎麼個看法，什麼人來看。我看是不錯，因為以前的賬目，跟我到底沒有啥關係。叫你們二少爺來看，就是錯了。你說是不是呢？」僅僅是點到為止，並不點破朱福年「做小貨」的真相，也不再深究，讓朱福年感到自己似乎已經被抓到了「把柄」，但又莫名實情，覺得自己成了「孫悟空」，無論怎麼做，跳也跳不出胡雪巖這尊「如來佛」的手掌心；只有乖乖兒認輸，表示服帖，才是上上大吉。

　　「胡先生，我在裕記年數久了，手續上難免有疏忽的地方，一切要請胡先生包涵指教。將來怎麼個做法，請胡先生吩咐，我無不遵辦。」

　　很明顯，這是遞了「降表」。到此地步，胡雪巖無須再用旁敲側擊的辦法，更用不著假客氣，直接提出他的意見：「福年兄，受人之託，忠人之事。你們二少爺既然請我來看看賬，我當然對他要有個交代。你是抓總的，我只要跟你談就是了，下面各人的賬目，你自己去查，用不著我插手。」

「是。」朱福年說：「我明天開始清查各處的賬目，日夜趕辦，有半個月工夫，一定可以盤清楚。」

「好的。你經手的總賬，我暫時也不看，等半個月以後再說。這半個月中，你也不妨自己檢點一下，如果還有疏忽的地方，想法子自己彌補，我將來也不過看幾筆賬。」接著，胡雪巖清清楚楚地說了幾個日子，都是從同興錢莊那份「福記」收支清單中挑出來的，有疑問的日子。

朱福年暗暗心驚：自己的毛病自己知道，卻不明白胡雪巖何以瞭如指掌，莫非他在裕記中已經埋伏了眼線？照此看來，此人高深莫測，真要步步小心才是。到了這一地步，朱福年算是徹底服了胡雪巖。不過，這時的「服」還是威服，以害怕的成分為多。

朱福年的疑懼都流露在臉上，胡雪巖便索性開誠布公地說：「福年兄，你我相交的日子還淺，恐怕你還不大曉得我的為人。我一向的宗旨是『有飯大家吃，不但吃得飽，還要吃得好。』所以，我絕不肯敲碎人家的飯碗。不過，做生意跟打仗一樣，總要同心協力，人人肯拼命，才會成功。過去的都不用說了，以後看你自己。你只要肯盡心盡力，不管心血花在明處還是暗處，說句自負的話，我一定看得到，也一定不會抹煞你的功勞，在你們二少爺面前會幫你說話。或者，你若看得起我，將來願意跟我一道打天下，只要你們二少爺肯放你，我歡迎之至。」

就這樣，胡雪巖專門留出時間，讓朱福年暗中檢點賬目，彌補過失，等於有意放他一條生路。最後則明確告訴朱福年，只要盡力，他仍然會得到重用。這一下朱福年真就感激不盡，徹底服帖了。

胡雪巖的這一套做法，實際上是從嵇鶴齡講的一個故事中受到的啟發：

蘇州有一家極大的南北貨行，招牌叫「方裕和」。「方裕和」從兩年前就開始發生貨色失竊走漏的事情，而且丟失的都是魚翅、燕窩、干貝之類的貴重海貨。方老闆不動聲色，明察暗訪，很長時間才弄清，原來是他最信任的一個夥計，也是自己的同宗親戚，與漕幫中的人相互勾結，將店中貴重的海貨捆綁在店裡出售的火把中偷出去，再運到外埠脫手。難怪他在本城同行、飯店中都沒有查到吃黑貨的蛛絲馬跡。在方老闆逼問下，這個夥計承認了自己偷竊的行為。按規矩，也是照普通人的做法，自然要請他走路。但方老闆並不是按普通人的做法，他以為能夠「走私」兩年之久而不被發覺，一定有相當的本事，再說同夥勾結，鬧出去要開除一大批熟手，還有損信譽，所以決定不僅不要這個夥計「走路」，還加他的薪水，重用了他。這樣一來，那夥計感恩圖報，自然不會再幹偷貨走私的事。

這種做法，胡雪巖也認為相當漂亮，但他覺得火候還差那麼一點兒。他在聽嵇鶴齡講完這個故事之後說：「照我的做法，只要暗中查明白了，根本不說破，就升他的職，加他薪水，叫他專管查察偷漏。」他的理由是：做賊是不能拆穿的，一拆穿就落下痕跡，無論如何處不長。既然他是個人才，自己又能容留他，就不必拆穿他，只讓他感恩就行了。胡雪巖對朱福年就是這種做法。

胡雪巖的做法確實更加高明，也更加有效。俗話說：人怕破臉，樹怕剝皮。人做了壞事，既已被老闆揭穿，雖然不給處罰，他也心存感激，但終究會落下痕跡而無法相處。在他本人是怕老闆不再信任，滿心愧意地侍奉老闆，做事必不能放開手腳。而在老闆則總要想著避開對方的痛處，與他相處，心裡不免留下疙瘩。如此一來，自然無法再做下去。從這個角度看，既然還當他是個人才，同時還有不能請他走

路了事的原因，那還不如為他留個面子，同時又讓他心存感激。這樣，既達到堵漏補缺的目的，又等於救了一個人，於己於人，都善莫大焉。

因此，事後古應春才佩服地說：「小爺叔，龐二雖有些大少爺的脾氣，有時講話不給人留情面，到底御下寬厚，非其他東家可比，可是朱福年還是有二心。只有遇到小爺叔你，化敵為友，服服帖帖，這就是你的大本事，也就是你的大本錢。」

當然，這種手段只能針對那些真有本事且知恥的人。假如對方並不是人才，或者雖是人才，但心肝已全壞，無可救藥，那最好還是請他走路。因為這樣去做，弊端很大，對不明事理的人來說，實際上變成獎勵做壞事了。如不慎重，最終吃虧的還是自己。

3. 前半夜想想自己，後半夜想想別人

「前半夜想想自己，後半夜想想別人。」這是一句流行於江浙一帶的俗語。意思是：一個人做事，不能只想到對自己合適，還要為別人考慮，要能體諒別人的難處，能為別人分憂。

一句話，一個人不能不想自己，但在想到自己的時候，一定要想想別人。

(1) 做人，總要為別人著想

對於如何做人，胡雪巖有一句很實在的說法：「做人，

總要為別人著想。」也就是說：在利益面前，要能夠站到對方的立場上想問題。他不僅經常把這句話掛在嘴邊，也確實是一個很能為別人著想的人。

為了幫助王有齡解決漕米解運的難題，胡雪巖以他的見識和懂「門檻」，深得漕幫行輩最高的魏老爺子賞識，被尊為「門外小爺」，讓幫裡的人都尊他「小爺叔」，關於向漕幫借墊漕米的要求也得到魏老爺子滿口答應。但當他把向魏老爺子說過的話重新又對漕幫具體負責的「當家人」尤五講了一遍之後，尤五雖然很友好地表示：「一切都好談，一切都好談！」卻始終沒有肯定的答覆。

善於察顏觀色的胡雪巖看出尤五肯定有難言之隱，便問道：「尤兄有什麼難辦之事，儘管直說。」

「唉！」尤五長歎一聲，「不瞞小爺叔，現在漕米海運，淞江漕幫弟兄的日子難過呀！漕幫近來因長毛搗亂，虧空了一大筆。幫裡的虧空要填補猶在其次，眼看漕米一改海運，使得我們漕幫的處境異常艱苦，無漕可運，收入大減，幫裡弟兄的生計要想法維持，還要全力活動，爭取撤消海運，恢復河運，肯定需要各處打點託人情，哪裡不要大把銀子花出去？全靠賣了這十幾萬石糧米應付，如今墊給了浙江海運局，雖說以後有些差額可賺，但到時收回來的仍舊是米，與自己這方面脫價求現的宗旨完全不符。」

另外，尤五心裡沒有說出來的話是：眼看太平軍佔領江寧後，已開始大舉向東南用兵，糧食必定短缺；加之不久便是青黃不接的四、五月份，糧價肯定上漲，因而不能不考慮自己的損失。只是礙於魏老爺子的面子，再加上自己也是一個「江湖上行走」的漢子，故而不願將難處說出口罷了。

做事予人方便，自己方便，這是胡雪巖一向辦事的宗旨。得知尤五的難處，他馬上在心裡為自己定了兩條原則：

　　其一，不能只要別人幫自己的忙而不顧別人的難處，也就是「不好只顧自己，不顧人家」。如果別人有難處，則寧可另想他法，也不能勉強。

　　其二，必須把別人的難處當成自己的難處。為此，一旦知道了別人的難處，就要盡全力幫助解決。

　　也正是有這兩條原則，胡雪巖才誠懇地對尤五說：「五哥，既然是一家人，無話不可談。如果你那裡為難，何妨實說，大家商量。你們的難處就是我們的難處，尤兄請寬心。」然後，轉身對與自己同來的信和錢莊的張胖子說：「張兄，雪巖這次可就有事相託了。請貸一筆款子給尤兄，雪巖以海運局這塊牌子擔保，等到下月底青黃不接時，尤兄以高價賣掉這批糧米，必當連本帶利，一併付清，不知意下如何？」

　　張胖子早已被胡雪巖收服，心甘情願給他當「下手」，自然是非常爽快地答應道：「胡兄怎麼說就怎麼辦。以胡兄的為人，我還能信不過嗎！別說十來萬的小款子，就是把我的老窖給端了，我也不敢說半個『不』字。」

　　由於張胖子答應得太痛快，就連胡雪巖也有點意外，讓人似乎覺得缺乏可信度。於是，他便相當認真地用杭州方言提醒說：「張老闆，說話就是『銀子』，你不要『玩兒不正經』！」

　　張胖子見他如此說，急忙解釋道：「我之所以如此放心貸款給尤五哥，第一是漕幫的信用和面子，第二是浙江海運局這塊招牌，第三，還有米在這裡。有這三樣擔保，我還有什麼不放心的？」張胖子如此解釋，胡雪巖和尤五都看出他的承諾是很認真的。

　　尤五見胡雪巖談笑間就把自己長期以來憂慮的問題解決了，心裡的一塊石頭落了地，倍加感激，連連拱手說：「好

極了，好極了！這樣一來，真是面面俱到。說實在的，倒是小爺叔幫了我們的忙了。不然，我們脫貨變現，一時也不是那麼容易。」說到這裡，他充滿感激地讚道：「小爺叔，你老人家真夠義氣！來，先乾一杯，略表晚輩的敬意。漕米之事，小爺叔就不用操心了，晚輩定當全力辦好。」

胡雪巖也相當高興：這件事做得實在漂亮。當晚雙方盡醉極歡，商量好的事，都等第二天見面，到上海辦理。

初出江湖，胡雪巖就顯示出自己的不同凡響。他人情練達，處事周到，更以處處為人著想，幫人幫在實處的做人準則，一下子就贏得淞江漕幫的信任與欽服，也為自己以後的生意找到了一條可以放心託靠的臂膀。

「做人，總要為別人著想。」這其實是胡雪巖與人交往時放在首位的做人原則。做人，總要為別人著想，就是在做事的時候要主動站在別人的立場考慮。只有設身處地從對方的角度考慮問題，才能對對方的利害得失與困難取得較為深切的了解。這樣，做出的決策才能兼顧雙方的利益，也容易為對方所接受，從而有效地避免自己的決策在實際運作中損害了對方的利益。更重要的是，能為別人著想，也善於為別人著想，這會使對方一下子就知道你的義氣、情分，知道與你打交道絕不會吃虧，他也就必然心悅誠服地被你拉住了。有了這層感情的鋪墊，即使在實際的物質利益上稍有缺欠，他也不會在乎，照樣實心實意為你做事。

「做人，總要為別人著想。」其核心就是將心比心。即使單從生意運作的眼光來看，能夠為別人著想，許多時候也常常為自己的生意鋪平了道路，至少客觀上可以收到這樣的效果。比如，胡雪巖能夠主動為漕幫著想，並且幫助他們解決難題，就既有他做人的品性在起作用，同時也有他身為一個生意人，從生意的眼光看問題在起作用。因為他知道，漕

幫當家人尤五雖然寧願克己，不談自己的難處而爽快地幫助自己，但如果自己知道別人有難處，卻不為別人想想，那自己就成了「半吊子」，與漕幫的合作也就只此一回，再不會有第二回了。

事實上，也正因為他沒有做「半吊子」，他才由此與漕幫結成了牢不可破的夥伴關係。其後的生絲生意、軍火生意等，如果沒有漕幫的合作與支持，幾乎都是很難成功的。從這個意義上說，想想別人或為別人著想，其實客觀上也是在為自己想。

(2) 做生意，還是從正路上走最好

胡雪巖做生意，特別講求：要從正道取財。即走正道，不走歪道。中國自古就有「君子愛財，取之有道」的說法。這裡的「道」，不同的人，可能會有不同的理解。但不管怎樣理解，這個「道」總是包含著正道、正途的內涵，應該是不容置疑的。只要是按規矩取財，只要得之於正道，君子也不會以愛財為恥。

「做生意，還是從正路上走最好。」這話是胡雪巖對古應春說的。胡雪巖與龐二聯手「銷洋莊」，本來一切進展順利。不成想，龐二在上海絲行的檔手朱福年為了自己「做小貨」──也就是拿著東家的錢，自己做生意，賺錢歸自己，蝕本歸東家──中飽私囊，從中搞鬼，成了「漢奸」。

他私下對與胡雪巖做生意的洋人說：「你不必擔心殺了價，胡雪巖不肯賣給你。你不知道他的實力，我知道。他是空架子，資本都是別處挪來的。本錢擱在那裡，還要吃拆息，這把算盤怎麼打得通？不要說殺了價，他還有錢可賺，就是沒錢可賺，只要能保本，他已經求之不得。再說，新絲

一上市，陳絲一定跌價，更賣不掉。」

為了收服朱福年，胡雪巖用了一計。他讓古應春先給朱福年的戶頭中存入五千兩銀子，並讓收款的錢莊打了一個收條。然後讓古應春找到朱福年，就說由於頭寸緊張，自己的絲急於脫手，願意以洋商開價的九五折賣給龐二。換句話說，就是給朱福年五分的好處，約合一萬六千銀子，這五千銀子是頭付。這算是他與朱福年之間暗中進行的一樁「祕密交易」。不過，這筆「祕密交易」一定要透露給龐二知道。

朱福年收下這五千銀子，也就著了胡雪巖布下的道兒：他如果敢於私吞這筆銀子，暗中為自己「做小貨」，賺錢歸自己，蝕本歸東家，就犯了當夥計的大忌。胡雪巖就可以託人將此事透露給龐二，朱福年必丟飯碗。如果他老老實實將這筆錢歸入絲行的賬，跟龐二說是幫胡雪巖的忙，十足墊付，暗地裡收個九五回扣，這也是開花賬，對不起東家；或者他老老實實，替龐二打九五折，收胡雪巖的貨，賺進一萬六千銀子歸入公賬，那麼，有這個五千兩銀子的收據在手，也可以說他藉東家的勢力敲竹槓，吃裡扒外，如果不是送了這五千銀子，胡雪巖的生絲賣不到這個價錢。也就是可以說，本來洋人只出八五折，只因為姓朱的收了五千銀子的好處費，才聯手提到九五折。這樣朱福年也要失去龐二的信任。總之是：豬八戒照鏡子，裡外不是人。

胡雪巖的計策果然生效，朱福年不僅老實就範，並且退還了那五千銀子。而此時古應春也「存心不良」，另外打了張收條給他，留下了原來存銀時錢莊開出的筆據原件，作為把柄。當古應春將此事告知胡雪巖時，胡雪巖對古應春說了一番話。他說：「不必這樣了。一則龐二很講交情，必定有句話給我；二則朱福年也知道厲害了，何必敲他的飯碗。我們還是從正路上走最好。」

　　從胡雪巖的這番話中，我們可以知道，他所說的正路，有一層能按正常的方式、正當的渠道辦就不要用「歪」招、「怪」招的意思。

　　從某種意義上說，胡雪巖收服朱福年的辦法就是一種「誘人落井、推人跳崖」的陰狠招術，確實有些歪門斜道的意味。在他看來，這種歪門招術，只有在萬不得已時才能偶爾為之；一旦轉入正常，就不必如此了。言談中可以看出，胡雪巖對於自己迫不得已收服朱福年的「歪招」，從心裡是持否定態度的。另外，他所謂「做生意，要從正路上走最好」，還有一層意思，就是指做生意不能違背大原則，什麼錢能賺，什麼錢不能賺，要分得清清楚楚，不能一心只想賺錢而不顧道義。

　　比如，他做生意並不怕冒險。他自己就說過：「不冒險的生意人人會做，如何能夠出頭？」有時候他甚至主張：商人求利，刀頭上的血也要敢舔。但無論你如何冒險去刀頭舔血，都必須想停當了再做。有的血可以去舔，有些就不能。

　　有一次，他就給自己的錢莊檔手打了一個比方：「譬如一筆放款，我知道此人是個米商，借了錢去做生意。這時就要弄清楚，他的米是運到什麼地方去。運到不曾失守的地方，我可以借給他。但如果是運到『長毛』那裡，這筆生意就不能做。我可以幫助朝廷，但不能幫助『長毛』。」

　　在胡雪巖心裡，他是大清朝的臣民，幫助朝廷賺錢，自然是從正路賺錢；反叛朝廷的「長毛」（也就是太平軍）是逆賊，幫助逆賊賺錢，就不是從正路賺錢了。違背了這一大原則，即使獲利再大，也不能做。

　　不用說，經商就是為了賺錢，就是要把別人口袋裡的銀子「掏」到自己的腰包裡來。商人圖利，對經商者來說，千來萬來，賺不到，錢不來，賠本的買賣更不能做。不過，要

光明正大地從別人的口袋裡「掏」來銀子，還要讓別人心甘情願地讓你「掏」，自然不是一件容易辦到的事，裡面肯定有一些必備的技巧和訣竅。這也就是人們常說的「生財之道」。不懂得生財之道，「君子愛財」終歸只能是愛愛而已，絕對取之不來。

胡雪巖精於生財之道，他注重「做」招牌、「做」面子、「做」場面、「做」信用；善於廣羅人才，經營靠山；樂於施財揚名，廣結人緣……這些措施，就是他的生財之道，也確實行之有效。比如他在創辦自己的藥店「胡慶餘堂」之初，策劃的那幾條措施：三伏酷熱之時，向路人散丹施藥，以助解暑，丹藥免費，但丹藥小包裝上都必須印上「胡慶餘堂」四個字；正值朝廷花大力氣平定太平天國之際，「胡慶餘堂」開發並炮製出大量避疫祛病和治療刀傷金創的膏丹丸散，廉價供應朝廷的軍隊使用。

用現代的經營眼光看，這些措施具有擴大企業聲譽、樹立企業形象、提高企業知名度、開拓商品市場、建立商品信用的極佳作用。正是靠了這些「正道」的措施，「胡慶餘堂」從開辦之初就站穩了腳跟，並且很快成為立足江浙，輻射全國的一流藥店，歷經上百年而不衰。此外，由「胡慶餘堂」建立起來的胡雪巖的聲望、影響所形成的潛在效益，對他的其他生意如錢莊、絲行、當鋪等的經營，也都起到極明確的促進作用。

不過，這裡的「道」，應該更是指取財於不違背良心、不損害道義的正道。從某種意義上說，商道實際上就是人道。經商之道，首先是做人為人之道。一跟斗跌進錢眼裡，心中只有錢而沒有人，為了錢不惜坑蒙拐騙，傷天害理，便是奸商。奸商與奸詐無恥等值，這種人錢再多，也為人們所不齒。

「君子愛財，取之有道。」具體說來，也就是要依靠自己的膽識、能力和智慧，依靠自己勤勉而誠實地勞動去心安理得地「掙」取，而不是存一份發橫財的心思，靠旁門左道的投機鑽營去「詐」取。有一句俗語，說是：「馬無野草不肥，人無橫財不富。」其實，這是一種誤解。

真正做出大成就的商人都知道，商業運作最需要講信義、信譽和信用，最應該講誠實、敬業和勤勉。一句話，就是要於正途上「勤勤懇懇去努力」，生意才會長久，所得才是該得。所謂「飛來的橫財不是財，帶來的橫禍恰是禍」，說的就是這麼個理兒。

也許正是因為懂得「道」的這一層含義，胡雪巖才特別注意盡可能從正道取財。例如他開藥店，要求成藥的修合一定要貨真價實，絕不能「說真方，賣假藥」，不能坑蒙拐騙；例如他與朋友合作，都是真誠相待，互利互惠，甚至寧願自己吃虧，也絕不虧待朋友。這都能看出他身為一個商人的人品。而且，縱觀他數十年的經商歷程，可以發現他從來都不違背下面的幾條基本原則：

第一，可以為了錢「去刀頭上舔血」，但絕不在朝廷律令明文規定不能走的邪道上賺黑錢。

第二，可以撿便宜賺錢，但絕不去貪圖於別人不利的便宜，絕不為了自己賺錢而去敲碎別人的飯碗。

第三，可以借助朋友的力量賺錢，但絕不為了賺錢，去做任何對不起朋友的事。

第四，可以尋機取巧，但絕不背信棄義，靠坑蒙拐騙賺昧心錢。

第五，可以將如何賺錢放在日常所有事務之首，但該施財行善、擲金買樂時絕不能吝嗇。錢不可不賺，但絕不做守財奴。

(3) 做人一定要漂亮,不能做半吊子

胡雪巖雖然幼時讀書不多,但觀察行情世事極精。按照他的總結就是:「世上隨便什麼事都有兩面,這一面占了便宜,那一面吃虧。做生意更是如此,買賣雙方,一進一出,天生是敵對的。有時候買進便宜,有時候賣出便宜。漲到差不多了,賣出;跌到差不多了,買進。這就是兩面佔便宜。」

在他看來,世上無論什麼事都有兩面。現實生活中,免不了在這一面佔便宜,另一面吃虧。不過,吃虧是好還是不好,全在你怎麼看。因為吃虧的同時,意味著你已經順便給了別人一個人情,而人情總是有機會回報的。落水的狗,人們一般是不痛打的,占別人便宜的同時,要準備著答應別人的要求,這都是事情兩面性的表現。前者是狗以丟臉(喪失尊榮)換取退路,後者是人以一時之快引來責任。這時候,最好的辦法就是樂得做順水人情,先徹底滿足了對方的要求,才能化已經吃虧的情勢為可能帶來回報的情勢。這就是胡雪巖所說的:「做人一定要漂亮,不能做半吊子。」

何謂「半吊子」?在胡雪巖看來,半吊子就是只想占便宜而吃不了虧的人。因為吃不了虧,就把吃虧看得很重,一旦發覺自己吃虧,就看不到吃了虧的另一面,不知道吃虧的同時意味著占了「便宜」。自然,這便宜不是面子上的,而是需要經過轉化,甚至還要等待一定的時間才能看到。只是,現實中的人功利心太強;套一句京白俗語,就是顯得有些「急吼吼」。既然不能立刻看到回報,這虧一吃起來就鑽心痛。一有這情況,完了,言語、表情不自然尚在其次,還總要當下做出一些事,挽回一些損失。就好比談了好幾年戀

愛的小青年，一看女朋友不能再談下去了，心裡就開始犯嘀咕：自己在她身上的「投入」太多，得想辦法要她還回來。或者是，還不回來也不要緊，總得白占她一個便宜算作「補償」。這樣做事便是不地道。用胡雪巖的話說，就是「做人不漂亮」。

《史記》裡有這樣一個故事：

范蠡定居於陶，號陶朱公。陶朱公有三個兒子。一天，陶朱公的二兒子殺了人，被囚禁在楚國。

陶朱公說：「按理講，殺人應該償命。不過，我聽人說：『千金之子，不棄於市。』我先派人去看了再說。」

「棄於市」者，即所謂「棄市」。自春秋戰國直到清末，死刑犯都在鬧市處決，稱為「棄市」。陶朱公話中之意是：只要不是明正典刑的「棄市」，家族的名譽稍得保全，其他皆非所求。當然，這話說得冠冕堂皇，他心裡何嘗不思救老二一條命？只是慣於用這樣的口吻罷了。

經過深切的考慮，他決定派老三到楚國去活動。對於這個決定，他周圍的人無不大感意外。因為老三不僅少不更事，而且完全是個遊手好閒的花花公子，一天到晚鬥雞走狗，只會揮霍享樂，不務正業。這樣一個人，居然賦予他救人性命的重任，豈不是太荒唐了嗎？

然而，陶朱公不理他們，只管自己調度了一千鎰黃金，祕密包裝妥當，載在一輛牛車上，叫老三悄悄出發。

就在這時候，老大趕到了，自告奮勇，要代替老三到楚國。陶朱公說什麼也不許。於是老大要挾道：「長子稱為『家督』。老二出了事，當然應該我去想辦法營救。現在派了老三去，明明是說我無用，我怎麼還能做人？只要老三一走，我就自殺。」

陶朱公的妻子勸說道：「派小兒子去，不一定能救二兒

子，大兒子卻白白先死了，不好吧？」

陶朱公無奈，只得派大兒子去。於是他寫好一封信，極其鄭重地囑咐道：「我在楚國有個好朋友，姓莊，名生。你到了那裡就去見莊生，把我的信和金子都交給他。你聽他的，他叫你如何便如何，什麼也不要多問，千萬不可以跟他爭什麼！」

老大連聲答應——他也是四、五十歲的人了，自己有自己的打算。這時他已接管了父親的許多事業，為了維護他的「家督」地位，楚國之行他必須力爭。既爭到了手，此行更不許失敗，才能不為人所輕，所以他自己又額外帶了一大筆錢，以防萬一。

其時楚國的國都在郢邑，地當湖北宜城東南。從定陶經開封南下，自樊城渡漢水到襄陽，不遠就是郢邑。到了那裡，打聽得莊生的住處，老大驅車到門前一看，心裡便打了個問號。莊生家住城外，蓬門蓽竇，其窮無比。看他的身分，不像是可以託以重任的。不過父命難違，他還是叩門請見，說明來意，呈上了書信和黃金。

莊生看完了信，說：「好！我知道了。你趕快回去，千萬不要在楚國停留！將來令弟出了獄，你也不必問他是怎麼樣出獄的。」

老大表面答應，心裡另外打了主意。他認為莊生不可靠，私下留在楚國，用自己的錢，另走門路，結交楚王左右的貴人，希望把老二救出來。

這是把莊生完全看錯了！莊生雖窮，但在楚國的地位很高，楚王尊之為師。因為他清廉、正直。收下了陶朱公的大兒子送來的金子，他告訴他的妻子：「這是陶朱公為了救他的兒子送給我的禮。我如果不收，人家一定以為我不肯幫忙，所以暫時收下來，好讓他放心。這金子你不要動，事成

以後，我要還給他的。」

　　言畢，他開始設計營救的具體方法。這自然要花一段時間。陶朱公的大兒子看看沒有動靜，懷疑越深，認定了莊生不可能有什麼作為。

　　莊生是在等機會。有一天，他認為時機適當了，特地進宮謁見楚王。

　　「大王！」他說：「臣夜觀星象，有一顆星將臨楚野，有害於楚。」

　　「哎呀！」楚王大驚：「那怎麼辦呢？」

　　莊生從容答道：「惟有行善政，方可以免受其害。」

　　不等他的話說完，楚王就接言道：「我知道了！莊先生，我馬上就下命令。」

　　在當時的朝野來看，最大的善政莫如刑恤。所以楚王派出使者去封「三錢之府」。所謂「三錢」，是黃、白、赤三種顏色的錢幣。說得明白些，就是金、銀、銅。為了怕大赦的消息泄漏出去，不逞之徒趁此機會先搶一票，待大赦令下，便可無罪，所以，封庫為大赦之前所必須採取的防護措施。

　　陶朱公的大兒子結交的那些貴人得到消息，來向他道賀：「恭喜，恭喜！吾王即將大赦，令弟可以無罪了。」

　　「喔！」老大又驚又喜地問道：「真的嗎？」

　　「當然是真的。昨天晚上，大王派了使者封『三錢之府』，這還不是要大赦了嗎？」

　　陶朱公的大兒子心想：老二運氣好，適逢楚王大赦，莊生一點力量也沒有盡到，白白送他一千鎰金子，這不太冤枉了嗎？越想越心疼，他便跑去看莊生。

　　莊生一看是他，大驚失色。「怎麼！」他問道：「你沒有回去啊？」

「是的。」老大振振有詞地說：「舍弟生死莫卜，我怎麼能回去？現在好了，大王大赦，我可以放心回去了，所以今天特來見你一面，順便前來辭行。」

哪裡是來辭行，是捨不得他的金子！莊生明白他的來意，手往裡一指：「你自己進去吧，把你的金子拿了快走。」

陶朱公的大兒子也實在不客氣，走到莊生的內室，收回了那一千鎰金子，告辭而去。

莊生既感到自己被對方耍了，又發覺事態嚴重：陶朱公的二兒子一條命肯定要斷送在他大哥手裡了！

莊生在楚國是一位真正的「社會賢達」，他沒有政治野心，沒有權力欲望，但有非常強烈的榮譽感。他能獲得楚國朝野的信任和尊敬，完全是因為他清廉正直，大公無私，豈僅不收紅包，並且不講交情。在楚王面前，他有足夠的力量，可以把一個應判死刑的人救出來，但是救那個人必須出於「無私」的動機，否則清譽毀於一旦，便無法再受人信任和尊敬了。

因此，當他一接到陶朱公的信，便已定下從「整批交易」中把人夾帶出來的原則。這件事要做得一點也不落痕跡，必須取得陶朱公大兒子的充分合作。因為可以想像得到，由於陶朱公在海內的地位，他的兒子殺了人，自是一條很重要的「社會新聞」，大家都在注視它的後果，倘或看到陶朱公的大兒子出現在楚國，自然而然會想到他是來營救他的弟弟。假如再發現他曾拜訪莊生，則又可知，一定是走莊生的門路。這就是他為什麼叫他立即離開楚國，將來等他的二弟出獄，也不要去追問究竟的道理。

哪知陶朱公的大兒子竟是陶朱公的一個「犬子」，做人「半吊子」，不僅絲毫不懂這些微妙的道理，也違背了他的

父親叫他絕對尊重莊生的訓誡。莊生心想：這個人是個半吊子，他在楚國這麼多天，必定有朋友往來，自然已經把此行的目的告訴他的朋友，說不定連陶朱公致書贈金的事都已泄漏。金子固然已經退回，但到底已在自己家裡擺了幾天，心跡難明，嫌疑莫釋。至於楚王的大赦，將來一定會有人知道，是出於什麼人的建議。而所謂某星將臨於楚野，於楚不利，一定也有懂天文的人指出，根本是胡說八道。這些事實加在一起，任何人都可以得到這樣一個結論：莊生託言星象，勸王大赦，無非是受了陶朱公的賄賂，要救他的兒子罷了！

這樣一來，個人的毀譽事小，權威一失，說的話不起作用，將來再也不能勸楚王行善政，更無法救那些真正受了冤屈的人了！基於這樣一種視天下事如家事，身為一個「國士」所應有的責任感，他必須挽救自己在楚國的諫言之位。

於是，莊生立即進宮去見楚王：「臣前言星象之事，大王垂諭，說要行善政以謝上蒼——」

「是啊！」楚王答道：「昨天黃昏，我已下令封『三錢之府』，準備大赦。」

「大王可知道外面流言甚盛？」

「什麼流言？」

「說定陶富翁朱公的兒子在楚殺人，囚禁獄中，尚未定罪，他家派人用巨金賂賄大王左右——所以，大王不是為憐恤楚國的百姓而大赦，只是為了陶朱公的兒子！」

楚王一聽這話，勃然大怒，說：「寡人雖不德，亦何至於如此勢利，特為朱公之子施此恩惠？既然外面有這話，你看我如何處置！」他馬上派人殺了陶朱公的二兒子，第二日才下了大赦令。

「千金之子」竟「棄於市」！陶朱公的大兒子還不知道

是怎麼回事，惟有拖著他兄弟的屍首和那一千鎰失而復得的金子回鄉。

我們現在看來，陶朱公大兒子的所做所為就屬於胡雪巖所說的「半吊子」之流，結果是害了自己的弟弟。以陶朱公傳奇一生的經歷，應該是對其長男的行事態度有足夠的估計，不然就不會讓三兒子去辦。只是大兒子以死相逼，也奈何他不得。所以，當靈柩一到，全家人大放悲聲的時候，只有陶朱公渾如無事，像煞一個「局外人」。

親友問其為何如此？陶朱公平靜地解釋說：「我早就曉得，老二一條命一定送在老大手裡。他不是不友愛，沒有盡到力量。其中有個道理：老大是跟我一起在海邊吃過苦的，深知謀生不易，物力維艱，所以把錢看得重，捨不得白白送給人家。老三就不同了，一生下來就見我富，要什麼有什麼，根本不知道錢是從什麼地方來的，於是揮金如土，毫不心疼。我本來要派他到楚國，就因為他不在乎錢，送掉了就送掉了，萬萬不會再去回想一下，這筆錢送得值不值？這一點，老大無論如何做不到，所以老二非死不可。此為勢所必然，理所必至，沒有什麼好傷心的！老實說，等老大一走，我日夜盼望的不是老二的人，是老二的靈柩。」

這故事聽起來是個笑話，細想起來，卻也是我們做人的通病。免不了在有些事上會有人放出口風，做出暗示，乃至有所行動，向別人表示，他會把這事處理得很乾脆，很乾淨。只是事到中途，各種因素加進來，做此表示的人會發覺這樣做未免代價太大，回報也不確定，眼睜睜是吃了虧。念頭一複雜，腳下的分寸也就亂了，接下來無非是掩飾、逃遁和食言。食言而自覺無光，自然要掩飾和逃遁。

回頭再看胡雪巖當初把愛妾阿巧贈送給何桂清，其間經歷的情感波折甚多。阿巧可說是和胡雪巖在生活方式上最知

心的一個，但遇到了何桂清，偏巧何桂清與阿巧對上了眼，阿巧心思也有所動。這時的胡雪巖只能拋開情感，單就利害考慮。最後他想開了，想通了，只當從來就沒遇過阿巧，只當她香消玉殞了，只當她徹底變心了，

　　總而言之一句話：「君子成人之美！」

　　雖說如此，在阿巧還是新情未定，舊情不忘，胡雪巖亦免不了仍有夜半驚夢，做幡然變計之想的。如果他那時真的這麼做了，在情感上沒有什麼站不住腳的，只是在做人上恐怕就馬上要大打折扣了。吃虧也要吃到底，這種抉擇，真是要強人所難了。可是，吃虧只吃到一半兒，完整的便宜肯定是已經揀不回來了，至多是挽回一些損失。只是，挽回的若是不傷和氣的損失，另當別論。假定是別人已經見情，正在失去的那一部分簡直就成了損害別人的利益，這時候如果還強要去挖，別人見情的事變成了掃興事，自己只能是得不償失。所以說：「送佛送上西天。」只有「真」吃虧，最後的結果才會佔便宜。生意人如果能夠把吃虧看作必不可少的投資，那什麼事都好辦了。

(4) 恩威並舉，真心替對方著想

　　胡雪巖背靠官場大樹，把錢莊和生絲生意經營得井井有條。就在二者發展都很順利的當口兒，他轉向了他前期生意中的第三大行當──軍火。儘管軍火生意利潤豐厚，但當時正值多事之秋，風險極大，光有官場勢力，許多事還擺不平，因而經常遇到難題。

　　他從外商手中買進的一批先進軍火，從上海運到浙江境內的烏嶺山，便被一夥土匪劫持。他做軍火生意以來，頭一次遇到這種事，一時間一籌莫展，拿不出個好主意。

　　危難時刻，淞江漕幫的朋友尤五趕來了。原來胡雪巖軍火被劫持的事，他已聽說。憑著漕幫的消息靈通，尤五很快得知這事是一個外號叫「蹺腳長根」的土匪做的，而蹺腳長根恰好是尤五的朋友俞武成過去的一名手下，只是如今勢力強大，另立門戶了。但若由俞武成親自出面，想來這事不難解決，所以他跑來及時向胡雪巖通報這個消息。

　　聽尤五這麼一講，胡雪巖心裡又燃起了希望。他很慶幸自己那次去上海買商米墊漕米時交上了尤五這位江湖朋友。尤五在商業上沒少給他幫助，不僅在銷洋莊和貨物運輸上提供了不少方便，還時常向他透露各種資訊。這不，就在他不知所措的時候，又送來了化解難題的良方。

　　於是，在尤五引見下，胡雪巖結識了年已古稀的俞武成。依靠商界的經驗和手段，他很快就和俞武成交成了朋友。俞武成不顧年事已高，身體不便，答應為他親自走一趟。想來蹺腳長根也要看老當家的老面。

　　「長根兄，這位是雪巖兄。江湖上有一句話：『大路朝天，各走一邊。』希望你不要為難雪巖兄。雪巖兄雖是空子，其實比我們門檻裡的兄弟還夠朋友。他跟漕幫的魏老爺子、尤老五的交情是沒話說的；還有湖州的郁四，你總也聽說過；他們和雪巖兄都是過命的好朋友。所以軍火一事，還請你高抬貴手。」俞武成率先開口。

　　面對這種開門見山的直陳，再加上俞武成在江湖中的聲譽，蹺腳長根也不便一口回絕。而且他也知道，憑剛才提到的那些幫派的實力，自己這一幫雖無須畏懼，但也不一定就是他們的對手，再加上還有官府做後臺，自己萬萬討不了好。因此，見別人已將臺階堆到自己門上，便順級而上。他「嘿嘿」一笑，然後態度非常懇切地說：「俞師爺，你老人家說話太重了。江湖上碰來碰去都是自己人，光是你老的面

子，我就沒話可說。更何況胡兄也是江湖中人人聞名的一等一的俠義漢子，我老早就想登門造訪，哪裡還敢惹事呢？」

胡雪巖聽到這話，便放了一半的心。然而轉念一想，蹺腳長根純粹是出於無奈，意志未堅，很可能變卦，於己仍是不利。於是，他便打算向蹺腳長根招安，一則可免去自己以後運送軍火的腹背之患，二則可以多結交一位能幹的朋友，三則也可以讓自己在官府中產生更有力的影響。

打定主意後，他就開始跟蹺腳長根談起招安的條件。

蹺腳長根雖然有心納降，但拿不準官府會怎麼處置自己。畢竟自己過去與官府結下的梁子不小，因此也不願貿然表態，只是故意在一些細節上斤斤計較，反覆爭論，顯出極為認真的樣子。胡雪巖知道他顧慮甚多，也不敢貿然相逼，便辭謝而歸。

為了使招安成功，確保中間不出什麼差錯，胡雪巖決定在充分替對方著想的前提下，利用官場的力量逼降。他在官場的朋友可說不少，而時任浙江巡撫的何桂清就是他在浙江官場最大的靠山。

何桂清是王有齡的「總角之交」，當年王有齡能夠順利補上浙江海運局「坐辦」這個實缺，還多虧他暗中幫助。對於胡雪巖傾囊資助王有齡進京「投供」一事，何桂清也有所了解。更重要的是，何桂清現在的寵妾阿巧就是胡雪巖傾心愛過，後來忍痛割愛，送給他的。而且，他能夠坐上浙江巡撫的位置，胡雪巖也幫了不少忙。

根據胡雪巖的提議，何桂清立刻調遣官軍，將蹺腳長根的老窩烏嶺山悄悄地圍了個水泄不通。這樣做的目的不外乎有二：一是施威，逼蹺腳長根盡快下決心就降；二是防範蹺腳長根手下鬧事。

萬事俱備之後，胡雪巖便在俞武成陪同下，再次前往烏

嶺山，與蹺腳長根面談。

天黑人靜，蹺腳長根正待在屋裡思謀對策。眼見山腳的官軍兵多將廣，自己是插翅也難飛了，只好做破釜沈舟，拼個魚死網破的打算。

忽然，一個小嘍囉跑來報告，胡雪巖上山請見。在這種時刻，胡雪巖居然還敢隻身冒險前來見他，一定有什麼大事。蹺腳長根心裡正這麼想著，胡雪巖和俞武成已然進屋，開門見山地說明自己的來意：只要蹺腳長根真正就撫，並交出那批軍火，他胡雪巖保證所有「山上兄弟」的絕對安全。

正處於絕望邊緣的蹺腳長根聽胡雪巖這麼一說，心中又燃起了求生的希望。他聽說過胡雪巖的為人，也知道胡雪巖敢於獨闖虎穴，確是真心誠意為他著想。倘若僅僅是要奪回那批軍火，又何須冒險上山？！直接叫官兵攻打，多省事。不過，他的心裡還是有點不放心。

見蹺腳長根的神情，胡雪巖誠懇地說：「長根兄，有什麼難處，儘管直說。」

「雪巖兄，實不相瞞，小弟確有就降之意。但一則我手下弟兄眾多，心思不一，我怕他們有些人不安心歸服朝廷；二則我曾做下無數重案，朝廷是否能寬恕我還未可知；三則在這裡，我好歹也是一幫之主，不說享盡榮華富貴，至少也是大塊吃肉，大碗喝酒，不必受人欺壓約束；歸降之後，倘能有個一官半職，尚能糊口，否則外為奸官所害，內覺饑餓之苦，實難活命。」

「長根兄無憂！這些，雪巖兄早已替你打點好了。」俞武成笑道。

「哦？」

「沒錯，長根兄，我確實替你都打點好了。第一，你的弟兄中，有願歸順者都歸為兵勇，仍由你帶隊；有不願從

者，皆發銀二百兩，令其歸家安排生計，所有費用都由我承
擔。第二，朝廷那邊，你不用擔心，巡撫大人已答應讓你做
蘇州總兵，仍然統轄你的手下，負責蘇州城防。第三，對你
過去危害朝廷之事，皆既往不咎。」胡雪巖坦誠地說：「再
者，如長根兄現在不降，可就錯過時機了。眼看長毛被滅，
指日可待，朝廷已下旨，江南、江北大營將對江浙一帶曾支
持過長毛的幫派進行清剿，到時長根兄可就性命難保啊！」

　　胡雪巖這一席話實是大大打動了蹺腳長根的心。他立即
將旗下名冊呈遞給胡雪巖，並約定了受降的具體日期。

　　說好之後，蹺腳長根、胡雪巖和俞武成步出中堂，走入
大廳。這時，大廳已是一片喧鬧景象，只見各小嘍囉們吃
肉、喝酒、賭錢，好不盡興。

　　「胡兄，可願一試手運？」蹺腳長根問道。

　　「行啊！」胡雪巖回答得很爽快：「是不是對賭？」

　　對賭就沒有莊家和下風之分。蹺腳長根在場面上也極
漂亮，馬上答道：「自然是對賭，兩不吃虧。賭大還是賭
小？」

　　「小的爽快！」胡雪巖掏出一張萬兩銀子的銀票，順手
就擺到天門上。

　　蹺腳長根擺好了一副烏木牌九，一陣亂抹，隨手撿了兩
副，拿起骰子說道：「單進單出。」

　　骰子撒出去，打了個五點，這是單進。他把外面的那副
牌收進來，順手一翻，真正「兩瞪眼」了！是個再臭不過的
「鱉十」。

　　胡雪巖不想贏他這一萬銀子。雖然他的賭技不精，卻對
賭徒的心理了解極透。對賭徒來說，有時輸錢是小事，一口
氣輸不起；特別是像蹺腳長根此時的境況，不用打聽，就可
以猜想得到，**勢窮力蹙**，已到了鋌而走險的地步，一萬銀子

畢竟不是小數目，一名兵勇的餉銀是一兩五錢到二兩銀子，他手下二千七百人，如果改編為官軍，就是發三個月恩餉，也還不到一萬兩，就這樣一舉手間輸掉了，替他想想，心裡肯定不是滋味。

當然，有錢輸倒還罷了，看樣子他是輸不起的，一輸就更得動腦筋，等於逼他「上梁山」。胡雪巖這樣電閃般轉著念頭，手下就極快，當大家還為蹺腳長根惋惜之際，他已把兩張牌搶到了手裡。

場面上是胡雪巖占盡了優勢，蹺腳長根已經認輸，將那一萬銀票推到胡雪巖面前，臉色自不免有些尷尬。其餘的人則都將視線集中在胡雪巖的那兩張牌上，心急的人不由得喊道，「先翻一張！」

胡雪巖正拇指在上，中指在下，慢慢地摸著牌。感覺再遲鈍的人也摸得出來，是張地牌。這張牌絕不能翻，因為一翻就贏定了蹺腳長根。

他決計不理旁人的慫恿和關切，只管自己按計畫行事。摸到第二張牌，先是一怔，然後皺眉，繼之以搖頭，將兩張牌往未理的亂牌中一推，順手收回了自己的銀票。

「怎麼樣？」蹺腳長根問道。

「鱉十！」胡雪巖懶懶地答道：「和氣！」

怎麼會是「鱉十」？蹺腳長根不信，細細從中指的感覺上去分辨：明明是張「二六」。有這張牌，就絕沒有「鱉十」的道理。再取另外一張來摸，才知道十點倒也是十點，只不過是一副鐵賺的「地罷」。他心裡明白，這是胡雪巖給自己留了情面。據此，蹺腳長根認定，胡雪巖是可以生死與共的朋友，並相信胡雪巖有讓他喝酒吃肉的本事。當下便下定決心，按照胡雪巖說的辦！

第二天，雙方化干戈為玉帛。蹺腳長根帶領他的部眾下

山就撫，並完好無缺地交還了胡雪巖的那批軍火。由於「蹺腳長根」經常在江浙一帶鬧事，何桂清收編蹺腳長根的部眾，也算立下大功一件，因而給蹺腳長根弄了個不大不小的四品武官當。

胡雪巖之所以能夠成功地招降蹺腳長根，主要歸因於三點：一是他能真心替蹺腳長根著想，把蹺腳長根的難處當成自己的難處處理；二是能對蹺腳長根真心相待；三是有官場勢力的強大威儡。對付像蹺腳長根這樣的江湖人物，光有威而無恩，雖能治人卻不能服人；若只有恩而無威，則雖能服人卻不能治人。只有恩威並舉，才能成事。

現在看來，如果沒有淞江漕幫的尤五提供消息，胡雪巖難以知道他的貨落入了誰人之手，更難知道蹺腳長根是何許人也。這還是主要得益於他當年到淞江買米時，交上了尤五這位靈通人士。當然，問題的最後解決，還依靠了何桂清這座官場靠山。當年的忍痛割愛換來了而今何桂清的不辭辛勞，鼎力相助。如果沒有前面那層淵源，想來何桂清堂堂一省巡撫，也未必肯為其出力。這一切都是他善於造勢、取勢和借勢的結果。此即所謂「有因必有果」也。

胡雪巖招撫蹺腳長根的成功，不僅為他自己的軍火生意掃除了障礙，也因安撫有功，在官場中的地位更加鞏固，使得他的生意更加順暢、發達。此後，他的俠義之名四方遠揚，黑道各幫派只要一聽說是胡老闆的貨，紛紛開道讓路，所以他的貨物運輸總是暢通無阻，買賣做起來當然也就格外順利。

(5) 待人做事，得理也要讓人

生意場上沒有永遠的朋友，也沒有永遠的敵人。無論競

爭多麼激烈的對手，競爭過後，都有聯合的可能。因此，在競爭的過程中，不要做得太絕，要給人留條活路。同樣之理，在待人做事方面，不得理不要胡攪蠻纏，得理也要讓人。這就是俗話說的「為人不可做得太絕」的道理。

胡雪巖在做人方面，有一點很令人欽佩，那就是：即使完全有能力置對手於死地，而且也有足夠的理由這麼做，他也絕不把事情做絕。

他到蘇州辦事，臨時到「永興盛」錢莊兌換二十個元寶急用。誰知這家錢莊不僅不給他及時兌換，還憑白無故地誣指阜康銀票沒有信用，使他很受了一點氣。

這永興盛錢莊本就來路不正。原來的老闆節儉起家，幹了半輩子才創下這份家業，但四十出頭就病死了，留下一妻一女。現在錢莊的檔手是實際上的老闆，他在東家死後，騙取了那寡母孤女的信任，人財兩得，實際上已經霸佔了這家錢莊。此外，永興盛的經營也有問題。他們為了貪圖重利，雖然只有十萬銀子的本錢，卻放出二十幾萬的銀票，已經岌岌可危了。

胡雪巖在這家錢莊無端受氣，自然想狠狠整它一把。起先他想借用京中「四大恒」排擠義源票的辦法。

京中票號，最大的有四家，招牌都有個「恒」字，稱為「四大恒」。行大欺客，也欺同行。義源本來後起，但由於生意遷就、隨和，信用又好，而且專跟市井小民打交道，名聲一下子做得極盛，就連官場中都知道了它的信譽，因此生意蒸蒸日上。「四大恒」同行相妒，想打擊義源，於是出了一手「黑」招。他們暗中收存義源開出的銀票，又放出謠言，說是義源經營困難，面臨倒閉，終於造成擠兌風潮。

胡雪巖仿照這種辦法，實際上可以比當年「四大恒」排擠義源時做起來更方便也更狠。浙江與江蘇有公款往來，

他可以憑自己的影響，將海運局分攤的公款、湖州聯防的軍需款項、浙江解繳江蘇的協餉等幾筆款子合起來，換成永興盛的銀票，直接交江蘇藩司和糧台，由官府直接找永興盛兌現。這樣一來，永興盛不倒也得倒了。而且這一招借刀殺人，一點痕跡都不留。

不過，他最終還是放了永興盛一馬，沒有實施這項報復計畫。他之所以放棄報復，主要有兩個考慮：一是這一手實在太辣太狠，一招既出，永興盛絕對沒有一點生路。另一是這樣做法，很可能只是徒然搞垮永興盛，自己卻勞而無功。這樣一種損人不利己的事，他也不願意做。

從這件事情中，我們確實可以看到胡雪巖為人寬仁的一面。說起來，這永興盛既來路不正，又經營不善，實際上是一個強撐住門面唬人的爛攤子，即使將它一擊倒地，大約也不會有多少人同情，可能還為錢莊同業清除了一匹害群之馬。即使這樣，他還是下不得手，足見他的「將來總有見面的日子，要留下餘地，為人不可太絕。」並不僅僅是口頭上說說而已，而是確確實實這樣去做。這其實可以看作是他的一條做人準則。

這其間自然有他對自我利益的考慮在起作用。所謂將來總有見面的機會，事情做得留有餘地，也就為將來見面留了餘地。事實上，對生意人來說，這樣考慮也十分必要。俗話說：「給人一活路，給己一財路。」——從商者都應該把目光放遠些。

國家圖書館出版品預行編目資料

胡雪巖致富密碼／午夜墨香 著，-- 初版 --
；－新北市：新BOOK HOUSE，2018.02
　　面；　公分
　　ISBN　978-986-95472-3-9　(平裝)
1.（清）胡雪巖　2.學術思想　3.企業管理　4.謀略

494　　　　　　　　　　　　　　　106024949

胡雪巖致富密碼

午夜墨香　著

新
BOOK
HOUSE

〔出版者〕
電話：(02) 8666-5711
傳真：(02) 8666-5833
E-mail：service@xcsbook.com.tw

〔總經銷〕聯合發行股份有限公司
　　　　　新北市新店區寶橋路235巷6弄6號2樓
　　　　　電話：(02) 2917-8022
　　　　　傳真：(02) 2915-6275

印前作業　東豪印刷事業有限公司

初版一刷　2018年02月